W0258830

Teubner Studienbücher

Informatik

Berstel: **Transductions and Context-Free Languages**
278 Seiten. DM 38,– (LAMM)

Dal Cin: **Fehlertolerante Systeme**
206 Seiten. DM 23,80 (LAMM)

Ehrig et al.: **Universal Theory of Automata**
A Categorical Approach. 240 Seiten. DM 24,80

Giloi: **Principles of Continuous System Simulation**
Analog, Digital and Hybrid Simulation in a Computer Science Perspective
172 Seiten. DM 25,80 (LAMM)

Hotz: **Informatik: Rechenanlagen**
Struktur und Entwurf. 136 Seiten. DM 17,80 (LAMM)

Kandzia/Langmaack: **Informatik: Programmierung**
234 Seiten. DM 24,80 (LAMM)

Kupka/Wilsing: **Dialogsprachen**
168 Seiten. DM 19,80 (LAMM)

Maurer: **Datenstrukturen und Programmierverfahren**
222 Seiten. DM 26,80 (LAMM)

Mehlhorn: **Effiziente Algorithmen**
240 Seiten. DM 24,80 (LAMM)

Oberschelp/Wille: **Mathematischer Einführungskurs für Informatiker**
Diskrete Strukturen. 236 Seiten. DM 22,80 (LAMM)

Paul: **Komplexitätstheorie**
247 Seiten. DM 25,80 (LAMM)

Richter: **Betriebssysteme**
Eine Einführung. 152 Seiten. DM 22,80 (LAMM)

Richter: **Logikkalküle**
232 Seiten. DM 24,80 (LAMM)

Schlageter/Stucky: **Datenbanksysteme: Konzepte und Modelle**
261 Seiten. DM 22,80 (LAMM)

Schnorr: **Rekursive Funktionen und ihre Komplexität**
191 Seiten. DM 25,80 (LAMM)

Spaniol: **Arithmetik in Rechenanlagen**
Logik und Entwurf. 208 Seiten. DM 24,80 (LAMM)

Vollmar: **Algorithmen in Zellularautomaten**
Eine Einführung. 192 Seiten. DM 21,80 (LAMM)

Wirth: **Algorithmen und Datenstrukturen**
2. Aufl. 376 Seiten. DM 26,80 (LAMM)

Wirth: **Compilerbau**
Eine Einführung. 2. Aufl. 94 Seiten. DM 16,80 (LAMM)

Wirth: **Systematisches Programmieren**
Eine Einführung. 3. Aufl. 160 Seiten. DM 21,80 (LAMM)

Preisänderungen vorbehalten

Leitfäden der angewandten Informatik

H. J. Schneider
Problemorientierte Programmiersprachen

Leitfäden der angewandten Informatik

Herausgegeben von

Prof. Dr. L. Richter, Dortmund
Prof. Dr. W. Stucky, Karlsruhe

Die Bände dieser Reihe sind allen Methoden und Ergebnissen der Informatik gewidmet, die für die praktische Anwendung von Bedeutung sind. Besonderer Wert wird dabei auf die Darstellung dieser Methoden und Ergebnisse in einer allgemein verständlichen, dennoch exakten und präzisen Form gelegt. Die Reihe soll einerseits dem Fachmann eines anderen Gebietes, der sich mit Problemen der Datenverarbeitung beschäftigen muß, selbst aber keine Fachinformatik-Ausbildung besitzt, das für seine Praxis relevante Informatikwissen vermitteln; andererseits soll dem Informatiker, der auf einem dieser Anwendungsgebiete tätig werden will, ein Überblick über die Anwendungen der Informatikmethoden in diesem Gebiet gegeben werden. Für Praktiker, wie Programmierer, Systemanalytiker, Organisatoren und andere, stellen die Bände Hilfsmittel zur Lösung von Problemen der täglichen Praxis bereit; darüber hinaus sind die Veröffentlichungen zur Weiterbildung gedacht.

Problemorientierte Programmiersprachen

Von Dr. rer. nat. Hans Jürgen Schneider
Professor (Ordinarius) an der
Universität Erlangen-Nürnberg

Mit 25 Abbildungen, 20 Tabellen
und 24 Beispielen

Springer Fachmedien
Wiesbaden GmbH 1981

Prof. Dr. rer. nat. Hans Jürgen Schneider

Geboren 1937 in Saarbrücken. Von 1956 bis 1961 Studium der Mathematik an der Universität Saarbrücken, 1965 Promotion an der Technischen Universität Hannover. Wissenschaftlicher Mitarbeiter an den Universitäten Saarbrücken (1961 bis 1963), Hannover (1963 bis 1966) und Erlangen-Nürnberg (1966 bis 1967 und 1969 bis 1970). Von 1967 bis 1969 Dozent an der Staatlichen Ingenieurschule Saarbrücken, von 1970 bis 1972 o. Professor für Informationsverarbeitung an der Technischen Universität Berlin, seit 1972 Ordinarius für Programmier- und Dialogsprachen sowie Compiler an der Universität Erlangen-Nürnberg.

CIP-Kurztitelaufnahme der Deutschen Bibliothek

Schneider, Hans Jürgen:
Problemorientierte Programmiersprachen /
von Hans Jürgen Schneider. — Stuttgart :
Teubner, 1981.
  (Leitfäden der angewandten Informatik)
  ISBN 978-3-519-02456-9   ISBN 978-3-322-94666-9 (eBook)
  DOI 10.1007/978-3-322-94666-9
NE: GT

Umschlaggestaltung: W. Koch, Sindelfingen

Vorwort

Am Anfang der Entwicklung problemorientierter Programmiersprachen stand der Wunsch nach einer bequemen Formulierung der Maschinengegebenheiten. FORTRAN II ist ein typischer Vertreter dieser Zeit. Dann wurde die Bedeutung der Strukturierung erkannt: ALGOL 60 legt Wert auf die der Algorithmen, COBOL auf die der Daten. Mehrere Hundert Programmiersprachen entstanden aus und neben diesen Klassikern.

Lange Zeit hat es so ausgesehen, als ob ein Programmierer (zur Vereinfachung bezeichne dieser Terminus hier jeden, der mit Programmiersprachen zu tun hat) nicht umlernen muß. In festgefügten Umgebungen überwog die Rücksichtnahme auf existierende Programmbibliotheken den Wunsch nach Experimenten mit neuen Sprachen. Erst in den letzten Jahren sind einerseits an verschiedenen Stellen ein Umsteigen, andererseits die Weiterentwicklung alter Sprachen im Lichte neuerer Entwicklungen zu beobachten. Muß der Programmierer dann von neuem Programmieren lernen? Eigentlich nicht! Aber die Programmiersprachen sind so unterschiedlich entworfen, daß nicht nur die Terminologie, sondern oft auch die dahinter stehenden Denkmodelle verschieden sind.

In diesem Buch ist der Versuch unternommen worden, die weitverbreiteten problemorientierten Programmiersprachen und diejenigen, von denen neue Impulse ausgegangen sind bzw. ausgehen können, in einer einheitlichen Weise zu beschreiben. Dies kann den Übergang von einer Sprache zur anderen erleichtern, indem die Analogien und Unterschiede deutlich werden. Es gibt aber auch einen Einblick in die Konzepte, die andere Sprachen als die gerade benutzte, bieten. Manches Konzept der neueren Programmiersprachen läßt sich als Programmiertechnik auch bei der Verwendung älterer Sprachen einsetzen und kann so die Qualität der Programme und des Programmierers erhöhen.

Programmiersprachen sind eine rekursive Angelegenheit: Um ein Sprachkonstrukt vollständig zu beschreiben, benötigt man oft bereits alle anderen. Man kann eigentlich an keiner Stelle anfangen, ohne Voraussetzungen machen zu müssen. Lehrbücher helfen sich meist damit, daß sie mit einer vereinfachenden Darstellung beginnen und die am Anfang besprochenen Gesichtspunkte später noch einmal und dann vollständig behandeln. Das vorliegende Buch ist kein Lehrbuch über das Programmieren als solches. Daher dürfen wir voraussetzen, daß der Leser wenigstens eine problem-orientierte Programmiersprache gut beherrscht. So wird er manche Formulierung verstehen, die sich auf erst später zu behandelnde Sprachkonstrukte bezieht. Je nach erlernter Programmiersprache wird ihm aber auch die eine oder andere Stelle zunächst noch unverständlich bleiben.

Über Programmiersprachen existiert eine unübersehbare Literatur. Wir haben daher in vielen Stellen nur zitiert, was Übersichts- oder historischen Charakter hat. Vor allem aber wurde versucht, einer in der Informatik weitverbreiteten Unsitte zu begegnen: Wir haben auf die "graue Literatur" verzichtet, d.h. die technischen Berichte von Hochschulen und Firmen, die für den Normalleser oft nicht leicht erreichbar sind.

Schließlich möchte der Autor an dieser Stelle den Kollegen Nagl (Universität Osnabrück) und Stucky (Universität Karlsruhe) für die große Mühe danken, die sie sich mit der Lektüre der Stoffsammlung zu diesem Buch gemacht haben, und die vielen Hinweise und Anregungen, die daraus resultierten.

Erlangen, im Februar 1981   H. J. Schneider

Inhaltsverzeichnis

1 Begriffe

1.1 Sprache

Sprachen dienen der Kommunikation. Dies gilt nicht nur für die sogenannten natürlichen Sprachen, sondern auch für die Programmiersprachen. Betrachten wir die Geschichte der Programmiersprachen,
so spielte bei deren Entwicklung zunächst die (sehr einseitige)
Kommunikation zwischen einem Programmierer und einem digitalen
Rechensystem eine Rolle: Die Sprache sollte geeignet sein, Algorithmen zu beschreiben. Später kam der Aspekt der Dokumentation
hinzu, also die Kommunikation zwischen mehreren mit dem Programm
befaßten Personen: Wert wurde nun darauf gelegt, Algorithmen gut
und lesbar zu beschreiben. In der Reifezeit der Programmiersprachen schließlich wurde auch die Kommunikation des Programmierers[*]
mit sich selbst beachtet: Sie eignet sich zum Festhalten des bereits Gedachten. Niedergeschriebene Formulierungen sind die Grund-
lage für das Verfeinern und Präzisieren, für das Überprüfen und
Korrigieren der eigenen Gedanken. Die Programmiersprache ist in
der Hand des Programmierers ein Werkzeug, das die Qualität des
erzeugten Produktes, also des Programmes, entscheidend beeinflußt.
Die Sprache soll den Vorgang unterstützen, Algorithmen zu entwickeln. P. W e g n e r hat darauf verwiesen, "daß Sprach-
bezeichnungen wie PASCAL und EUCLID die Vorstellung ihrer Entwickler wiedergeben, daß Sprachen die Gedankengänge beim mathematischen Problemlösen erleichtern sollten" [WEG79].

Der österreichisch-englische Philosoph L. W i t t g e n -
s t e i n vertrat ursprünglich die Auffassung, die Struktur der
Sprache hänge von der Struktur der Wirklichkeit ab. In seinem
Spätwerk kam er umgekehrt zu der Überzeugung, daß unsere Sprache
unsere Sicht der Wirklichkeit bestimmt [PEA71]. Auf den Bereich
der Programmiersprachen übertragen, bedeutet dies, daß die Strukturen der erlernten Programmiersprache einen Einfluß darauf haben, wie der Programmierer die zu beschreibenden Algorithmen
sieht. Diese unterschiedliche Sicht durch verschiedene Program-

---

[*] Hier und im ganzen Buch ist Programmierer jede mit dem Programm befaßte
Person.

miersprachen führt zu Mißverständnissen. H. Z e m a n e k be-
merkt hierzu: "Es geht nicht um den Wettbewerb zwischen ALGOL,
PL/I und anderen konstruierten Sprachen in der Programmierung.
Man könnte sich ja mit Dolmetschern und Übersetzern behelfen. Es
geht um die Verwirrung der Denk- und Beschreibungsmethodik."
[ZEM71]

In einem bemerkenswerten Aufsatz hat P. N a u r auf Unterschiede und Analogien zwischen Programmiersprachen und natürlichen Sprachen hingewiesen. Ein wesentlicher Unterschied ist, daß
die Programmiersprachen in geschriebener Form, die natürlichen
Sprachen meist in gesprochener Form verwandt werden. Dennoch können die Entwickler von Programmiersprachen, wenn ihnen an deren
Akzeptanz gelegen ist, aus der Entwicklung etwas lernen, die die
natürlichen Sprachen genommen haben: Schließlich spiegeln diese
die Tendenzen von Millionen von Individuen über Jahrhunderte hinweg wieder [NAU75]. Bemerkenswert ist dabei die Bevorzugung kür-
zerer, regelmäßigerer und weniger zahlreicher Formen.

1.2 Algorithmus

Programmiersprachen dienen der Beschreibung von Algorithmen.
Hierunter versteht man eine Berechnungsvorschrift mit folgenden
Eigenschaften:

     (1) Die Beschreibung ist vollständig.

     (2) Die Beschreibung ist eindeutig.

     (3) Die beschriebene Vorschrift ist effektiv.

Die Forderung nach Vollständigkeit beinhaltet, daß der Algorithmus nur aus einer endlichen Anzahl von Schritten bestehen kann,
deren genaue Beschreibung nur endlich viele Zeichen benötigt. Die
Definition läßt aber insbesondere offen, in welcher Form die einzelnen Schritte beschrieben und welche Zeichen hierfür benutzt
werden. Die Forderung nach Eindeutigkeit verlangt, daß die Wirkung jedes einzelnen Schrittes eindeutig festgelegt ist und daß
nach Ausführung eines Schrittes eindeutig feststeht, welcher
Schritt als nächster auszuführen ist. Die Forderung nach Effekti-
vität[*] erzwingt, daß die Ausführung jedes einzelnen Schrittes

____

[*] Wir dürfen "effektiv" nicht mit "effizient" verwechseln: Während "effektiv"
heißt, daß die Ausführung möglich ist, besagt "effizient", daß sie ein Mi-
nimum an Ressourcen (Zeit oder Platz) benötigt.

nur endlich viel Zeit in Anspruch nimmt, also zu einem Ende kommt.
Damit ist sichergestellt, daß der folgende Schritt begonnen werden
kann, aber nicht, daß der Algorithmus als Ganzes zu einem Ende
kommt:

> Ein Algorithmus <u>terminiert</u> genau dann nicht, wenn eine
> unendliche Anzahl von Schritten ausgeführt werden muß.

Dies ist jedoch keine inhärente Eigenschaft des Algorithmus, sondern kann sehr wohl von den eingesetzten Daten (Parametern) abhängen. Ein Beispiel hierfür ist der folgende Algorithmus zur Bestimmung der Fakultätsfunktion

$$n! = n \cdot (n-1) \cdot (n-2) \ldots 2 \cdot 1,$$

den wir in einer hypothetischen, sich selbst erklärenden Programmiersprache notieren:

```
fakultaet(n) =
      IF n=0 THEN 1
            ELSE n*fakultaet(n-1)
      END IF.
```

Dieser Algorithmus terminiert genau dann, wenn $n \geq 0$ vorgegeben
wird.

In der Theorie der Berechenbarkeit wird bewiesen, daß nicht alle
mathematisch eindeutig definierten Funktionen in dem Sinne <u>bere-
chenbar</u> sind, daß wir einen Algorithmus formulieren können, der
zu beliebigen Parametern den Funktionswert liefert. Eine für den
Bereich der Programmierung relevante, nichtberechenbare Funktion
ist folgende: $t(p,d)$ verlange als ersten Parameter ein Programm
und als zweiten einen Satz Programmdaten. Der Funktionswert von
$t(p,d)$ ist genau dann 1, wenn das Programm p mit den Daten d terminiert, und sonst 0. Daß diese Funktion nicht berechenbar ist,
bedeutet, daß es kein Programm geben kann, das andere auf das
Vorhandensein von Endlosschleifen hin überprüft (Nichtentscheid-
barkeit des <u>Halteproblems</u>). Umso wichtiger ist es, daß eine gute
Programmiersprache keine versteckten Endlosschleifen ermöglicht,
sondern kritische Stellen deutlich macht.

Die hier angegebene Definition des Algorithmus entspricht dem
<u>sequentiellen Prozeß</u>. Dies bedeutet, daß jeder einzelne Schritt

vollständig beendet sein muß, bevor der nächste beginnen kann, und dessen Start nicht von außerhalb des Algorithmus liegenden Kriterien abhängt. Solche Querbezüge spielen aber bei der Synchronisation <u>parallel ablauffähiger Prozesse</u> eine Rolle. Es kann dann vorkommen, daß keiner der Prozesse fortgesetzt wird, obwohl noch keiner sein Ende erreicht hat (Systemverklemmung). Dies ist eine Variante des Halteproblems.

1.3 Sprachebenen

Eine Sprache, in der wir Algorithmen notieren können, nennen wir eine algorithmische Sprache:

> Eine <u>algorithmische Sprache</u> ist ein System von endlich vielen Zeichen und endlich vielen Regeln, dessen Regeln in irgendeiner Weise festlegen, welche Zeichenfolge eine berechenbare Funktion beschreibt und welche. Sie heißt <u>universell</u>, wenn sie alle berechenbaren Funktionen zu beschreiben gestattet.

Die algorithmische Sprache ist damit ein Spezialfall der <u>formalen Sprache</u>, bei der es nur auf die Auswahl zulässiger Zeichenfolgen ankommt, ohne daß ihnen eine Bedeutung zugeordnet wird. Als <u>Programmiersprache</u> können wir eine algorithmische Sprache bezeichnen, deren Zeichenfolgen von einem Digitalrechner verarbeitet werden können. Diese Definition ist zeitabhängig, weil sie auf die Möglichkeiten der verfügbaren Eingabegeräte und den Stand der Übersetzungstechnik Bezug nimmt. Der <u>Plankalkül</u>[*] von K. Z u s e ist ein Beispiel für eine algorithmische Sprache, die - obwohl grundsätzlich geeignet - keine Bedeutung als Programmiersprache erlangt hat [ZUS49, ZUS59].

Algorithmische Sprachen unterscheiden sich u.a. darin, wieweit ihre Ausdrucksfähigkeit den Möglichkeiten bestimmter Digitalrechner angepaßt ist. Nach DIN 44300 unterscheiden wir drei grundsätzlich verschiedene Ebenen: Maschinensprachen, maschinenorientierte Sprachen und problemorientierte Sprachen.

---

[*] Der Plankalkül wurde in heutiger Terminologie beispielsweise von F.L. Bauer und H. Wössner dargestellt [BAU72].

Eine <u>Maschinensprache</u> ist eine Programmiersprache, die zum Abfassen von Arbeitsvorschriften nur Anweisungen zuläßt, die unmittelbar Befehlswörter einer digitalen Rechenanlage sind.

Ihre Handhabung ist sehr unbequem, weil der Programmierer nicht nur die Maschinenstruktur, sondern auch die interne Darstellung aller Informationen beherrschen muß.

Eine Programmiersprache heißt <u>maschinenorientiert</u>, wenn ihre Anweisungen die gleiche oder eine ähnliche Struktur aufweisen wie die Befehlswörter einer bestimmten Rechenanlage.

Sie unterscheiden sich von den Maschinensprachen durch die Verwendung von Dezimalzahlen, mnemotechnischen Bezeichnungen für die Operationen, symbolischen Adressen, Makrobefehlen, Pseudobefehlen usw.. Dabei sind Makrobefehle Anweisungen, die sich meist nicht durch einen Maschinenbefehl realisieren lassen. Sie stehen z.B. für Dienstleistungen zur Verfügung, können aber auch vom Programmierer selbst definiert werden. Den Pseudobefehlen entsprechen keine Anweisungen im übersetzten Programm; sie sind Anweisungen an den Übersetzer, beispielsweise zur Reservierung von Speicherplatz für Daten oder zur Steuerung des Übersetzungsprotokolls.

Wir betrachten in diesem Band nur die höchste der drei Sprachebenen:

Eine Programmiersprache heißt <u>problemorientiert</u>, wenn sie geeignet ist, Algorithmen aus einem bestimmten Anwendungsbereich unabhängig von einer bestimmten Rechenanlage abzufassen, und wenn sie sich an eine in dem betreffenden Bereich übliche Schreib- oder Sprechweise anlehnt.

Die Anlehnung an den Problembereich macht diese Sprachen als Dokumentationshilfsmittel geeignet. Sprachen für den technisch-naturwissenschaftlichen Bereich müssen beispielsweise eine angemessene Formulierung arithmetischer Ausdrücke oder von Iterationen gestatten, Sprachen für den kommerziell-administrativen Bereich müssen geeignete Sprachelemente für die Verwaltung von Dateien

und die Gestaltung tabellarischer Darstellungen enthalten[*]. Den
Kern einer problemorientierten Programmiersprache bilden also einerseits die primitiven <u>Objekte</u> und <u>Aktionen</u>. Andererseits gehören
aber auch noch Regeln dazu, wie aus primitiven Objekten zusammengesetzte (z.B. Felder, Dateien) und aus primitiven Aktionen Ausdrücke gebildet werden. Den Kern, der weitgehend das Anwendungsgebiet der Sprache festlegt, umgibt die Schicht der Programmkon-
struktion. Sie enthält <u>Kontrollstrukturen</u> zur Steuerung des Ab-
laufs und Sprachkonstrukte zur Definition voneinander einigermaßen
unabhängiger Bausteine (Prozeduren, Moduln, Prozesse). Auf dieser
Ebene behandelt man also die Konstruktion ausführbarer Objekte.
Deren Veränderung spielt bei den sogenannten <u>Dialogsprachen</u>[**]eine
Rolle, so daß wir von einer äußeren Schicht als der Dialogschicht
sprechen können.

Bei den problemorientierten Programmiersprachen haben wir noch
einmal zu differenzieren: Zwischen den prozeduralen und den nicht-
prozeduralen Sprachen. Bei genauer Betrachtung sind nur die <u>proze-</u>
<u>duralen</u> Sprachen als algorithmische Sprachen anzusehen, da bei ih-
nen die Verfahrensbeschreibung im Mittelpunkt steht. Dagegen sollen die <u>nichtprozeduralen</u> Sprachen, im Englischen auch als "very
high-level languages" bezeichnet, die Beschreibung des Problems
ermöglichen, aus der der Algorithmus mechanisch abgeleitet wird.
Hier werden wir auf diese Sprachen nicht eingehen; die Probleme
und die ersten Lösungsansätze sind in einem von   B. L e a v e n -
w o r t h herausgegebenen Tagungsband zusammengefaßt [LEA74].

1.4 <u>Entwicklungslinien</u>

Es ist für den einzelnen nicht mehr möglich, alle problemorien-
tierten Programmiersprachen nur annähernd zu übersehen. Auch eine
Aufzählung muß auf die wichtigsten beschränkt bleiben, wobei die
Definition von Wichtigkeit stets persönlich gefärbt ist. Eine
Richtschnur könnte das regelmäßig erscheinende Verzeichnis von
J. S a m m e t sein, in das Sprachen nicht aufgenommen wer-

---

[*] Für betriebswirtschaftliche Untersuchungen, denen mathematische Modelle
zugrundeliegen, ist i.a. beides erforderlich.

[**] Einen Vergleich einiger Dialogsprachen findet man bei [SCHNE80] oder ausführlich bei [KUP75].

den, die nur für eine Rechenanlage implementiert sind oder nur von
ihrem Erfinder benutzt werden. Die bei Fertigstellung dieses Manuskriptes neueste Liste umfaßt den Zeitraum 1976/77 [SAM78]. Nach
unserer Meinung haben diese Verzeichnisse zwei wesentliche Nachteile: Zum einen ist die Schwelle für die Aufnahme einer Sprache
zu niedrig angesetzt, zum andern beschränkt sich die Liste auf
die in den USA benutzten Sprachen. Gerade bei der systematischen
Durchdringung der Struktur problemorientierter Programmiersprachen
sind aber wesentliche Beiträge von europäischer Seite beigesteuert
worden, wie die Verbreitung von PASCAL und der Erfolg einer weitgehend europäischen Gruppe im ADA-Wettbewerb zeigen.

Ein Vergleich der Sammetschen Verzeichnisse zeigt, daß sich die
Programmiersprachenlandschaft nach der stürmischen Entwicklung
der sechziger Jahre beruhigt hat: Für 1973 werden 171 Sprachen,
für 1975 167 Sprachen und für 1977 166 Sprachen genannt. Bemerkenswert ist, daß von den 33 Sprachen, die 1973 erstmals in dem
Verzeichnis auftauchen, fünf im darauf folgenden und acht weitere
im Verzeichnis für 1977 bereits wieder verschwunden sind. Für dieses Beharrungsvermögen einmal eingeführter Sprachen hat P.
S c h n u p p verschiedene Argumente angegeben [SCHNU78].

Abb. 1.1 zeigt einen kleinen Ausschnitt aus der Genealogie der
Programmiersprachen. Drei Gesichtspunkte sollte man dabei beachten: (1) Die meisten der weitverbreiteten Sprachen haben einen
Vorläufer, der selbst keine langfristige Bedeutung erlangt hat.
(2) Die verbreiteten Sprachen haben selbst eine Entwicklung durch-
lebt. (3) Die verschiedenen Sprachen haben sich in ihrer Entwicklung gegenseitig beeinflußt; starke Impulse gingen dabei auch von
experimentellen Sprachen aus, die selbst keine Verbreitung erlangt
haben.

Man kann mit J. S a m m e t die bisherige Geschichte der
Programmiersprachen in drei Phasen einteilen [SAM72]:

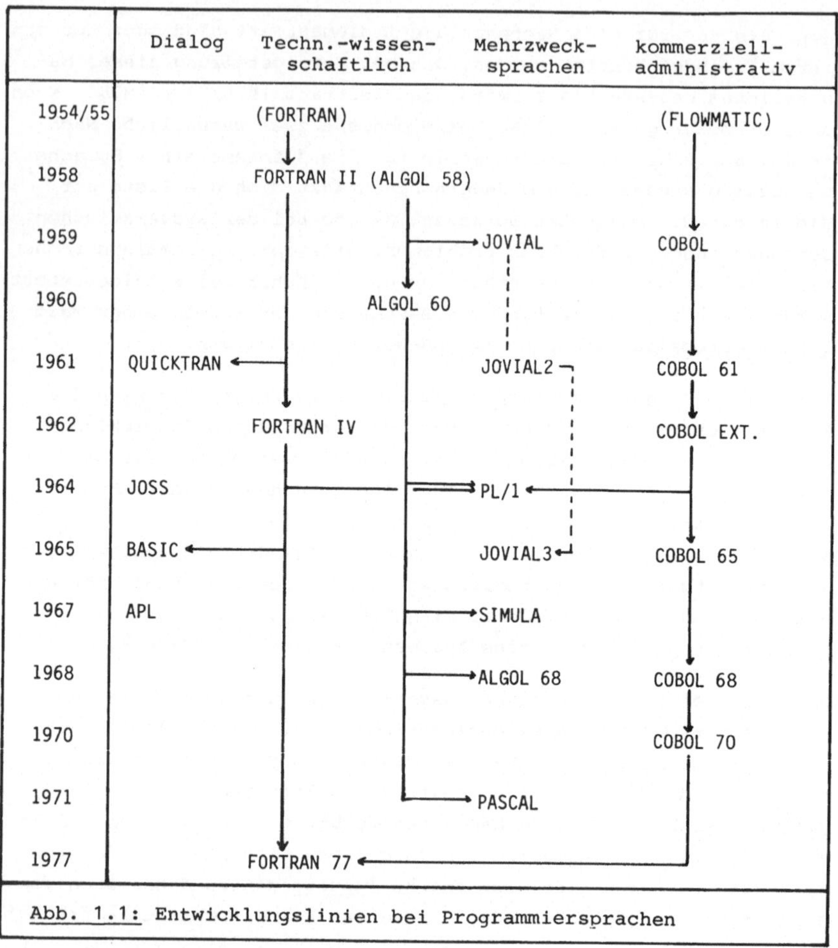

Abb. 1.1: Entwicklungslinien bei Programmiersprachen

1952 - 1958:   Keimen der Idee
1958 - 1960:   Blütezeit
ab 1960:   Reifezeit

In der ersten Phase stand der Wunsch nach einer bequemeren Formulierung der Maschinengegebenheiten im Vordergrund. Als sprachliche Hilfsmittel wurden nur arithmetische Ausdrücke und eine einfache Iteration zur Verfügung gestellt. Ein typischer Vertreter dieser Zeit ist FORTRAN II. In der zweiten Phase wurde die Bedeutung der

Sprache	Neuer Gesichtspunkt
FLOWMATIC	kommerzielle Anwendungen
FORTRAN	technisch-naturwissenschaftliche Anwendungen
IPL	Listenverarbeitung
COMIT	Zeichenkettenverarbeitung
APT	spezieller Anwendungsbereich
COBOL	allgemeingültige Sprachdefinition
JOVIAL	bereichsübergreifend, Kompilierer in der Sprache geschrieben
ALGOL 60	formale Syntaxdefinition
GPSS	Simulation
LISP	funktionale Programmierung
FORMAC	Formelmanipulation
JOSS	interaktive Sprache
APL	sehr hohe Operatoren
SIMULA	Koroutinen
PASCAL	"Bootstrap"-fähiger Kompilierer
LIS	formulierbare Implementierungsangaben
EUCLID	Unterstützung bei der Verifikation
CLU	abstrakte Datentypen

Abb. 1.2: Meilensteine der Programmiersprachenentwicklung. Viele Gesichtspunkte traten an verschiedenen Stellen gleichzeitig auf.

Strukturierung erkannt. ALGOL 60 legt Wert auf die Strukturierung der Algorithmen, COBOL auf die der Daten. In der dritten Phase begann schließlich die grundlegende Diskussion über Nutzen und Schaden bestimmter Konzepte. Das bekannteste Beispiel ist die GOTO-Kontroverse[*]. Es spricht einiges dafür, daß wir inzwischen die Erntezeit erreicht haben. Eine zusammenfassende Darstellung der neueren Entwicklung (PASCAL, LIS, EUCLID, CLU, ALPHARD, MODULA, ADA) hat R. W e i c k e r gegeben. Unabhängig von einer eventuellen Verbreitung dieser Sprachen sind die vorgestellten Konzepte wegen ihres Einflusses auf die Weiterentwicklung der klassischen Sprachen von Interesse [WEI78]. (Vgl. Abb. 1.2)

---

[*] Das Für und Wider ist beispielsweise in [DEN74] zusammengetragen.

1.5 Syntax, Semantik, Pragmatik

Bei der Definition, was wir unter einer algorithmischen Sprache
verstehen wollen, haben wir bereits zwei Aspekte angesprochen, die
zur Charakterisierung einer algorithmischen Sprache gehören:
(1) Welche Zeichenfolgen sind im Sinne dieser Sprache korrekt aufgebaut? (2) Welche berechenbare Funktion wird von einer Zeichenfolge beschrieben? Die Untersuchung dieser beiden Gesichtspunkte
bezeichnen wir als Syntax und Semantik. Der dritte Aspekt ist die
Pragmatik[*]. Der amerikanische Sprachphilosoph C. M o r r i s
hat diese Begriffe folgendermaßen charakterisiert, wobei wir jedoch stark kürzen [MOR38, MOR55]:

> Pragmatik behandelt die Herkunft, den Gebrauch und die Wir-
> kung der Zeichen innerhalb der Umgebung, in der sie auf-
> treten (Verhältnis der Zeichen zu denen, die sie verstehen
> sollen). Semantik behandelt die Bedeutung der Zeichen
> (Verhältnis der Zeichen zu den Objekten, auf die sie an-
> wendbar sind). Syntax behandelt die Kombinierbarkeit der
> Zeichen ohne Rücksicht auf ihre spezielle Bedeutung oder
> ihre Beziehung zur Umwelt (Verhältnis der Zeichen unter-
> einander).

Wenn wir diese Begriffe auf den Bereich der Programmiersprachen
übertragen, so betrachtet also die Syntax die Vorschriften über
den korrekten Aufbau der Programme. Sie legt beispielsweise fest,
in welcher Weise Sprachelemente zusammengesetzt sind, in welcher
Reihenfolge die Konstituenten auftreten und welche Trennzeichen
erforderlich sind. Dieser Bereich ist am weitesten formalisiert,
und wir werden darauf im nächsten Kapitel näher eingehen.

Die Semantik untersucht die Bedeutung der Programme. Sie regelt
also die Wirkung einzelner oder zusammengesetzter Sprachelemente
und die Bedeutungsunterschiede, die sich aus dem Zusammenhang ergeben, in dem ein Sprachelement steht. In der Literatur finden
sich verschiedene Methoden zur formalen Spezifikation der Semantik. Bei operationellen Methoden wird eine Menge von Zuständen

---

[*] Einem ungenauen, aber eingeführten Sprachgebrauch folgend, verwenden wir
diese Begriffe sowohl für die Untersuchung über den Gegenstand als auch für
den Gegenstand selbst.

einer gedachten Maschine vorgegeben; die Zustandsänderung, die
von einer Operation bewirkt wird, legt deren Bedeutung fest. Als
wichtigster Vorteil dieser Methode wird beispielsweise von J. V.
G u t t a g   angesehen, daß Programmierer damit leichter zurecht-
kommen, da es sich in gewisser Weise um ein Programmieren handelt.
Andererseits präjudiziert diese Methode oft unnötige Implementie-
rungsdetails. Bei der axiomatischen Methode wird (ohne Rücksicht
auf die Implementierung) eine Menge von Relationen angegeben, die
zwischen den Operationen bestehen [GUT77]. Diese der Algebra ent-
nommene Methode liegt auch dem Konzept der Objektart in den klassischen Programmiersprachen zugrunde.

Die Abgrenzung zwischen Syntax und Semantik ist schwierig. Zu Mißverständnissen hat nicht unwesentlich die Sprachdefinition von
ALGOL 60 beigetragen, in der alle Sprachaspekte unter der Über-
schrift "Semantik" auftauchen, die mit den damals verfügbaren
Hilfsmitteln nicht oder nur schwer formalisierbar waren [NAU63].
Beispielsweise müssen wir die Forderung, daß die Zahl der Indizes
mit der Zahl der Indexgrenzenpaare in der zugehörigen Feldverein-
barung übereinstimmen muß, als syntaktische Vorschrift, und nicht
als semantische einordnen.

Algorithmische Sprachen werden von zwei grundverschiedenen Be-
nutzerarten verwendet: von Menschen und Maschinen. Aus diesem
Grunde haben wir auch, wie H. Z e m a n e k   erläutert, zwei
verschiedene Perspektiven der Pragmatik zu unterscheiden: die
menschliche und die mechanische Pragmatik [ZEM66].

Untersuchungsgegenstand der mechanischen Pragmatik ist beispielsweise die Frage nach der Übersetzbarkeit der Sprache, die Anforderungen an das Betriebssystem oder die Abhängigkeit von den Eigenschaften einer bestimmten Rechnerfamilie. Die Frage nach der
Übersetzbarkeit beinhaltet etwa die Untersuchung, ob der Übersetzungsvorgang in Sackgassen laufen kann, welche Kontrollen zur
Übersetzungszeit durchgeführt werden können oder ob ein effizientes Maschinenprogramm erzeugt werden kann. Die expliziten oder
impliziten Hilfsmittel zur Speicher-, Datei- und Prozeßverwaltung
sind Gesichtspunkte, die gegenüber dem Betriebssystem eine Rolle
spielen. Schließlich muß beim Sprachentwurf auch geklärt werden,

welche Sprachkonstruktionen unmittelbar Gegebenheiten der verfügbaren Rechner entsprechen oder welche Rechnereigenschaften die
Implementierung erleichtern würden und somit Ziel neuer Rechner-
entwicklungen werden müßten.

Zur <u>menschlichen Pragmatik</u> können wir die Beziehungen zum mensch-
lichen Benutzer und zum Anwendungsgebiet zählen. Lesen, Lernen
und Lehren algorithmischer Sprachen sind psychologische Probleme,
von denen der Erfolg einer Sprache ebenso abhängen kann wie von
ihren technischen Details. Hierzu gehört die Frage, welche Lauf-
schleifenformen und ob rekursive Prozeduren vorgesehen sind. Ferner interessiert, wie höhere Objekte und Aktionen aus einfacheren
zusammengesetzt sind und welche Formen der Programmstruktur sich
dann ergeben. Hierüber liegen bisher nur wenige systematische
Überlegungen vor. Einige methodische Probleme sind neuerdings von
R. E.   B r o o k s   betrachtet worden [BRO80]. Wie wesentlich
der Einfluß des angestrebten Anwendungsgebietes ist, ergibt sich
bereits aus der Unterschiedlichkeit der Sprechweisen, der Unterschiedlichkeit der benötigten Datenstrukturen und Operationen.
Wir wollen in diesem Buch nur Sprachen betrachten, die nicht zu
eng an ein Anwendungsgebiet angebunden sind. Datenstrukturierung,
Verarbeitung von Zeichenketten oder Listen treten in vielen An-
wendungsgebieten auf. Dagegen lassen wir aus Gründen des Umfanges
Sprachen beiseite, die speziell für Probleme der Werkzeugmaschi-
nensteuerung, des rechnergestützten Unterrichts, der künstlichen
Intelligenz usw. entwickelt wurden.

2 Syntax

Wenden wir uns nun der Syntax zu, die die Frage behandelt, welche
Folge von Einzelzeichen in einer bestimmten Programmiersprache
eine berechenbare Funktion beschreibt und somit zulässig ist und
welche Folge von Einzelzeichen unzulässig ist. Die zulässigen
Zeichenfolgen werden oft auch korrekte Zeichenfolgen genannt[*].
In einer nichtformalen Weise können wir beispielsweise den Begriff der Wertzuweisung, wie ihn die meisten Programmiersprachen
kennen, in folgender Weise definieren: "Eine Wertzuweisung besteht aus einer Variablen, einem Ergibtzeichen und einem Ausdruck,
wobei diese Reihenfolge einzuhalten ist." Viele Mißverständnisse
zwischen den Autoren und den Benutzern einer Programmiersprache
können vermieden werden, wenn man eine solche Definition durch
Formeln ersetzt, denn man kommt sehr schnell zu umfangreicheren
und unübersichtlicheren Beispielen, als es die Wertzuweisung ist.

Man hat daher bereits sehr früh begonnen, formale Hilfsmittel zur
syntaktischen Beschreibung von Programmiersprachen zu entwickeln.
Den stärksten Beitrag hierzu lieferten die Sprachen der ALGOL-
Familie, die sich der aus der Mathematik bekannten kombinatori-
schen Systeme bedienten. Bereits bei der Vorbereitung von ALGOL 60
entwarfen J. W. B a c k u s u.a. einen Kalkül zur Syntaxbeschreibung, der heute unter dem Namen Backus-Naur-Form (BNF)
bekannt ist [BAC59, NAU60][**]. Mit einigen schreibtechnischen
Vereinfachungen ist dieser Kalkül allgemein üblich geworden. Er
läßt sich leicht in die graphische Darstellung der Syntaxdiagramme übertragen, die wegen ihrer Anschaulichkeit auch gerne eingesetzt werden, wenn sonst auf formale Hilfsmittel verzichtet wird.

Die lückenlose Formalisierung der syntaktischen Vorschriften einer Programmiersprache bereitet jedoch Schwierigkeiten. Bei der
Abgrenzung von Syntax und Semantik hatten wir bereits auf Beispiele hingewiesen (Abschn. 1.5). A. v a n W i j n -

---

[*] Die Korrektheit bezieht sich hier nur auf die Form; ob die Zeichenfolge
die Berechnung beschreibt, die der Programmierer beabsichtigt, gehört zur
Semantik.

[**] In der Literatur findet sich auch die Bezeichnung "Backussche Normalform".
Es ist jedoch unklar, was an der Darstellung "normal" ist.

g a a r d e n   u.a. haben während der Entwicklung von ALGOL 68
eine Erweiterung der Backus-Naur-Form vorgenommen (zweistufige
Grammatik), die eine Vielzahl der in der BNF nicht ausdrückbaren
Zusammenhänge zu beschreiben gestattet. (Das erwähnte Beispiel
mit den Indizes gehört dazu.) Auf diese Erweiterung werden wir
jedoch hier nicht eingehen [WIJ69].

2.1 Backus-Naur-Form

Wir wollen nun die bereits in Prosa wiedergegebene Vorschrift
über das Aussehen einer Wertzuweisung in einer formalen Weise notieren und verwenden dazu die Backus-Naur-Form mit der heute üblichen Vereinfachung:

(1)   *Wertzuweisung ::= Variable := Ausdruck.*[*]

Das Symbol ::= steht für "ist definiert als". Es trennt den zu
definierenden Begriff (linke Seite) von der Definition (rechte
Seite). Besteht diese Definition wie in unserem Beispiel aus mehreren Komponenten, so werden diese einfach aneinandergereiht. Ein
einmal definierter Begriff kann dann in anderen Regeln der Sprachdefinition als bekannt vorausgesetzt werden:

(2)   *einfache_Anweisung ::= Wertzuweisung | Sprunganweisung*
              | leere_Anweisung | Prozeduranweisung.

Diese Regel besagt, daß es vier verschiedene Arten der einfachen
Anweisung gibt; die Alternativen sind jeweils durch einen senk-
rechten Strich voneinander getrennt. Anders als bei unserem einfachen Beispiel können auch einige oder alle der Alternativen aus
mehr als nur einer Komponenten bestehen:

(3)   *Ausdruck ::= Term | Ausdruck + Term |*
              Ausdruck - Term.

Das zweite Beispiel weist uns auch auf ein Problem hin, das immer
dann auftritt, wenn wir einen Begriff aus mehreren Wörtern der
deutschen Sprache zusammensetzen: Es bleibt unklar, ob es sich um
einen einzigen Begriff oder um eine Aneinanderreihung mehrerer,
selbständiger Begriffe handelt. Sollen die Wörter zu einem Be-

---

[*] Der Punkt ist in diesem Zusammenhang ein Satzzeichen und gehört nicht zu
    der Regel.

griff verbunden werden, machen wir dies durch einen unterstriche-
nen Zwischenraum zwischen den Wörtern deutlich.

Das hier beschriebene Definitionsschema ist eine Metasprache, die
es uns gestattet, über eine Sprache zu sprechen. Wir müssen daher
zwischen den Symbolen[*] der Metasprache und denen der zu definierenden Sprache unterscheiden. In den drei Beispielregeln sind :=,
+ und - Symbole der zu definierenden Sprache, in diesem Fall von
ALGOL 60. Alle anderen Symbole gehören der Metasprache an; sie
treten in einem ALGOL-60-Programm nicht auf. Während ::= und |
metasprachliche Symbole mit fester Bedeutung sind, muß die Sprachdefinition für jedes weitere, nicht vorgegebene Symbol mindestens
eine definierende Regel enthalten. Wollen wir mögliche Formen der
Wertzuweisung in ALGOL 60 feststellen, so gehen wir von Regel (1)
aus:

      Variable := Ausdruck.

Ersetzen wir hierin das metasprachliche Symbol *Ausdruck* beispielsweise durch die zweite Alternative von Regel (3), so erhalten wir

      Variable := Ausdruck + Term

und können anschließend etwa die erste Alternative von Regel (3)
anwenden:

      Variable := Term + Term.

Dieser Ersetzungsvorgang wäre dann mit den Symbolen *Variable* und
Term fortzusetzen. Er bricht ab, wenn nur noch Symbole der zu de-
finierenden Sprache vorhanden sind. Daher rührt die Bezeichnung
<u>nichtterminale Symbole</u> für die metasprachlichen und <u>terminale
Symbole</u> für die der definierten Sprache.

Da wir häufig zwischen verschiedenen Alternativen wählen können,
lassen sich in der Regel verschiedene terminale Symbolfolgen aus
einem nichtterminalen Symbol herleiten[**]. Tritt wie in Beispiel
(3) der zu definierende Begriff auf der rechten Seite noch einmal
auf (Rekursion), so können unendlich viele Symbolfolgen generiert

---

[*] Die Verwendung der Begriffe *Symbol* und *Zeichen* richtet sich nach DIN 44300.
[**] Die nichtterminalen Symbole heißen daher auch metasprachliche Variable.

werden, weil wir beliebig oft auf das gleiche nichtterminale Symbol zurückkommen können und dabei in seiner Nachbarschaft jeweils neue Symbole erzeugt haben: Regel (3) definiert Ausdrücke, die aus beliebig vielen Summanden bestehen. Der Ersetzungsvorgang kommt zu einem Ende, weil wir über eine Alternative verfügen, in der das zu definierende Symbol nicht mehr auftritt. (Neben dieser direkten Rekursion ist auch die indirekte möglich, bei der das zu definierende Symbol erst nach einigen Ersetzungsschritten wieder auftaucht; in Abb. 2.1 ist dies mit dem Symbol *Ausdruck* der Fall.)

2.2 Varianten der Backus-Naur-Form

Oft kennzeichnen Alternativen lediglich, daß einzelne Konstituenten optional sind:

(4)   *Anweisung ::= nichtmarkierte_Anweisung |*
          Marke: nichtmarkierte_Anweisung.

Damit wird nur ausgesagt, daß eine Anweisung sowohl markiert als auch nichtmarkiert auftreten kann.

Optionale Konstituenten und rekursive Symbole führen häufig zu zusätzlichen nichtterminalen Symbolen, was die Lesbarkeit einer formalen Sprachdefinition nicht erleichtert. Aus diesem Grunde verwenden viele neuere Sprachdefinitionen folgende Abkürzungen:

a) Optionale Symbole oder Symbolfolgen werden in eckige Klammern eingeschlossen.

b) Symbole oder Symbolfolgen, die beliebig oft wiederholt werden dürfen (wozu auch die nullmalige Wiederholung zählt), werden in geschweifte Klammern eingeschlossen, denen ein hochgestellter Stern folgt[*].

c) Soll die nullmalige Wiederholung ausgeschlossen sein, folgt der Klammer ein hochgestelltes Pluszeichen.

d) Ein allen Alternativen einer Regel gemeinsamer Teil kann ausgeklammert werden; die verbleibenden Anteile der Alternativen werden in geschweifte Klammern eingeschlossen.

---

[*] Den Stern, der die Lesbarkeit erleichtert, findet man nicht immer. Vgl. [ICH79].

<table>
<tr><td>(1)</td><td>Block ::= BEGIN {Deklaration;}[*] Anweisungsfolge END</td></tr>
</table>

(1)	*Block ::= BEGIN {Deklaration;}[*] Anweisungsfolge END*
(2)	*Anweisungsfolge ::= Anweisung {;Anweisung}[*]*
(3)	*Anweisung ::= {Marke:}[*] {unbedingte_Anweisung |*
	bedingte_Anweisung | Laufschleife}
(4)	*unbedingte_Anweisung ::= einfache_Anweisung | Block*
(5)	*einfache_Anweisung ::= Wertzuweisung | Sprunganweisung*
	| leere_Anweisung | Prozeduranweisung
(6)	*Wertzuweisung ::= {linke_Seite :=}[+] Ausdruck*
(7)	*Ausdruck ::= [Ausdruck {+|-}] Term*
(8)	*Term ::= [Term {*|/}] Faktor*
(9)	*Faktor ::= [Faktor ↑] Primärausdruck*
(10)	*Primärausdruck ::= Zahl | Variable | Funktionsaufruf*
	| (Ausdruck)
(11)	*linke_Seite ::= Variable*

<u>Abb. 2.1:</u> Vereinfachter Ausschnitt aus der ALGOL-60-Syntax
(nach [NAU63])

Mit diesen Verabredungen kann die Syntax einer Programmiersprache
oft kompakter und übersichtlicher beschrieben werden als mit der
ursprünglichen Schreibweise der BNF. Abb. 2.1 gibt ein Beispiel
für einen Ausschnitt aus ALGOL 60.

Dem aufmerksamen Leser wird nicht entgangen sein, daß bereits in
der zuerst betrachteten Fassung eine Kollision zwischen den terminalen Symbolen und den fest vorgegebenen Symbolen der Metasprache[*] möglich ist: Tritt das Trennzeichen zwischen Alternativen
oder das Definitionszeichen auch als terminales Symbol auf, sind
die Regeln nicht mehr eindeutig interpretierbar. P. N a u r
u.a. umgingen das Problem, indem sie zwei in ALGOL 60 nicht auftretende Symbole wählten [Nau60]. Verwenden wir die zusätzlichen
Verabredungen, so dürfen auch geschweifte und eckige Klammern in
der Sprache nicht auftreten. Diesem Problem wird grundsätzlich
aus dem Weg gegangen, wenn man die kollisionsfähigen terminalen
Symbole in der Sprachdefinition unterstreicht:

---

[*] Nichtterminale Symbole können beliebig und somit kollisionsfrei gewählt
werden.

(5)   *indizierte_Variable ::=*

         Identifikator [Index {, Index }[*]].*

Dieser Weg wurde beispielsweise bei der Definition von PL/I
[DIN 66255] und PEARL [DIN 66253] beschritten.

Aus historischen Gründen sei schließlich noch erwähnt, daß in der
ursprünglichen Form der BNF die nichtterminalen Symbole in spitze
Klammern eingeschlossen wurden. (Damit war der unterstrichene Zwischenraum nicht erforderlich.)

Schließlich sollte noch eine Variante beachtet werden, die wir
die van-Wijngaarden-Form nennen möchten. Hier wird die Kollission
zwischen metasprachlichen Spezialzeichen und terminalen Symbolen
dadurch umgangen, daß auch für die terminalen Symbole metasprachliche Symbole eingeführt werden. Sie unterscheiden sich von den
nichtterminalen durch den Zusatz *symbol*. Ferner verwendet diese
Definitionsform, die von A.   v a n   W i j n g a a r d e n
u.a. für einen mächtigeren Ansatz als den hier benötigten entwik-
kelt wurde, das Semikolon als Trennzeichen zwischen Alternativen,
den Doppelpunkt als Definitionszeichen, das Komma für die Aneinanderreihung und den Punkt als Regelabschluß [WIJ69, WIJ75][*]).

2.3 Syntaxdiagramme

Eine formale Definition ist zur Vermeidung von Mißverständnissen
notwendig, wird aber wesentlich anschaulicher, wenn man sie mit
graphischen Hilfsmitteln verdeutlicht. Ein solches Hilfsmittel
sind die Syntaxdiagramme. Wir betrachten als Beispiel die Regel

(6)   *Identifikator ::= Buchstabe { Buchstabe | Ziffer }*[*].

Sie besagt, daß ein Identifikator mit einem Buchstaben beginnt,
und dann beliebig viele Buchstaben und Ziffern folgen dürfen.
Diesen Sachverhalt können wir folgendermaßen graphisch darstellen:

---

[*]) Bei den übrigen BNF-Varianten muß man den Schluß einer Regel durch schar-
fes Hinsehen finden.

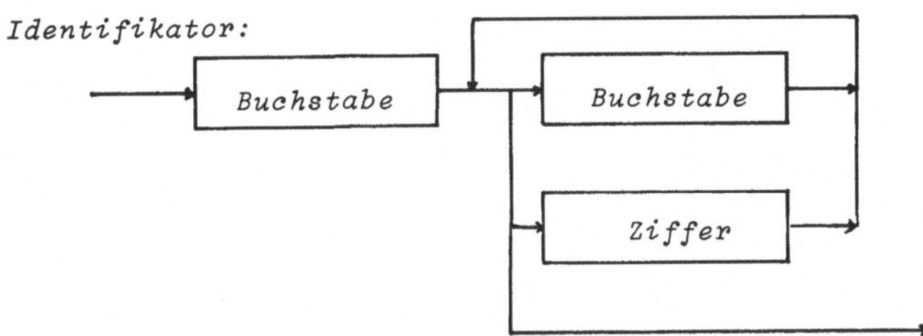

Dabei bedeuten die einzelnen Kästchen, daß wir Symbole (oder Symbolfolgen) der angegebenen Art verwenden müssen, wenn wir längs eines Pfeiles das Kästchen erreichen. Im Beispiel erreichen wir zunächst das mit *Buchstabe* beschriftete Kästchen. Dahinter spaltet sich der Pfeil in drei Alternativen auf: Es kann ein weiterer Buchstabe folgen, es kann eine Ziffer folgen, oder das Diagramm, das den Identifikator definiert, wird verlassen. In den beiden ersten Fällen erfolgt eine Rückkehr zu der erwähnten Verzweigung.

In Abb. 2.2 geben wir das Syntaxdiagramm zu den Regeln (1) - (5) der Abb. 2.1 an. Wir verwenden dabei abgerundete Kästchen zur Kennzeichnung terminaler Symbole und rechteckige für nichtterminale.

Im Zusammenhang mit der Rekursion ist noch eine Randbemerkung zu machen: Wir können nicht einfach das Kästchen "Block" weglassen und den dorthin führenden Pfeil an den Anfang zurückziehen (vor *BEGIN*). Die Übereinstimmung der *BEGIN*-Symbole mit den *END*-Symbolen wäre nicht mehr gewährleistet. In der Theorie der formalen Sprachen wird jedoch gezeigt, daß die Rekursion durch einen Zyklus ersetzt werden kann, wenn das rekursive Symbol am Anfang oder am Ende der Regel auftritt. (Hier steht es im Innern der Regel.)

2.4 Ableitungsbaum

Während das Syntaxdiagramm die Syntax einer ganzen Sprache wiedergibt, stellt der <u>Ableitungsbaum</u> den Aufbau eines einzelnen, konkret gegebenen Programmes oder Programmteiles dar. Dieser Baum spiegelt die Ersetzungsschritte wieder, mit denen man durch Anwenden der Regeln bestimmte Zeichenfolgen aus einem nichttermi-

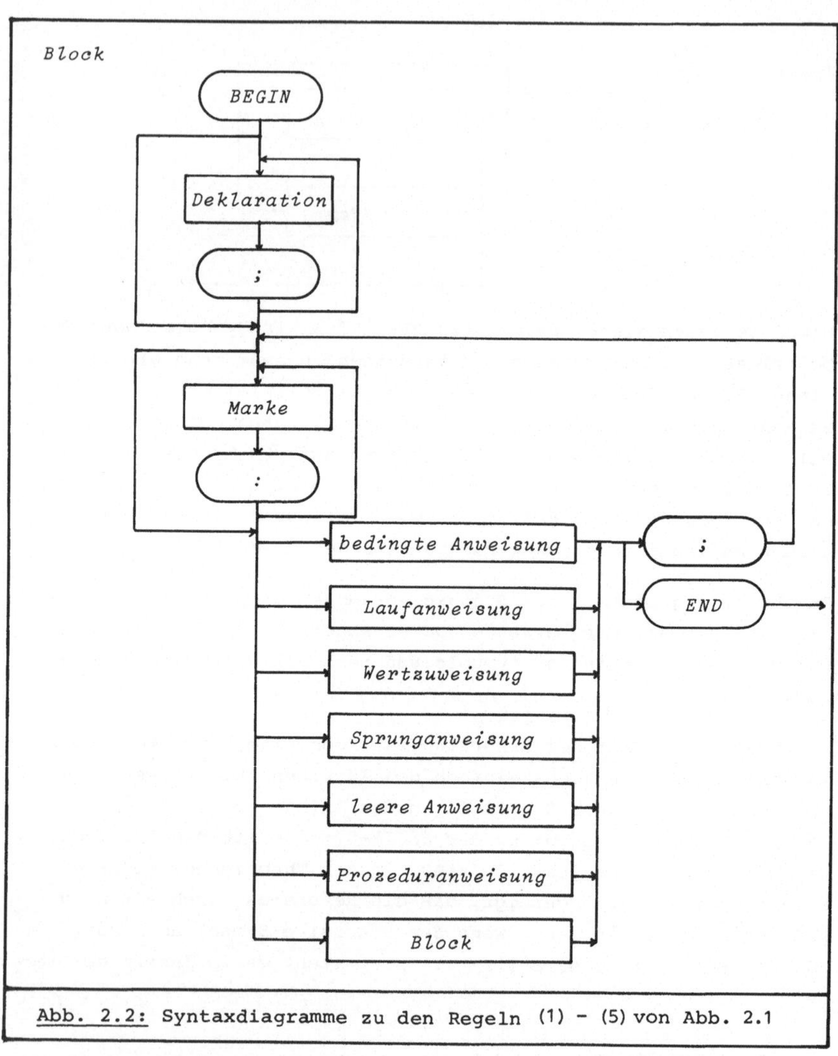

Abb. 2.2: Syntaxdiagramme zu den Regeln (1) - (5) von Abb. 2.1

nalen Symbol herleiten (ableiten) kann. Die Gabelungen des Baumes
bedeuten dabei, daß ein nichtterminales Symbol aus mehreren Konstituenten besteht, von denen jede einem Ast entspricht. Wir betrachten als Beispiel die Regel

$$Ausdruck ::= Ausdruck + Term.$$

Diesen Sachverhalt stellen wir folgendermaßen graphisch dar:

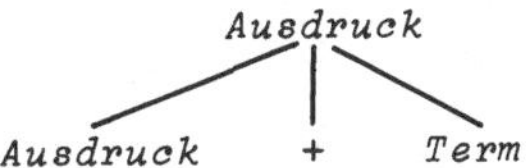

In gleicher Weise können wir nun eine der möglichen Alternativen für den Begriff *Term* auswählen und den zugehörigen Teilbaum in den bereits entwickelten Baum[*] einhängen:

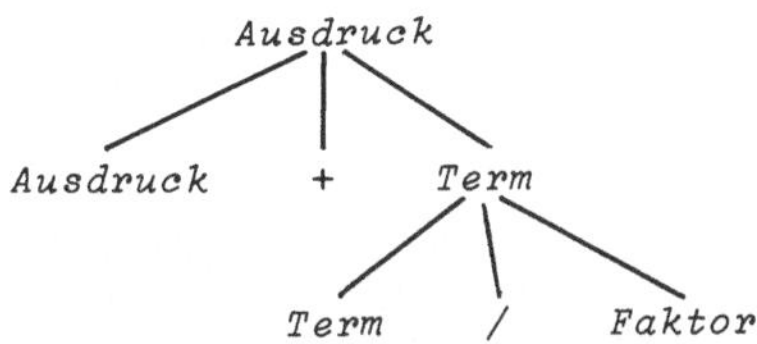

Wir können so fortfahren, indem wir immer wieder für nichtterminale Symbole eine der möglichen Alternativen auswählen und den entsprechenden Teilbaum in den bereits entwickelten Teil des Ableitungsbaumes einhängen. Abb. 2.3 zeigt den Ableitungsbaum, aus dem wir die Struktur der Ausdrücke

Variable - Variable + Zahl / Variable

entnehmen können. (Diese Symbole wären noch weiter zu ersetzen.)

Dieses Beispiel macht uns auch deutlich, daß die Backus-Naur-Form in der Lage ist, den <u>Operatorenvorrang</u> korrekt wiederzugeben. Man kann dem Ableitungsbaum entnehmen, daß der Teil

Zahl / Variable

rechter Operand zu dem Pluszeichen ist und somit die Division vor der Addition auszuführen ist. Man erkennt dies daran, daß diese Symbolfolge zu einem Teilbaum zusammengefaßt wird, dessen Wurzel auf einer Ebene mit dem Pluszeichen steht.

In den BNF-Regeln haben wir dies dadurch erreicht, daß wir für die Operatoren der verschiedenen Vorrangstufen verschiedene nichtterminale Symbole eingeführt haben, die jeweils festlegen, welche

---

[*] Im Gegensatz zu dem Baumbegriff der Mathematik spielt beim Ableitungsbaum die Reihenfolge der Äste eine Rolle.

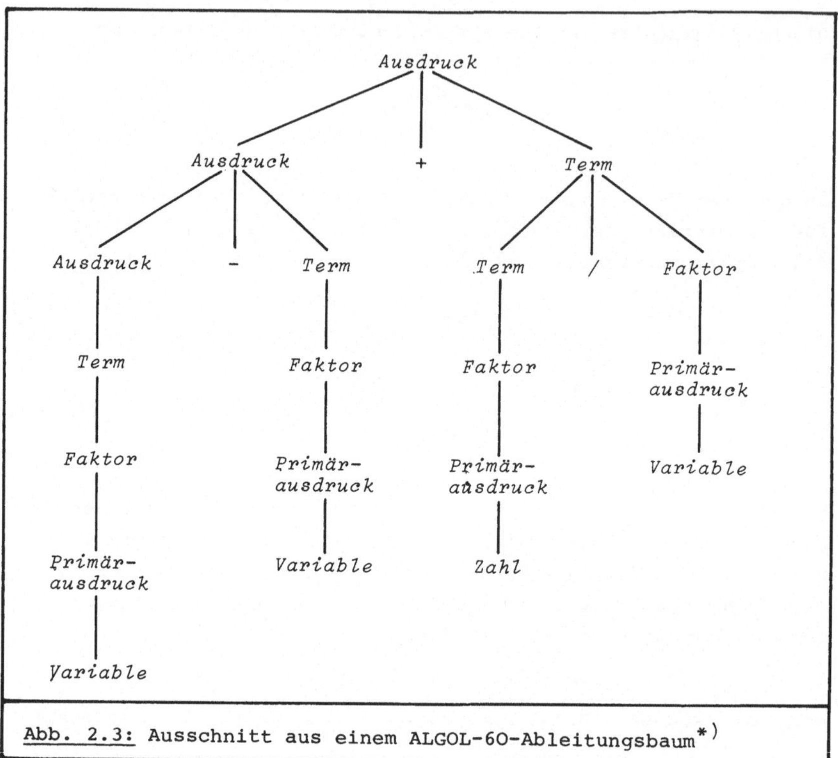

Abb. 2.3: Ausschnitt aus einem ALGOL-60-Ableitungsbaum[*]

Operatoren in einer bei diesem Symbol startenden Ableitung noch
auftreten dürfen. Während in einer beim Symbol *Ausdruck* starten-
den Ableitung noch alle Operatoren auftreten können, sind das
Plus- und das Minuszeichen in einer vom Symbol *Term* ausgehenden
Ableitung nicht mehr möglich. (Der Leser prüfe dies an Hand der
Regeln (7) - (9) von Abb. 2.1) Erst wenn die Regel

> *Primärausdruck ::= (Ausdruck)*

angewandt wurde, sind wieder alle Operatoren möglich, jedoch nur
in Klammern; dies entspricht der Vorschrift, daß der Operatorenvorrang mit Hilfe von Klammern durchbrochen werden kann.

---

[*] Die "Schwänze", die bei der mehrfachen Ersetzung eines einzelnen nichtterminalen Symbols durch ein anderes entstehen, werden gerne weggelassen.

Auch die <u>Auswertungsreihenfolge von links nach rechts</u> beim Aufeinandertreffen gleichrangiger Operatoren ist durch die BNF aus-
drückbar: Wir lassen als linken Operanden beispielsweise zu einem
Additionsoperator wiederum einen Ausdruck zu, der auch Additions-
und Subtraktionsoperatoren enthalten kann, während wir als rechten Operanden nur einen Term akzeptieren, in dem diese Operatoren
nur in Klammern auftreten dürfen.

2.5 <u>Chomsky-Grammatiken</u>

Zeitgleich mit der Definition von ALGOL 60 auf der Basis der
Backus-Naur-Form entwickelte der Linguist N.   C h o m s k y
im Hinblick auf die formale Beschreibung natürlicher Sprachen ein
theoretisches Syntaxmodell, das heute unter dem Namen Chomsky-
Grammatik bekannt ist [CHO56, CHO59]:

> Eine <u>Chomsky-Grammatik</u> ist ein Quadrupel $G = (T,N,P,S)$.
> Dabei sind T und N endliche Mengen von Symbolen (terminale
> und nichtterminale), $S \in N$ ein ausgezeichnetes nichttermina-
> les Symbol (Startsymbol) und $P \subset V^* \times V^*$ eine Menge von Produk-
> tionen $(V = T \cup N)$[*].

V^* ist die Menge aller Symbolfolgen, die aus den Elementen von V
gebildet werden können.

Wir wollen dieses theoretische Modell hier nicht weiter vertie-
fen, sondern auf die ausführlichen Darstellungen in den vielen
Lehrbüchern über <u>formale Sprachen</u> verweisen [BEC77, GRO71, HER74]
und uns hier auf den Zusammenhang mit der BNF beschränken. Die
Produktionen $p = (u,v)$, die aus zwei Symbolfolgen bestehen, entsprechen BNF-Regeln der Form $u ::= v$. Jede Chomsky-Produktion
entspricht also nur einer Alternative in einer BNF-Regel. Wollen
wir mehrere Alternativen zulassen, etwa $u ::= v \mid w$, so müssen
wir dafür zwei Produktionen (u,v) und (u,w) in die Produktionen-
menge aufnehmen. In der Mächtigkeit ist die Backus-Naur-Form den
Chomsky-Grammatiken nicht gleichwertig: Während auf der linken
Seite einer Chomsky-Produktion eine beliebige Symbolfolge stehen
darf, muß die linke Seite einer BNF-Regel genau ein Symbol enthalten. Bei den Chomsky-Grammatiken nennt man diesen Typ <u>kontextfreie</u>
<u>Grammatiken</u>.

---

[*] Wir setzen voraus, daß T und N disjunkt sind.

3 Beispiele

Nachdem wir nun bereits verschiedentlich auf die große Zahl an
Programmiersprachen und ihre Unterschiedlichkeit hingewiesen haben, ist es an der Zeit, diese Unterschiedlichkeit an einigen Beispielen deutlich zu machen. Es ist weder möglich, sämtliche Sprachen zu berücksichtigen, noch auf alle typischen Konstrukte der
ausgewählten Sprachen einzugehen. Dies würde den Rahmen dieses
Buches bei weitem sprengen. Wir wollen uns statt dessen auf einige wenige Sprachen beschränken, die die Sprachgeschichte besonders beeinflußt haben, und einige Gesichtspunkte hervorheben, in
denen sie sich unterscheiden. Auf andere Gesichtspunkte und weitere Sprachen gehen wir in den folgenden Kapiteln ein.

3.1 ALGOL, FORTRAN

Schon sehr früh wurde an verschiedenen Stellen[*] erkannt, daß der
Programmieraufwand bei technisch-naturwissenschaftlichen Problemen gesenkt werden kann, wenn man die Assemblersprachen um arithmetische Formeln bereichert. Wie J. W. B a c k u s berichtet, war das auch der Ausgangspunkt für FORTRAN[**] [BAC78]. Diese
Sprache umfaßt neben den arithmetischen, später auch den booleschen, Ausdrücken und der Schleife nur Sprachkonstrukte, die unmittelbar Maschinengegebenheiten entsprechen: z.B. Verzweigungen,
Parameterübergabe über Adressen, gemeinsame Datenbereiche mehrerer Prozeduren. Damit lag die Erzeugung eines effizienten Maschi-
nenprogrammes auf der Hand. Erst zehn Jahre nach dem ersten Kompilierer wurde eine Normierung der Sprache vorgenommen (FORTRAN
66). Diese späte Festschreibung hat zu einer Vielzahl voneinander
abweichender Implementierungen geführt. Eine Überarbeitung der
Norm erfolgte 1976/78 und ist unter den Bezeichnungen FORTRAN 77
bzw. FORTRAN V bekannt [DIN 66027]. Nachteile an FORTRAN sind neben den abweichenden Implementierungen, die die Übertragbarkeit
der Programme von einem Rechensystem auf ein anderes erschweren,
die Bezeichner beschränkter Länge, die fehlende Strukturierbar-
keit umfangreicher Programme und die Tatsache, daß Wortsymbole

---

[*] Einige findet der Leser bei [BAC78].
[*] Formula Translation

weder reserviert, noch besonders gekennzeichnet, noch ohne Unterbrechung zu schreiben sind.

In Abb. 3.1 geben wir ein kleines Beispiel an[*]. FORTRAN-Programm-
me bestehen aus einem Hauptprogramm und einer beliebigen Anzahl
von Unterprogrammen, deren Definitionen auf einer Stufe nebenein-
ander stehen. Im übrigen ist die äußere Form durch die Lochkarte
bestimmt, Kommentarkarten müssen in der ersten Spalte als solche
gekennzeichnet werden, die Marken stehen in den ersten fünf Spalten, und die Spalten 7 − 72 enthalten die Vereinbarungen und Anweisungen. Diese enden mit dem Kartenende, wenn die folgende Kar-
te nicht in der 6. Spalte als Fortsetzungskarte markiert ist.

Über FORTRAN existiert eine kaum noch überschaubare Anzahl von
Lehrbüchern. Das Literaturverzeichnis muß sich daher auf einige
beschränken, die dem von einer anderen Sprache kommenden Leser
einen Einstieg geben können [BRA79, GRI72, KAU78, SCHNE70, SIE74,
SPI77].

Im Unterschied zu FORTRAN ist die Sprachdefinition von ALGOL 60[**]
noch vor der ersten Implementierung veröffentlicht [NAU 60] und
von den Implementierungen dann (bis auf einige, nur äußerst kom-
pliziert zu realisierende Strukturen wie z.B. als Wert zu überge-
bende Felder) auch eingehalten worden. Charakteristische Merkmale
von ALGOL 60 sind die hierarchische Anordnung von Gültigkeitsbe-
reichen für frei gewählte Bezeichner (Blockstruktur), die Möglichkeit lokaler Prozedurdeklarationen und eine etwas redundantere
Schreibweise. Abb. 3.2 zeigt die ALGOL-60-Fassung des zuvor in
FORTRAN formulierten Algorithmus. Die äußere Form ist durch das
freie Format und die besonders gekennzeichneten Wortsymbole bestimmt: Weder der Zeilenwechsel noch der Zwischenraum haben syntaktische Bedeutung. Die Wortsymbole sind in der Referenzsprache,
d.h. in der im ALGOL-Bericht definierten Fassung fett gedruckt,
sonst oft unterstrichen. Da beide Schreibweisen nicht in den
Rechner eingegeben werden können, sieht DIN 66006 vor, daß die
Wortsymbole in Apostroph eingeschlossen werden. Einige Kompilie-

---

[*] Wir haben durch alle Beispiele hindurch die sprachtypischen Wortsymbole
mit Großbuchstaben, die frei wählbaren mit Kleinbuchstaben notiert.

[**] Algorithmic language

```
C       unterprogramm zur bestimmung des groessten wertes
C       in jeder zeile einer matrix
C

        SUBROUTINE zeilmx(matrix,nrzeil,nrsplt,max)
        DIMENSION matrix(nrzeil,nrsplt),max(nrzeil)
        REAL matrix,max,vgl
        INTEGER nrzeil,nrsplt,zeile,spalte
C

        DO 19 zeile = 1,nrzeil
            vgl = matrix(zeile,1)
            DO 17 spalte = 2,nrsplt
                IF (vgl .GE. matrix(zeile,spalte)) GOTO 17
C               der neue wert ist groesser als die bisherigen
                vgl = matrix(zeile,spalte)
   17           CONTINUE
   19       max(zeile) = vgl
        END
```

Abb. 3.1: FORTRAN-Beispiel

```
COMMENT unterprogramm zur bestimmung des groessten
        wertes in jeder zeile einer matrix;

PROCEDURE zeilenmaxima(matrix,zeilenzahl,spaltenzahl,maxima);
        REAL ARRAY matrix, maxima;
        INTEGER zeilenzahl, spaltenzahl;
BEGIN   REAL vergleichsgroesse;
        INTEGER zeile, spalte;

        FOR zeile := 1 STEP 1 UNTIL zeilenzahl DO
        BEGIN vergleichsgroesse := matrix[zeile, 1];
            FOR spalte := 2 STEP 1 UNTIL spaltenzahl DO
                IF vergleichsgroesse < matrix[zeile, spalte]
                THEN vergleichsgroesse := matrix[zeile,spalte];
            maxima[zeile] := vergleichsgroesse
        END
END zeilenmaxima;
```

Abb. 3.2: ALGOL-60-Beispiel

rer akzeptieren jedoch auch eine Schreibweise ohne besondere
Kennzeichnung[*].

Die rechtzeitige und streng formale Definition, die nur noch ge-
ringfügig überarbeitet wurde [NAU63], hat zu weitgehend verträg-
lichen Implementierungen geführt. Dem stehen jedoch zwei schwer-
wiegende Nachteile gegenüber, die eine größere Verbreitung außerhalb der Hochschule verhinderten: (a) Die Autoren versäumten es,
Ein-/Ausgabeanweisungen als festen Bestandteil in die Sprache auf-
zunehmen, obwohl während der Definitionsphase ein entsprechender
Vorschlag vorlag[**]. Dadurch wurde die Übertragbarkeit der Programme auf den algorithmischen Kern beschränkt. (b) Das Schwer-
gewicht lag auf der eleganten problembezogenen Formulierbarkeit
der Algorithmen und nicht auf der Effizienz. Dies führte zu einigen Sprachkonstrukten, die zwar recht mächtig sind, aber kein
effizientes Maschinenprogramm zu generieren erlauben (z.B. Na-
mensaufruf bei Parametern).

Auch über ALGOL existieren sehr viele Lehrbücher, von denen das
Literaturverzeichnis nur einige enthalten kann [GÜN72, HER76,
ALE72, SCHAU77, SCHNE70].

3.2 <u>COBOL</u>

Auch auf dem Gebiet der kommerziell-administrativen Anwendungen
hat sich die Notwendigkeit problemorientierter Programmiersprachen schon sehr früh gezeigt. Anders als im technisch-naturwissenschaftlichen Bereich haben sich die Anstrengungen jedoch auf
eine einzige Sprache konzentriert: <u>COBOL</u>[***]. Eine erste Sprachdefinition wurde 1959/60 erarbeitet und veröffentlicht. Die weitere Entwicklung basiert jedoch auf dem hiermit nicht ganz kom-
patiblen COBOL 61. Basis für die spätere Normung [DIN 66028] ist
COBOL 65. Wie auch bei FORTRAN zeigt sich an COBOL, daß Programmiersprachen lebende Sprachen sind mit dem Vorteil der Anpas-
sungsfähigkeit auf der einen und dem Nachteil unterschiedlicher
Versionen auf der anderen Seite. Im Gegensatz zu FORTRAN mit vielen, untereinander inkompatiblen Dialekten liegt bei COBOL we-

---

[*]   Zu unserer Schreibweise: s. Fußnote [*] S. 35.
[**]   Vgl. hierzu den Rückblick von [NAU78].
[***] <u>C</u>ommon <u>b</u>usiness <u>o</u>riented <u>l</u>anguage.

```
IDENTIFICATION DIVISION.
PROGRAM-ID. RECHNUNG.
ENVIRONMENT DIVISION.
CONFIGURATION SECTION.
     ...
INPUT-OUTPUT SECTION.
FILE-CONTROL.
        SELECT kauf-karten ASSIGN TO card-reader.
        SELECT rechnung ASSIGN TO printer.
DATA DIVISION.
FILE SECTION.
FD kauf-karten
        LABEL RECORD OMITTED
        DATA RECORD IS kauf.
Ø1      kauf.
        Ø2 artikel-nr        PICTURE IS 9(6).
        Ø2 bezeichnung       PICTURE IS X(2Ø).
        Ø2 einzelpreis       PICTURE IS ZZ9.99.
        Ø2 menge             PICTURE IS Z9.
FD      rechnung
        LABEL RECORD OMITTED
        DATA RECORD IS rechnungszeile.
Ø1      rechnungszeile       PICTURE IS X(54).
WORKING-STORAGE SECTION.
Ø1      zeile.
        Ø2 menge             PICTURE IS Z9.
        Ø2 FILLER            PICTURE IS XX.
        Ø2 artikel-nr        PICTURE IS 9(6).
        Ø2 FILLER            PICTURE IS XXX.
        Ø2 bezeichnung       PICTURE IS X(2Ø).
        Ø2 einzelpreis       PICTURE IS ZZ9.99.
        Ø2 FILLER            PICTURE IS XXXX.
        Ø2 preis             PICTURE IS Z(4)9.99.
Ø1      schlusszeile.
        Ø2 FILLER            PICTURE IS X(43).
        Ø2 summe             PICTURE IS Z(4)9.99.
```

<u>Abb. 3.3.a:</u> COBOL-Beispiel (Deklarationsteil)

```
PROCEDURE DIVISION.
start.
        OPEN INPUT kauf-karten
             OUTPUT rechnung.
        MOVE ZEROES TO summe.
naechster-artikel.
        READ kauf-karten RECORD AT END GO TO schluss.
        MOVE CORRESPONDING kauf TO zeile.
        MULTIPLY einzelpreis OF zeile BY menge OF zeile
                GIVING preis.
        ADD preis TO summe.
        WRITE rechnung FROM zeile.
        GO TO naechster-artikel.
schluss.
        WRITE rechnung FROM schlusszeile.
        CLOSE kauf-karten, rechnung.
        STOP RUN.
```

<u>Abb. 3.3.b:</u> COBOL-Beispiel (Algorithmus)

nigstens weitgehend eine Aufwärtskompatibilität vor.

Das äußere Erscheinungsbild von COBOL-Programmen (Abb. 3.3) ist durch die sehr starke Verbalisierung gekennzeichnet, die die Formulierung der Anweisungen eng an die englische Sprache anlehnt. Man spricht dementsprechend auch von Sätzen, die mit einem Verb beginnen und mit einem Punkt enden. Dabei steht das Prinzip im Vordergrund, mit möglichst wenigen Verben (= Anweisungstypen) auszukommen und die Ausdrucksfähigkeit durch eine Vielzahl an Optionen innerhalb der Sätze sicherzustellen. Wie J. S a m - m e t rückblickend erläutert, war die Natürlichkeit das oberste Ziel der Sprachentwerfer [SAM 78a]. Dem entspricht auch die hierarchische Gliederung des Programmes in Kapitel (division), Absätze (section) und Paragraphen. Jedes Programm besteht aus vier Kapiteln: Die *IDENTIFICATION DIVISION* dient zur Bezeichnung von Programm und Autor, die *ENVIRONMENT DIVISION* stellt einen Bezug zur anlagenabhängigen Umgebung her, die *DATA DIVISION* beschreibt die Struktur der Daten und die *PROCEDURE DIVISION* den

Algorithmus. Auch hier spielt die Spalteneinteilung eine Rolle:
Die Überschriften der Kapitel, Absätze und Paragraphen beginnen
in der 8., die Anweisungen in der 12. Spalte.

Zwei wesentliche Unterschiede gegenüber den technisch-naturwissenschaftlichen Sprachen müssen erwähnt werden: Zum einen die
Möglichkeit, hierarchisch aufgebaute Datenstrukturen beschreiben
zu können, wobei nicht nur einzelne Komponenten, sondern auch
ganze Strukturen oder Teilstrukturen als Objekte von Operationen
in Frage kommen; zum andern das Fehlen eines flexiblen Prozedur-
konzeptes.

Auch über COBOL kann das Literaturverzeichnis nur eine kleine Auswahl der verfügbaren Lehrbücher angeben [GEI74, MCC78, MIC75,
MUR78, SIN72].

3.3 <u>Nachfolger</u>

Die Sprachen der ersten Generation haben eine Reihe weiterer Entwicklungen ausgelöst, aus denen wir zunächst nur vier Sprachen
herausgreifen wollen: (1) PL/I, das ein Versuch war, eine für alle Anwendungsbereiche gleichermaßen geeignete Sprache zu schaffen; (2) BASIC, das eine Minimalsprache ist in dem Sinne, daß alle berechenbaren Funktionen mit möglichst wenigen Sprachelementen
beschreibbar sein sollen; (3) ALGOL 68, dessen Bedeutung am ehesten in der tiefen theoretischen Durchdringung von Syntax und Semantik der Programmiersprachen gesehen werden muß, und (4) PASCAL,
das mit der Vereinigung von eleganter Formulierung, effizienter
Übersetzung und effizientem Laufzeitverhalten eine neue Ära der
Programmiersprachenentwicklung einläutete.

Wie G. R a d i n berichtet, steht am Anfang der Entwicklung
von <u>PL/I</u>*) die Idee, FORTRAN weiterzuentwickeln [RAD78]. Eine
erste Fassung wurde (noch unter dem Namen NPL) 1965 von G.
R a d i n und H. P. R o g o w a y veröffentlicht [RAD65].
Wie bereits erwähnt, war an einen Einsatz für alle Problembe-
reiche gedacht. PL/I übernimmt daher nicht nur von ALGOL die
Strukturierung der Algorithmen durch Schleifen, Alternativen und

---

*) <u>P</u>rogramming <u>l</u>anguage <u>I</u>

flexibel einsetzbare Prozeduren, sondern auch von COBOL die
hierarchische Strukturierung der Daten und unterschiedliche Ein-
und Ausgabemöglichkeiten. Darüber hinaus finden wir Sprachkonstrukte zur Erzeugung und Synchronisierung konkurrierender Prozesse, wie sie in der Systemimplementierung und der Realzeitpro-
grammierung eine Rolle spielen. Diese Verschiedenartigkeit der
Anwendungsgebiete hat eine Verschiedenartigkeit der Anforderungen zur Folge, die wiederum eine Vielzahl unterschiedlicher
Sprachkonstrukte und in ihnen immer wieder Ausnahmen nach sich
ziehen. So gibt es die statische Speicherverwaltung von FORTRAN,
die an der Blockstruktur aufgehängte von ALGOL und eine in der
Hand des Programmierers befindliche. Ein anderes Beispiel ist die
Durchbrechbarkeit der Blockstruktur als Gültigkeitsbereich für
Vereinbarungen. Es würde diesen Band sprengen, wollten wir bei
der Betrachtung der Programmiersprachenkonzepte alle Möglichkeiten von PL/I betrachten. Wir halten uns in etwa an den von P.
R e c h e n b e r g und A. S c h u l z behandelten Ausschnitt [REC74, SCHUL75, SCHUL76].

Genau das Gegenteil von PL/I ist BASIC[*]. Diese Sprache wurde von
T. E. K u r t z und J. G. K e m e n y 1963/64 entwik-
kelt. Wie T. E. K u r t z rückblickend ausführt, wurde
diese Entwicklung durch die Frage angestoßen, wie man Studenten,
die nicht im naturwissenschaftlich-technischen Bereich studieren,
später aber über Fragen der Datenverarbeitung zu entscheiden haben, wenigstens ein Gefühl für die Probleme der Programmierung
geben könne [KUR78]. Aus dieser Zielsetzung resultierte einerseits die geringe Anzahl von (ursprünglich nur 14) Sprachkonstrukten und andererseits die Einbettung in ein eigenes "Betriebssystem", dessen Kommandos sehr einfach und der englischen Sprache
entlehnt waren.

An der äußeren Form von BASIC-Programmen (s. Abb. 3.4) fällt zunächst die Numerierung der Zeilen auf. Sie erleichtert das Edie-
ren im interaktiven Betrieb; der Programmierer braucht nur eine
neue Programmzeile einzugeben, wenn er eine Zeile verändern, einfügen oder löschen will. Ferner fallen die sehr kurzen Bezeichner

---

[*] Beginner's all-purpose symbolic instruction code

```
1ØØ   SUB zeilmx(m(,),n1,n2,x())
1Ø4   REMARK unterprogramm zur bestimmung des groessten wertes
1Ø5   REMARK in jeder zeile einer matrix.
11Ø   FOR z = 1 TO n1
121       LET v = m(z,1)
131       FOR s = 2 TO n2
142           IF v >= m(z,s) THEN 162
152           v = m(z,s)
162           NEXT s
171       x(z) = v
181       NEXT z
19Ø   SUBEND
```

<u>Abb. 3.4:</u> BASIC-Beispiel

auf, die sogar FORTRAN unterbieten[*]. BASIC kennt im Gegensatz zu
den bisher erwähnten Sprachen keine Deklarationen, muß aber dennoch als artgebundene Sprache betrachtet werden, da die Form des
Bezeichners die Art des Objektes bestimmt.

Der geringe Sprachumfang hat BASIC nicht nur bei fachfremden be-
liebt werden lassen, sondern entsprach auch den Möglichkeiten der
ersten auf Mikroprozessorbasis entwickelten Tischrechner, was
nicht unerheblich zur Verbreitung beigetragen hat. Die Zahl der
BASIC-Anbieter dürfte zum gegenwärtigen Zeitpunkt die jeder anderen Programmiersprache übersteigen. Entsprechendes gilt für
die Programmierungsanleitungen, von denen wir nur vier in das
Literaturverzeichnis aufgenommen haben [HAA77, MEN80, SCHÄR75,
SPE74].

ALGOL 60 war der Startpunkt für eine Vielzahl von Sprachentwicklungen. Als die wichtigste unter ihnen bezeichnet   T. W.
P r a t t   ALGOL 68 [PRA75]. Zumindest bzgl. der theoretischen
Durchdringung der Materie und der Systematik des Sprachentwurfs
hat er recht, nicht aber bzgl. der Verbreitung. Diese Sprache

---

[*] Die Sprache ist von daher eher für das schnelle Schreiben eines überschau-
baren Programmes geeignet als für langlebige, der Wartung bedürftige Systeme.

entstammt den Diskussionen in der IFIP-Working-Group 2.1[*], die
sich mit der Weiterentwicklung von ALGOL 60 befaßte. Die Definition wurde von A. v a n W i j n g a a r d e n et al. 1969
veröffentlicht; eine Einführung geben S. G. v a n d e r
M e u l e n und P. K ü h l i n g [WIJ69, WIJ75, MEU74].

Die äußere Struktur eines Programmes ähnelt der Struktur eines
ALGOL-60-Programmes. Auf den ersten Blick fallen zunächst nur die
konsequente Anwendung des Klammerungsprinzips und eine gewisse
Funktionalität auf. Das bekannte Prinzip, eine Folge von Einheiten durch öffnende und schließende Klammern zusammenzufassen,
wird auf alle Sprachstrukturen übertragen: Jedes Sprachkonstrukt
beginnt mit einem klammernden Symbol und endet mit dem korrespondierenden. Damit ist es möglich, beliebig zu schachteln, ohne
Sonderfälle beachten zu müssen. ALGOL 68 ist in dem Sinne funktional, daß jedes Sprachkonstrukt einen Funktionswert besitzt[**],
der vom umgebenden Konstrukt weiterverarbeitet werden kann. Erst
bei genauerem Studium erkennt man, daß ALGOL 68 - wie BASIC - mit
einer geringen Anzahl von Konzepten auskommt, aber eine hohe Ausdrucksfähigkeit dadurch gewinnt, daß diese Konzepte nahezu beliebig miteinander kombiniert werden dürfen (Orthogonalität). Diese
Flexibilität erleichtert die Handhabung der Sprache, wenn man sie
kennt, aber sie erschwert den Zugang. C. H. L i n d s e y
und S. G. v a n d e r M e u l e n schreiben hierzu: "Da
ALGOL 68 eine höchst rekursiv strukturierte Sprache ist, ist es
völlig unmöglich, sie zu beschreiben, bevor sie beschrieben worden ist." [LIN71]

Die weiteste Verbreitung unter allen von ALGOL 60 beeinflußten
Sprachen hat wohl <u>PASCAL</u> erreicht. N. W i r t h begründet
die Entwicklung dieser Sprache sowohl mit didaktischen, als auch
mit technischen Gründen [WIR71]. Zu den didaktischen Gründen zählen zunächst die gleichen Überlegungen wie bei BASIC: wenige fundamentale Konzepte, klare und natürliche Strukturen und eine einfache Syntax. Hinzu kommt jedoch der im Verlauf der GOTO-Kontro-

---

[*] International Federation of Information Processing Societies
[**] Einige wenige Konstrukte, z.B. die Sprunganweisung, führen zu einem undefinierten Funktionswert.

```
PROCEDURE zeilenmaxima = ([,] REAL matrix)[] REAL:
BEGIN [1:1 UPB matrix] REAL vergleichsgroessen;      *)
     REF REAL zeigeraufvergleichsgroesse;
     FOR zeile FROM 1 BY 1 TO 1 UPB matrix
     DO zeigeraufvergleichsgroesse
         := vergleichsgroessen[zeile] := matrix[zeile, 1];
         FOR spalte FROM 2 BY 1 TO 2 UPB matrix
         DO IF zeigeraufvergleichsgroesse < matrix[zeile,spalte]
            THEN (REF REAL : zeigeraufvergleichsgroesse)
                  := matrix[zeile,spalte]
            FI
         OD
     OD;
     vergleichsgroessen
END
```

Abb. 3.5: ALGOL-68-Beispiel

```
PROCEDURE zeilenmaxima(maxtrix: realmatrix;
                       zeilenzahl,spaltenzahl: integer;
                       VAR: maxima: realvector);
VAR zeile, spalte: integer;
    vergleichsgroesse: real;
FOR zeile := 1 TO zeilenzahl DO
BEGIN vergleichsgroesse := matrix[zeile, 1];
      FOR spalte := 2 TO spaltenzahl DO
          IF vergleichsgroesse < matrix[zeile, spalte]
          THEN vergleichsgroesse := matrix[zeile, spalte];
      maxima[zeile] := vergleichsgroesse
END;
Die Prozedur erfordert die globalen Deklarationen
TYPE realmatrix = ARRAY[1:zeilenzahl, 1:spaltenzahl] OF real;
TYPE realvector = ARRAY[1:zeilenzahl] OF real;
```

Abb. 3.6: PASCAL-Beispiel

---

*) n UPB a bestimmt die n-te obere Indexgrenze des Feldes a.

verse[*] sehr stark diskutierte Gesichtspunkt des systematischen
Programmierens. Die Sprache sollte zur Zuverlässigkeit von Programmen beitragen und Einsicht in die Organisation etwas größerer
Software-Projekte vermitteln. Schließlich ging es   N.   W i r t h
um den Nachweis, daß auch problemorientierte Programmiersprachen
effiziente Zielprogramme erlauben und dies sogar mit einem schnel-
len und einfach strukturierten Kompilierer erreicht werden kann.
Diese Ziele konnten dadurch erreicht werden, daß zunächst einmal
die Struktur der Ausdrücke und Anweisungen aus ALGOL 60 übernommen wurde. Dazu kamen strukturierte Daten, die Möglichkeit, daß
der Programmierer selbst Datenarten definieren und mit einer problembezogenen Bezeichnung belegen kann, und ein reicherer Vorrat
an Kontrollstrukturen. Für die weite Verbreitung dürfte jedoch
auch die Tatsache entscheidend gewesen sein, daß der leicht les-
bare Kompilierer in PASCAL selbst geschrieben, praktisch frei verfügbar und mit vergleichsweise geringem Aufwand auf andere Systeme übertragbar war.

Die weite Verbreitung von PASCAL hat auch zu einer Vielzahl von
Lehrbüchern geführt. Neben einigen deutschsprachigen Werken
[HER79, HOS80, OTT80, SCHAU79, SCHAU80] möchten wir noch zwei
englischsprachige erwähnen: Das eine wegen der Beispiele [BOW77],
das andere wegen der darin enthaltenen Sprachdefinition [JEN78].

3.4 Sonderentwicklungen

Problemorientierte Programmiersprachen sollen von einer im Anwendungsgebiet üblichen Schreib- oder Sprechweise ausgehen. Es ist
daher nicht verwunderlich, daß es einige Programmiersprachen gibt,
die in ihrer äußeren und inneren Struktur von ALGOL, FORTRAN,
COBOL und ihren Nachfolgern deutlich abweichen. Wir wollen drei
dieser Sprachen betrachten: APL, LISP und SNOBOL.

APL[**] wurde Anfang der sechziger Jahre von K. E.   I v e r s o n
entwickelt und 1962 veröffentlicht [IVE62]. Das Ziel war, wie
A. D. F a l k o f f   und   K. E.   I v e r s o n   rückblik-
kend erläutern, ein Werkzeug zu schaffen, mit dem man verschiede-

---

[*] Vgl. hierzu Kap. 10.

[**] A programming language

```
    a) Mit dem /-Operator:

            ∇ hilf ← zeilmx matrix
        [1]    hilf ← ⌈/[2] matrix
            ∇


    b) Ohne den /-Operator:

            ∇ hilf ← zeilmx matrix
        [1]  zeile ← 1
        [2]  vgl ← matrix[zeile; spalte ← 1]
        [3]  → 5 × ι ((ρ matrix)[2] < spalte ← spalte +1)
        [4]  → 3, vgl ← vgl ⌈ matrix[zeile; spalte]
        [5]  hilf[zeile] ← vgl
        [6]' → 2 × (ρ matrix)[1] ≥ zeile ← zeile +1
```

Abb. 3.7: APL-Beispiel

ne Themen der Informatik beschreiben und analysieren, das man im
Unterricht verwenden und mit dem man ein Buch schreiben kann
[FAL78]. Die Sprache hat eine verblüffend einfache Syntax, die
nur drei Anweisungsformen, keinen Operatorenvorrang und nur Funktionen mit O, 1 oder 2 Parametern kennt. Die Wirkung der Operatoren ist unabhängig davon definiert, ob die Parameter Skalare,
Vektoren oder Matrizen sind; die Ausdehnung der Wirkung eines
Operators vom Skalar auf strukturierte Objekte geschieht stets
nach dem gleichen Schema. Neben diese Ausdehnung tritt die Möglichkeit zusammengesetzter Operationen, wie Abb. 3.7 zeigt. Dank
dieser hohen Operatoren kann APL mit einer sehr elementaren Ablaufkontrolle auskommen. Dies führt nicht zu Unübersichtlichkeit,
solange man sich auf Aufgabenstellungen mit Matrizen und ähnlichen
Objekten beschränkt. A. D. F a l k o f f u.a. haben bereits
vor der ersten APL-Implementierung ein sehr eindrucksvolles Beispiel für die Eignung von APL zur Beschreibung von Hardwarezusam-
menhängen gegeben [FAL64].

Gerade die niedrige Anzahl grundlegender Konzepte hat sehr wesentlich zu der Verbreitung von APL als Dialogsprache beigetragen. Bei
der interaktiven Benutzung einer Programmiersprache kommt es darauf an, daß der Programmierer die Regeln im Kopf behalten kann

ınd nicht stets in Dokumenten nachblättern muß. Auf den ersten
Blick scheint dem jedoch die große Anzahl von Operatoren entge-
genzustehen. W. K.   G i l o i   argumentiert aber folgendermaßen: Man müsse von der Vorstellung ausgehen, daß es sich bei den
APL-Objekten um geordnete Mengen handelt, und die Operatoren mit
den bekannten Mengenoperationen in Zusammenhang bringen [GIL77].

Anders als bei den bisher betrachteten Sprachen, hat man Schwierigkeiten, wenn man über LISP[*] sprechen will. Es gibt eine Vielzahl von Dialekten, die sich nicht nur unwesentlich unterscheiden. Am Anfang stehen die Arbeiten von J.   M c C a r t h y
aus den Jahren 1956 bis 1962; am Ende dieses Zeitraums war LISP 1.5
implementiert [MCC62]. Diese Version ist der Stammvater einer
Vielzahl von Dialekten, wie MACLISP, VLISP, INTERLISP, RLISP,
MLISP, CLISP usw.. LISP ist für Anwendungen im Bereich der künstlichen Intelligenz entwickelt worden, wo noch keine langjährigen
Erfahrungen mit wünschenswerten Sprechweisen vorlagen, solche setzen schließlich Einigkeit über die dahinter stehenden Modellvor-
stellungen voraus. Die Weiterentwicklung dieses Gebietes in verschiedenen Richtungen konnte daher auch zu verschiedenen Sprach-
dialekten und verschiedenen Sprachen führen[**].Neuerdings haben J.
M a r t i   et al. eine gemeinsame Teilmenge im Lichte der inzwischen gemachten Erfahrungen definiert [MAR79]; einen Vorschlag,
wie die verschiedenen Dialekte auf einem solchen Standard aufgebaut werden können, hat P.   D e r a n s a r t   vorgelegt [DER79].

LISP unterscheidet sich von den anderen bisher betrachteten Programmiersprachen darin, daß seine Objekte symbolische Ausdrücke
sind, die nur auf besondere Anweisung zahlenmäßig ausgewertet werden. Insbesondere können Programmteile selbst wieder als Daten betrachtet und verändert werden. Weitere Charakteristika sind die
funktionale Schreibweise und die Rekursion. Die funktionale
Schreibweise läßt alle Operationen, standardmäßige und benutzerdefinierte, als Funktion mit Parametern erscheinen. Die Rekursion
ist neben der Alternative das einzige Mittel, den Kontrollfluß zu
beeinflussen. Die geringe Anzahl von Konstrukten erlaubt uns, einen LISP-Interpretierer im wesentlichen auf einer Seite nieder-

---

[*] List processing
[**] Eine Übersicht über die neueren Entwicklungen gibt [RIE79].

```
Symbolische Differentiation eines LISP-Ausdruckes

  (LABEL differenziere
   (LAMBDA (f x)
    (COND ((ATOM f)(COND ((EQ f x) 1)
                         (T        Ø)
          )        )
          ((EQ (CAR f)(QUOTE PLUS)) LIST ((QUOTE PLUS)
                                          differenziere ((CADR f) x)
                                          differenziere ((CADDR f) x)
          )                         )
          ((EQ (CAR f)(QUOTE TIMES))
                     LIST ((QUOTE PLUS)
                           LIST ((QUOTE TIMES)
                                 (CADDR f)
                                 differenziere ((CADR f) x)
                                )
                           LIST ((QUOTE TIMES)
                                 (CADR f)
                                 differenziere ((CADDR f) x)
   )))     )                       )
```

Abb. 3.8: LISP-Beispiel

zuschreiben. (Vgl. hierzu [MCC78a].

Als Einführungen in LISP wollen wir hier lediglich [ALL78] und [STO78] nennen.

Im Zeitalter der Textverarbeitung kann man nicht an <u>SNOBOL</u>[*] und seinen hochentwickelten Operationen auf Zeichenketten vorbeigehen. Diese Sprache wurde in mehreren Stufen ab 1962 von C. Y. L e e, R. E. G r i s w o l d , I. P. P o l o n s k y und D. J. F a r b e r entwickelt [GRI78]. Sie war von Anfang an auf Anwendungen im Bereich der automatischen Textverarbeitung zugeschnitten. Kennzeichen dafür sind vor allem die Operationen auf und mit Zeichenketten: Konkatenation, Suchen von vorgegebenen Zeichenketten als Teil umfangreicherer, Ersetzen und Löschen von

---

[*] <u>St</u>ring <u>o</u>riented sym<u>b</u>olic <u>l</u>anguage

```
start     zeichen = LEN(1) . neu
          buchstaben = 'ABCDEFGHIJKLMNOPQRSTUVWXYZ'
          anzahl = TABLE(700)
          alt = ' '
eingabe   OUTPUT = INPUT                    : F(RETURN)
          text = OUTPUT
          text zeichen =                    : F(eingabe)
          buchstaben neu                    : S(zaehle) F(nzeichen)
zaehle    anzahl <alt neu> = anzahl <alt neu> + 1
          alt = neu                         : (nzeichen)
```

Die Prozedur muß durch *DEFINE('zaehlebuchstabenpaare',
'start')* vereinbart werden.

<u>Abb. 3.9:</u>   SNOBOL-Beispiel

Teilzeichenketten. Um beim Suchen hinreichend flexibel zu sein,
wurde das Konzept des Musters eingeführt; bei diesem handelt es
sich um vom Benutzer frei definierbare Suchbäume, mit denen dann
Zeichenketten verglichen werden können. (Welcher Ast des Baumes
erfolgreich war, kann in einer dem Muster zugeordneten Variablen
festgehalten werden. Daneben werden Tabellen eingeführt, zu deren
Elementen inhaltsadressiert - dem assoziativen Speicher entsprechend - zugegriffen werden kann. Alle diese Konzepte sind dynamisch und erfordern einen hohen Laufzeitaufwand. Ganz im Gegensatz zu den hochstrukturierten Objekten und den mächtigen Operatoren stehen die sehr elementaren Kontrollstrukturen, die keiner-
lei fortgeschrittene Konstrukte für Alternativen oder Schleifen
umfassen; selbst ein Prozedurrumpf muß mit einem Sprungbefehl umgangen werden. Eine detaillierte Einführung findet man bei [GRI76].

4 Objekte und Objektarten

4.1 Objektarten

Jeder Algorithmus beschreibt eine Folge von mehr oder weniger elementaren Operationen, die auf gegebene Daten angewandt werden sollen. Selbstverständlich sind nicht alle Operationen, die man mit einem Rechner ausführen kann, auf alle Daten sinnvoll anwendbar. In der Mathematik ist dieser Sachverhalt bekannt, und mathematische Aussagen beginnen daher in der Regel mit einer Formulierung wie z.B.

> Seien $a, b \in R$ mit $a \geqq 0$ ...
> Sei $(G, +)$ eine abelsche Gruppe ...
> Sei $f: M \to N$ eine Funktion ...

Mit einer derartigen Festlegung wird dem Leser mitgeteilt, welche Eigenschaften das Objekt hat, welche Verknüpfungen mit anderen Objekten möglich sind und welche Relationen zwischen dem Objekt und anderen Objekten abgefragt werden können. Eine Objektmenge gewinnt nämlich erst durch die auf ihr definierten Operationen und Relationen eine praktische Bedeutung, denn diese sind es, die uns das Hantieren mit den Objekten gestatten:

> Unter einer <u>Objektart</u> oder einem <u>Typ</u> verstehen wir eine Menge von Objekten, zusammen mit einem Satz von Operationen und Relationen[*].

Jede Programmiersprache enthält eine Reihe standardmäßig definierter Objektarten. Dazu gehören in der Regel die ganzen Zahlen, die numerisch-reellen Zahlen, die Wahrheitswerte, die Zeichen eines Alphabets und die aus diesem Alphabet bildbaren Zeichenketten.

Als erstes Beispiel einer Objektart betrachten wir die <u>numerisch-reellen Zahlen</u>. Die zugrunde liegende Objektmenge (Wertebereich) ist eine rechnerabhängige, endliche Untermenge der aus der Mathematik bekannten reellen Zahlen. Die Endlichkeit ergibt sich aus der endlichen Wortlänge der Rechenanlagen und ist auch dafür verantwortlich, daß die Operationen auf den numerisch-reellen Zahlen

---

[*] Eigentlich müßte man auch Objekte, die eine Sonderrolle spielen (wie 0 oder 1) aufnehmen. Man kann sie jedoch als das Ergebnis von nullstelligen Operationen (d.h. ohne Parameter) auffassen.

nur approximativ mit denen auf den reellen Zahlen übereinstimmen.
Zweistellige Operationen, die auf den numerisch-reellen Zahlen definiert sind, sind Addition, Subtraktion, Multiplikation und (insbesondere bei Sprachen naturwissenschaftlich-technischer Ausrichtung) die Potenzierung. Einstellige Operationen sind Identität und
Negation. (Obwohl beide fast immer mit den gleichen Operationszeichen wie Addition und Subtraktion bezeichnet werden, handelt
es sich um etwas anderes.) Man könnte auch Operationen wie die Qua-
dratwurzel, den Logarithmus usw. zu den einstelligen Operationen
rechnen, aber die meisten Programmiersprachen ordnen diese Operationen schon von der Schreibweise her den Funktionen zu, weil sie
aus den elementaren Operationen zusammengesetzt werden[*]. Zweistellige Relationen sind die Ordnungsrelationen ($<$, $\leq$, $=$, $\geq$, $>$, $\neq$).
Die Vergleiche mit der Konstanten 0 könnte man genau so gut als
einstellige Relation auffassen (positiv, nichtnegativ usw.); dies
ist aber nicht üblich. Eine Beispiel für eine einstellige Relation
finden wir bei der Objektart der ganzen Zahlen: die Abfrage, ob
der Operand gerade oder ungerade ist.

Die meisten Programmiersprachen verwenden die <u>Infix-Schreibweise</u>,
bei der das Operationszeichen zwischen die beiden Operanden gesetzt wird. Dadurch werden drei- und mehrstellige Operationen
ausgeschlossen; sie können nur über Funktionen realisiert werden.
Eine Ausnahme ist LISP, das die <u>Präfix-Schreibweise</u> verwendet und
so Operationen und Relationen mit beliebiger Stellenzahl in einheitlicher Notation erlaubt[**].

Als zweites Beispiel betrachten wir die Art der <u>Listen</u>, die aus
Objekten einer vorgegebenen Grundart, z.B. ganzen Zahlen, bestehen. Wir beschränken uns auf Listen, bei denen neue Elemente nur
am einen Ende angefügt und eingetragene Elemente nur am anderen
Ende entnommen werden können (Puffer). Für das Arbeiten mit diesen Puffern sind die folgenden fünf Operationen von Interesse,
die wir hier in der mathematischen Notation mit dem Definitions-
bereich links und dem Wertebereich rechts vom Pfeil formulieren:

---

[*] APL betrachtet beispielsweise den natürlichen Logarithmus als einstellige
Operation.

[**] Vgl. Kap. 6.

$$
\begin{array}{lll}
\textit{kreiere:} & & \rightarrow \textit{puffer} \\
\textit{füge\_an:} & \textit{puffer} \times \textit{elemente} & \rightarrow \textit{puffer} \\
\textit{erstes:} & \textit{puffer} & \rightarrow \textit{elemente} \\
\textit{entferne:} & \textit{puffer} & \rightarrow \textit{puffer} \\
\textit{leer:} & \textit{puffer} & \rightarrow \{\textit{wahr, falsch}\} \ ^{*)}
\end{array}
$$

Das Beispiel zeigt, daß es sinnvolle Anwendungen dafür gibt, die
Operanden und Ergebnisse nicht auf die Elemente der betrachteten
Objektart zu beschränken. Neben der Menge der Puffer, um deren
Eigenschaften es hier geht, treten noch die Menge der Elemente,
aus denen der Puffer besteht, und die Menge der Wahrheitswerte
auf[**].

Oft muß der Programmierer mit problemspezifischen Objekten arbeiten, die es in der Programmiersprache nicht gibt, weil die Viel-
falt der Möglichkeiten dies verbietet. Ein solches Beispiel wären
etwa die Wochentage. In den klassischen Programmiersprachen mußte
der Programmierer solche Objekte durch Abbildung in die ganzen
Zahlen codieren. Von großer Bedeutung für die Lesbarkeit der Programme ist daher die Möglichkeit in den neueren Programmiersprachen, eine Objektart durch Aufzählen der zugehörigen Elemente zu
definieren (<u>Aufzählungsart</u>). Auf einer solchen Art sind naturge-
mäß außer der Gleichheit und Ungleichheit keine Operationen und
Relationen definiert. Wird aber (PASCAL ist ein Beispiel [JEN78])
die Aufzählung der Elemente implizit als Ordnung interpretiert,
so sind damit auch die einstelligen Operationen *Vorgänger* und
Nachfolger und die Ordnungsrelationen $<$, $\leq$, $>$, $\geq$ sinnvoll.

4.2 <u>Artanpassungen</u>

Soweit ein Operationszeichen auf verschiedenen Objektmengen sinnvoll verwandt werden kann, bezeichnet es verschiedene Operationen.
Als Beispiel betrachten wir das Operationszeichen +: Auf der Menge der ganzen Zahlen bezeichnet es die exakt durchführbare, ganzzahlige Addition, die maschinenintern im allgemeinen durch eine
Festpunktaddition realisiert wird; auf der Menge der numerisch-

---

[*] Für mathematisch ungeübte Leser: "füge_an" ist zweistellig; der erste Operand und das Ergebnis sind Puffer, der Operand ist aus der Menge der Elemente.

[**] Die Mathematik spricht von heterogenen Algebren.

reellen Zahlen bezeichnet es die nur approximativ durchführbare Gleitpunktaddition; und schließlich wird es in einigen Programmiersprachen zur Bezeichnung der Aneinanderreihung (Konkatenation) auf der Menge der Zeichenketten verwandt.

Diese Mehrfachverwendung von Operationszeichen führt nur dann nicht zu unübersichtlichen Programmen, wenn sich die eine Objektart so in die andere einbetten läßt, daß dort beide Operationen zusammenfallen. Wir sprechen dann von einer <u>Arterweiterung</u>. B ist eine Arterweiterung von A, wenn es eine Funktion $f: OB_A \rightarrow OB_B$ gibt, die jedem Objekt der Objektmenge von A ein Objekt der Objektmenge von B zuordnet[*] und bezüglich der Operationen und Relationen eine Verträglichkeitsbeziehung erfüllt: Ist op_A eine in A definierte, zweistellige Operation, so gibt es in B eine zweistellige Operation op_B mit $f(A_1 \; op_A \; A_2) = f(A_1) \; op_B \; f(A_2)$. Es ist also gleichgültig, ob zunächst die Operation in A ausgeführt und das Ergebnis nach B transformiert wird oder ob zunächst die beiden Operanden transformiert werden und dann die Operation in B ausgeführt wird. Eine entsprechende Verträglichkeitsbeziehung wäre für die nichtzweistelligen Operationen und die Relationen zu fordern. In Anbetracht des gleichen Verhaltens dieser Operationen ist die Verwendung des gleichen Operationszeichens gerechtfertigt.

Standardbeispiel für eine Arterweiterung ist die Einbettung der ganzen Zahlen in die numerisch-reellen, wie sie fast alle Programmiersprachen vorsehen (Ausnahme: FORTRAN 66). Ist x numerisch-reell und sind i und j ganzzahlig, so ist es auf Grund der Verträglichkeitsbeziehung gleichgültig, ob im Rahmen der Anweisung $x := i+j$ die Addition noch im ganzzahligen Bereich ausgeführt und das Ergebnis in ein reellwertiges[**] umgewandelt wird oder ob i und j bereits umgewandelt werden und dann eine reellwertige Addition ausgeführt wird.

Nun kann man argumentieren, daß bei der Einbettung der ganzen Zahlen in die numerisch-reellen die Verträglichkeitsbeziehung für die

---

[*] In der Praxis handelt es sich meist um injektive Funktionen, jedoch ist dies nicht zwingend: Man kann sich leicht vorstellen, daß die Objektart Datum in die Objektart Wochentag so eingebettet wird, daß die Operation *Nächster_Tag* die Bedingung erfüllt.

[**] Wir werden nunmehr meistens den Zusatz "numerisch" weglassen.

Division nicht gilt. Aus diesem Grund verwenden viele Programmiersprachen für beide Formen der Division auch unterschiedliche Zeichen. Wir können die Einbettung aber dennoch vornehmen, weil die
Division sowohl im ganzzahligen als auch im reellwertigen Bereich
auf die anderen Operationen zurückgeführt werden kann. Es genügt
also, die Verträglichkeitsbeziehung für diejenigen Operationen und
Relationen zu fordern, die für die betrachtete Objektart elementar
sind.

ALGOL 60 kennt auch als Gegenstück der Arterweiterung die <u>Artver-
engung</u> von reellwertigen nach ganzzahligen Größen, wobei der
reelle Wert gerundet wird. Sind x und y reell und i ganzzahlig,
so ergeben sich aber unterschiedliche Resultate, wenn die Addition
in der Anweisung $i := x+y$ einmal noch im reellen Bereich und ein
anderes Mal bereits nach der Transformation im ganzzahligen Bereich durchgeführt wird. (Man rechne das Beispiel mit $x = 3.8$,
$y = 4.9$ durch.) Bei dieser Form der Artanpassung muß also sehr genau auf die Reihenfolge der Operationen geachtet werden.

Eine vom programmiermethodischen Standpunkt aus sichere Artver-
engung ist durch die in den neueren Sprachen vorhandenen Unterar-
ten gegeben. Im Zusammenhang mit den Artanpassungen wäre ferner
noch auf das ausgeklügelte Konzept von ALGOL 68 hinzuweisen, das
eine Vielzahl von Artanpassungen kennt, deren Zulässigkeit jedoch
von dem Kontext abhängt, in dem der Operand steht[*].

4.3 <u>Artdeklarationen</u>

Jede Programmiersprache verfügt über eine Reihe von Objektarten,
die standardmäßig vorgegeben sind. Erst die neueren Sprachen bieten darüber hinaus die Möglichkeit, daß der Programmierer problem-
bezogen zusätzliche Objektarten einführen kann. Dabei können wir
vier Stufen des Komforts unterscheiden:

(1) Man kann nur die Objektmenge festlegen, ohne daß außer dem
    Gleichheits- und Ungleichheitstest Operationen definiert
    sind. Dies schließt nicht aus, daß zusätzliche Operationen
    separat definiert werden. Ein Beispiel wäre ALGOL 68.

---

[*] Eine tabellarische Zusammenstellung findet sich bei [LIN71] p. 208

(2a) Bei den Aufzählungsarten kann festgelegt sein, daß die Aufzäh-
lung der Elemente eine Ordnung impliziert. Damit sind die Ord-
nungsrelationen <, ≤, >, ≥ und die Operationen *SUCCESSOR*,
PREDECESSOR, *FIRST*, *LAST* automatisch definiert. Hierfür kann
PASCAL als Beispiel genommen werden, obwohl dort *FIRST* und
LAST fehlen.

(2b) Die Objektmenge wird als Untermenge der Objekte einer bereits
vorhandenen Art festgelegt, und alle dort definierten Operationen werden mit der Einschränkung übernommen, daß das Ergebnis nicht aus der Untermenge hinausführt. Ein Beispiel ist
der *subrange type* von PASCAL.

(3) Die Objektmenge wird zusammen mit beliebigen, problemspezifischen Operationen definiert. Die ältesten Beispiele hierfür
dürften SIMULA 67 [NYG78] und CLU [LIS77] sein.

(4) Die Sprache enthält die Möglichkeit, einen Mechanismus zu formulieren, wie die Objekte einer neuen Art aus denen anderer
Arten zusammengesetzt werden und wie die Operationen auf dieser neuen Art auf die Operationen auf den vorgegebenen Arten
zurückzuführen sind. Die vorgegebenen Arten brauchen dabei zum
Definitionszeitpunkt nicht bekannt zu sein; die neue Art ist
parametrisiert. Auch für diesen Fall ist CLU ein Beispiel.

Die Fälle (3) und (4) gehören zu den Datenmoduln, für die   G.
G o o s   und   U.   K a s t e n s   eine Klassifikation angegeben
haben [GOO77].

Da die weitverbreiteten Programmiersprachen außer PASCAL keine
Artdeklarationen kennen und PASCAL nur die Stufen (1) und (2),
wollen wir Beispiele aus ADA betrachten[*]. Abb. 4.1 zeigt zunächst
die Festlegung von drei Objektmengen, ohne daß darauf Operationen
definiert wären. Die Objekte der Art *datum* bestehen aus je drei
Komponenten, die unter Beachtung der angegebenen Einschränkungen
ganzzahlig sind. Die Objekte der Art *tick* sind die in den Bereich
von 0 bis 3600 fallenden Vielfachen von 1/60. Da bei den Aufzählungsarten (Beispiel (2a)) implizit eine Ordnung definiert ist,

---

[*] Zum Zeitpunkt der Manuskriptfertigstellung war die Sprachdefinition, die an
einigen Stellen von [ICH79] abweicht, nur als Bericht des amerikanischen
Verteidigungsministeriums verfügbar.

```
(1)    TYPE matrix IS ARRAY (integer, integer) OF real;
       TYPE datum IS
             RECORD tag:      integer RANGE 1..31;
                     monat:   integer RANGE 1..12;
                     jahr:    integer RANGE 1900..2000;
             END RECORD;
       TYPE tick IS DELTA 1/60 RANGE 0..3600;
(2a)   TYPE farbe IS (weiss, rot, gelb, gruen, blau, braun, schwarz);
(2b)   SUBTYPE kleine_zahl IS integer RANGE - 127..127;
       SUBTYPE regenbogen IS farbe RANGE rot..blau;
       SUBTYPE sekunde IS tick DELTA 1;
(3)    PACKAGE rationale_zahlen IS
             TYPE rational IS
                   RECORD zaehler: integer;
                           nenner:  integer: RANGE 1..integer'LAST;
                   END RECORD;
             FUNCTION "="(X,Y: rational) RETURN boolean;
             FUNCTION "+"(X,Y: rational) RETURN rational;
             ...
       END;
(4)    GENERIC
             TYPE elementtyp IS PRIVATE;
             groesse: integer;
       PACKAGE puffer IS
             pufferbereich: ARRAY (1..groesse) OF elementtyp;
             PROCEDURE fuege_an(element: elementtyp);
             FUNCTION erstes RETURN elementtyp;
             ...
       END
```

Abb. 4.1: Objektartdeklarationen in ADA

ist es zulässig, vom Intervall von *rot* bis *blau* zu sprechen und
diese in der Deklaration einer Unterart *regenbogen* zu verwenden;
die Unterart erbt die Ordnung. Ebenso übernimmt die Unterart
kleine_zahl die auf den ganzen Zahlen definierten arithmetischen
Operationen, soweit sie nicht aus dem angegebenen Bereich hinaus-
führen. Im Beispiel (3) wird die Art der rationalen Zahlen als

eine Menge von Paaren ganzer Zahlen zusammen mit entsprechenden
Operationen definiert. (Dabei machen wir für den Nenner die Einschränkung, daß er positiv ist.) Die induzierte Gleichheitsrela-
tion würde zwei rationale Zahlen nur dann als gleich betrachten,
wenn beide Komponenten übereinstimmen, was mit dem üblichen
Gleichheitsbegriff nicht übereinstimmt (4/6 = 2/3), so daß wir
neben den arithmetischen Operationen auch den Gleichheitstest für
die rationalen Zahlen neu definieren müssen. Das letzte Beispiel
zeigt, wie man zu irgendeinem, hier noch nicht festgelegten Elementtyp einen Puffer mit Elementen dieser Art gewinnt. Werden bei
einer Bezugnahme auf diese *generic*-Vereinbarung ein konkreter
Elementtyp und eine Größe angegeben, so wird eine entsprechende
Objektart generiert. Die Konstruktion von Feldern beliebigen Typs
(*array*) ist ein in den Programmiersprachen standardmäßig vorhandener Spezialfall dieses Konzeptes.

Zum Abschluß dieses Abschnittes wollen wir noch darauf hinweisen,
daß die Begriffe Art (mode) und Typ (type) in der Literatur nicht
einheitlich gebraucht oder konsequent unterschieden werden. Wir
benützen sie synonym.

4.4 Programmiersprachliche Objekte

Objekte sind in den vorhergehenden Überlegungen nur abstrakt auf-
getreten. Um sie in Programmen zu verwenden, müssen wir sie bezeichnen können:

> Unter einem <u>programmiersprachlichen Objekt</u> verstehen wir
> ein Paar, bestehend aus einer <u>Bezeichnung</u> und einem <u>in-</u>
> <u>ternen Objekt</u>[*]: *pso = (bez, iobj)*.

Nur über seine Bezeichnung kann das interne Objekt angesprochen
werden. Die Zuordnung zwischen Bezeichnung und internem Objekt
ist <u>rechtseindeutig</u>; jeder Bezeichnung ist also ein eindeutiges
internes Objekt zugewiesen. Umgekehrt kann jedoch zu mehreren Bezeichnungen das gleiche interne Objekt gehören: Beispielsweise
besitzen die Bezeichnungen *7* und *007* (in der Interpretation gän-

---

[*] F.L. Bauer und G. Goos verwenden hier den Begriff <u>Wert</u>, der jedoch in den
Lehrbüchern über Programmiersprachen fast immer etwas anderes bedeutet
[BAU71].

giger Programmiersprachen) die gleiche ganze Zahl als internes
Objekt. Weiterhin ist die Zuordnung zwischen Bezeichnung und internem Objekt innerhalb eines Gültigkeitsbereiches unveränder-
lich[*].

Welche Bezeichnungen für programmiersprachliche Objekte zugelassen
bzw. vorgeschrieben sind, regelt die Syntax der jeweiligen Programmiersprache. Man kennt Standardbezeichnungen und frei wählbare
Bezeichnungen. <u>Standardbezeichnungen</u> sind in jeder Programmiersprache für die konstanten Objekte der standardmäßig vorhandenen
Arten vorgesehen, z.B. für die ganzen Zahlen, reellwertigen Zahlen, Zeichenketten usw.. <u>Frei wählbare Bezeichnungen (Identifikatoren)</u> sind zunächst erforderlich, damit der Programmierer die von
ihm selbst eingeführten Objekte bezeichnen kann. In allen neueren
Programmiersprachen können mit dem Ziel der besseren Lesbarkeit
und Wartbarkeit die Programme Identifikatoren auch zur Bezeichnung standardmäßig bekannter Konstanten eingesetzt werden.

Unter einer Variablen wird oft ein Identifikator verstanden, dem
während des Programmlaufes verschiedene Werte nacheinander zugewiesen werden können. Diese Formulierung ist weder flexibel noch
genau genug, um mehr als die schon klassischen einfachen und indizierten Variablen zu erfassen. Das programmiersprachliche Objekt, wie wir es definiert haben, umfaßt neben den passiven Objekten (Daten) auch die aktiven Objekte, z.B. Prozeduren, Koroutinen
oder Prozesse, deren internes Objekt eine Rechenvorschrift ist.
Wir müssen den Begriff der Variablen also auf dem des programmiersprachlichen Objektes aufbauen:

> Eine <u>Variable</u> ist ein Paar von programmiersprachlichen Ob-
> jekten, dessen erste Komponente (Name) als internes Objekt
> einen Bezug auf die zweite Komponente (Bezugsobjekt) be-
> sitzt[**].

Hinter dieser Definition steckt die maschinennahe Vorstellung, daß
der Bezeichnung eines Namens als internes Objekt eine Adresse ent-

---

[*] Vgl. Kap. 8

[**] Das Bezugsobjekt der Variablen wird in Lehrbüchern über Programmiersprachen meist als Wert der Variablen bezeichnet. Das Beispiel der Prozedur
zeigt folgendes Problem: Das Bezugsobjekt ist eine Rechenvorschrift, während man intuitiv unter dem Wert der Prozedur das Ergebnis ihrer Ausführung
versteht.

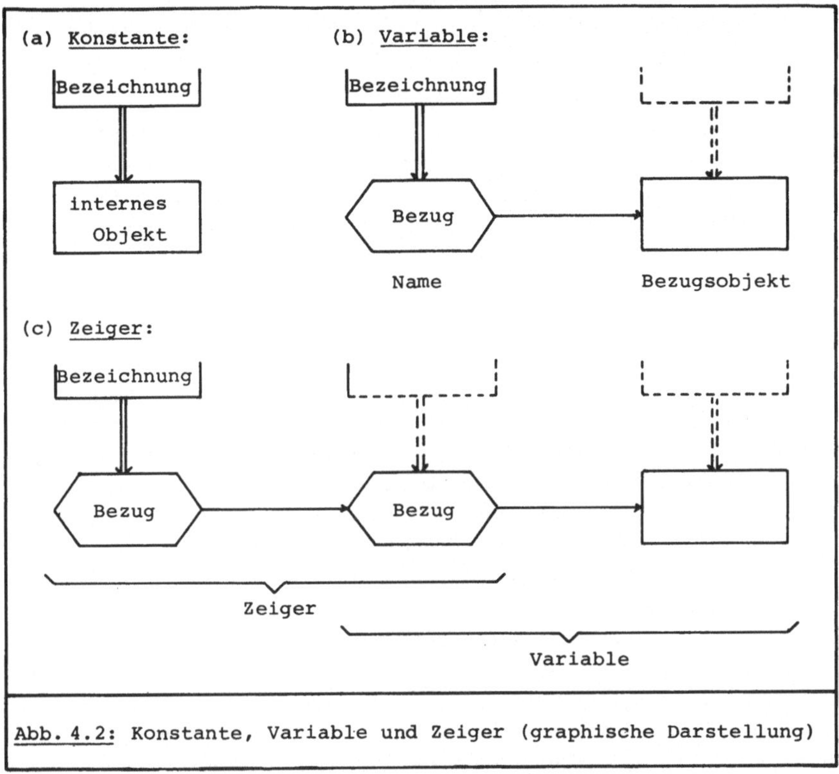

Abb. 4.2: Konstante, Variable und Zeiger (graphische Darstellung)

spricht und der Bezug durch Einspeichern des Bezugsobjektes in den
so adressierten Speicherplatz hergestellt wird. C. H. L i n d -
s e y und S. G. v a n d e r M e u l e n verwenden,
ebenso wie F. L. B a u e r und G. G o o s , zur an-
schaulichen Interpretation des programmiersprachlichen Objektbe-
griffes Diagramme, wie wir sie in Abb. 4.2 zeigen [LIN71, BAU71].
Abb. 4.2(b) deutet an, daß die Bezeichnung des Bezugsobjektes keine Rolle spielt: Dessen internes Objekt ist nämlich auf dem Weg
über die Bezeichnung des Namens erreichbar. Man erkennt aber
auch, daß dieselbe Bezeichnung außerdem den Zugriff auf den Bezug
ermöglicht. Die Syntax und Semantik einer Programmiersprache müssen festlegen, welches dieser beiden internen Objekte gemeint ist,
wenn die Bezeichnung in einem Programm auftritt.

Da das Bezugsobjekt nun seinerseits einen Bezug auf ein weiteres
Objekt enthalten kann, ergibt sich eine Hierarchie von Objekten
verschiedener Referenzstufen:

> Eine <u>Konstante</u> (Objekt 0. Referenzstufe) ist ein program-
> miersprachliches Objekt, dessen internes Objekt kein Bezug
> auf ein anderes Objekt ist. Ein <u>Name</u> (Objekt 1. Referenz-
> stufe) ist ein programmiersprachliches Objekt, dessen in-
> ternes Objekt ein Bezug auf eine Konstante ist. Ein <u>Zeiger</u>
> (Objekt $(i+1)$-ter Referenzstufe) ist ein programmiersprach-
> liches Objekt, dessen internes Objekt ein Objekt i-ter Re-
> ferenzstufe ist $(i \geq 1)$.

Auch der Zeiger kann maschinennah interpretiert werden: Sein internes Objekt kann als Adresse eines Speicherplatzes verstanden
werden, dessen Inhalt die Adresse des Bezugsobjektes ist. Abb.
4.2(c) macht auch deutlich, in welchem Zusammenhang Zeiger sinnvoll eingesetzt werden können; das interne Objekt ist ein Bezug
auf den Namen einer Variablen, wobei die Bezeichnung dieses Namens
im Programm nicht unbedingt bekannt sein muß. Man benötigt also
erstens immer dann Zeiger, wenn während des Programmlaufes in vorher nicht bestimmbarer Anzahl neue Variable kreiert werden müssen:
Ihre unbekannte Zahl verhindert die Wahl geeigneter Bezeichnungen
zur Zeit der Programmerstellung. Im Zusammenhang mit zusammengesetzten Objekten können zweitens Zeiger eingesetzt werden, um eine wiederholte Auswertung von Zugriffspfaden zu vermeiden[*].

4.5 Wertzuweisungen

Der Begriff der Variablen ist überhaupt nur sinnvoll im Zusammenhang mit der Möglichkeit, ihr unterschiedliche Bezugsobjekte zuzuweisen:

> Unter einer <u>Wertzuweisung</u> verstehen wir eine Anweisung, die
> einen Bezug herstellt zwischen einem Namen und einem Be-
> zugsobjekt. Ein Zugriff auf das Bezugsobjekt einer Varia-
> blen liefert jeweils das im dynamischen Programmablauf zu-
> letzt zugewiesene Objekt.

---

[*] Die Programmbeispiele im ALGOL-68-Bericht enthalten an mehreren Stellen Anwendungen dieses Konzeptes [WIJ69].

Bis zur ersten Wertzuweisung ist das Bezugsobjekt einer Variablen
undefiniert, d.h. daß verschiedene Übersetzer unterschiedliche
Festlegungen treffen können. Nur für wenige Sprachen ist in ihrer
Definition eine Initialisierung vorgesehen; so beispielsweise initialisiert SNOBOL alle Variablen mit der leeren Zeichenkette[*].
Insbesondere die neueren Programmiersprachen, aber auch FORTRAN
und COBOL unter den älteren, bieten dem Programmierer die Möglichkeit, einer Variablen bereits zum Zeitpunkt ihrer Schaffung ein
Bezugsobjekt zuzuweisen[**].

Wertzuweisungen treten in Programmen sowohl explizit als auch implizit auf. Zu der zweiten Gruppe gehören gewisse Aspekte der Pa-
rameterbehandlung bei Unterprogrammen, zur ersten neben den Eingabeanweisungen diejenigen Anweisungen, die wir im engeren Sinne
als Wertzuweisungen oder Zuweisungsanweisungen zu bezeichnen ge-
wohnt sind. Sie unterscheiden sich von Sprache zu Sprache eigentlich nur in der Form, in der sie notiert werden, und in der Möglichkeit, ggf. mehreren Variablen gleichzeitig ein neues Bezugsobjekt zuzuweisen. Abb. 4.3 zeigt die unterschiedlichen Formen.
Im allgemeinen steht auf der linken Seite[***] einer Wertzuweisung
die Bezeichnung einer Variablen. (Genauer müßten wir sagen: Die
Bezeichnung des Namens einer Variablen.) Auf der rechten Seite
steht das ihr zuzuweisende Bezugsobjekt, das auf drei Arten gegeben sein kann: (a) durch seine Bezeichnung, (b) durch die Bezeichnung einer Variablen, der es zuvor schon zugewiesen wurde,
(c) durch eine Rechenvorschrift, deren Auswertung das zukünftige
Bezugsobjekt liefert. In den Fällen (b) und (c) ist eine Artanpassung erforderlich. Während im Fall (c) die Auswertung einer
Rechenvorschrift vorgenommen werden muß (<u>Deprozedurierung</u>), genügt
im Fall (b) der Übergang von dem Namen einer Variablen zu ihrem
Bezugsobjekt (<u>Dereferenzierung</u>). Abb. 4.4(a) und 4.4(b) veran-
schaulichen diesen Vorgang für Objekte erster und Objekte zweiter
Referenzstufe.

---

[*] Viele FORTRAN-Übersetzer veranlassen die Initialisierung aller Variablen
mit 0. Da dies nicht der Sprachdefinition entspricht, sollte sich der
Programmierer nicht darauf verlassen.

[**] Siehe: initialisierte Deklaration

[***] Nur bei der COBOL-Anweisung MOVE ist die Reihenfolge vertauscht.

Sprache	einfach	mehrfach
ALGOL und Nachfolger	$a := e$	$a := b := e$
PASCAL	$a := e$	
FORTRAN	$a = e$	
– für Markenvariablen	$ASSIGN\ m\ TO\ a$	
PL/I	$a = e$	$a,\ b = e$
SNOBOL	$a = e$	
LISP	$(SETQ\ a\ e)$	
BASIC	$LET\ a = e$	$LET\ a,\ b = e$
APL	$a \leftarrow e$	$a \leftarrow b \leftarrow e$
COBOL	$MOVE\ b\ TO\ a$	
– nur bei Arithmetik	$COMPUTE\ a = e$	
– bei Indizes von Feldern	$SET\ a\ TO\ c$	$SET\ a,\ b\ TO\ c$

$a,\ b$ = Bezeichnung von Variablen; c = Bezeichnung von Variablen oder Konstanten; e = Bezeichnung von Variablen, Konstanten oder Rechenvorschrift zur Bestimmung eines Objektes; m = Bezeichnung einer Marke.

<u>Abb. 4.3:</u> Form von Wertzuweisungen

Um mit Variablen arbeiten zu können, benötigt man Wertzuweisungen. Dies gilt für alle Objektarten, und zwar unabhängig davon, ob es sich um eine Standardart oder eine vom Programmierer definierte Art handelt. Daß diese Forderung nicht immer Allgemeingut war, zeigt sich bei einem Blick auf die klassischen Programmiersprachen. Weder ALGOL 60 noch FORTRAN (bis FORTRAN 66) kennen Wertzuweisungen für zusammengesetzte Arten; bei ALGOL 60 fehlt sogar die explizite Wertzuweisung für die Standardart der Zeichenketten.

Steht auf der linken Seite einer Wertzuweisung die Bezeichnung eines Zeigers, so ist nicht von vornherein klar, welcher Bezugspfeil geändert werden muß. Dieses Problem ist der Sonderfall eines allgemeineren: Wo immer in einem Programm die Bezeichnung eines Zeigers auftritt, kann (a) der Name des Zeigers, (b) der Name der referenzierten Variablen, (c) die der Variablen zuletzt zugewie-

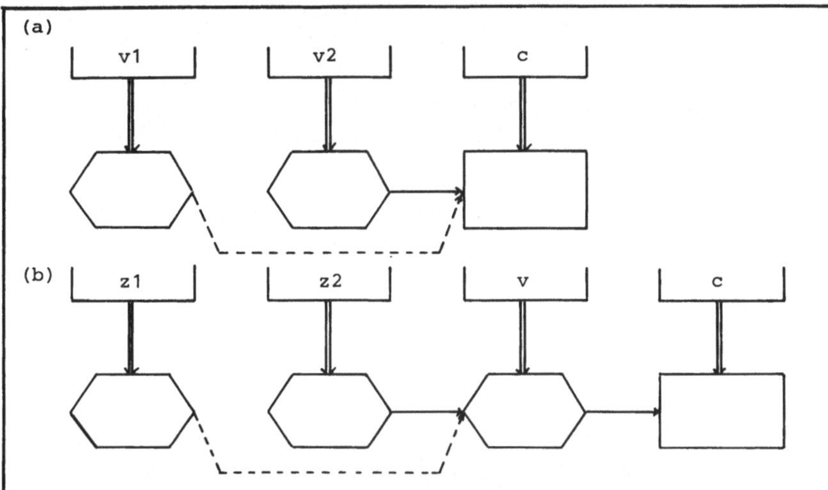

Abb. 4.4: Wertzuweisung nach Dereferenzierung (a) auf der Ebene der Variablen, (b) auf der der Zeiger. Der gestrichelte Pfeil entsteht durch die Wertzuweisung

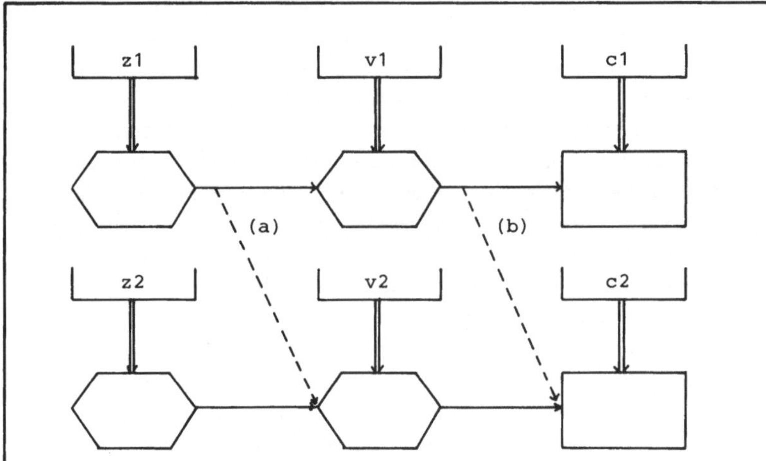

Abb. 4.5: Sind zwei Zeiger $z1$ und $z2$ an einer Wertzuweisung beteiligt, so muß die Sprachdefinition festlegen, wann die Wertzuweisung gemäß (a) und wann gemäß (b) erfolgt.

	Wertzuweisung auf der Ebene	
	(a) des Zeigers	(b) der Variablen
ALGOL 68	$z1$:= $z2$ $z1$:= $v2$	$mode$ $(z1)$:= $z2$ $mode$ $(z1)$:= $v2$
PASCAL	$z1$:= $z2$ $z1$:= $v2$	$z1\uparrow$:= $v2$ $z1\uparrow$:= $z2\uparrow$
BLISS	$z1$:= .$z2$ $z1$:= $v2$	.$z1$:= .$v2$.$z1$:= ..$z2$
SIMULA	$z1$:- $z2$ $z1$:- $v2$	$z1$:= $z2$ $z1$:= $v2$
ADA	$z1$:= $z2$ $z1$:= $v2$	$z1.ALL$:= $z2.ALL$ $z1.ALL$:= $v2$
PL/I	$z1$ = $z2$ $z1$ = $ADDR(v2)$	$vz1$ = $vz2$ $vz1$ = $v2$

<u>Abb. 4.6:</u> Schreibweise der Wertzuweisung auf der Ebene der
Zeiger oder Variablen. $z1,z2$ sind als Zeiger, $v2$
als Variable, $vz1$ und $vz2$ über eine BASED-Deklara-
tion als Zeiger vereinbart. (In PL/I ist ggf. auch
$z1$->$v1$ an Stelle von $z1$ bzw. $vz1$ erforderlich.)

sene Konstante gemeint sein. Es muß also festgelegt werden, ob
(a) gar nicht, (b) einmal oder (c) zweimal dereferenziert werden
soll. Da oft aus dem Kontext, in dem die Bezeichnung steht, entnommen werden kann, welcher Fall vorliegt, sind sehr unterschiedliche Regelungen möglich. Eine sehr detaillierte Regelung, welche
Artanpassung in welchem Kontext möglich ist, enthält ALGOL 68
[WIJ69, LIN71]: Bei der Wertzuweisung wird auf der rechten Seite
so lange dereferenziert, bis eine Referenzstufe weniger als auf
der linken erreicht ist; auf der linken nur, wenn die resultieren-
de Art angegeben ist. Eine gegenteilige Position nimmt BLISS ein,
wo jede Dereferenzierungsstufe angegeben und durch einen vorangestellten Punkt gekennzeichnet werden muß [WUL71]. PASCAL kennzeichnet die Dereferenzierung durch einen nachgestellten Pfeil und
unterstellt auf der rechten Seite der Wertzuweisung einen Schritt
implizit [JEN78]. SIMULA löst das Problem mit unterschiedlichen
Zuweisungszeichen [DAH67][*).

[*)] Außerhalb technischer Berichte scheint keine zusammenfassende Darstellung von SIMULA 67 zu existieren. Man muß verschiedene Arbeiten von O.J.
Dahl et al. betrachten [z.B. DAH67, DAH68, DAH72].

5. Deklarationen

Jede Programmiersprache legt in der Definition gewisse Bezeichnungen fest, die dem Programmierer standardmäßig zur Verfügung
stehen. Darüber hinaus kann er weitere frei wählbar einführen, muß
aber bei den meisten Sprachen in einem eigenen Deklarationsteil
Aussagen über die Eigenschaften machen.

Durch eine Identitätsdeklaration wird ein neues programmiersprachliches Objekt geschaffen; dabei wird einem internen Objekt eine
frei gewählte Bezeichnung zugeordnet. Das interne Objekt wird dabei (1) durch eine Standardbezeichnung oder eine früher definierte Bezeichnung oder (2) implizit eingeführt. Der erste Fall führt
dazu, daß einem internen Objekt mehrere Bezeichnungen zugeordnet
sind, und ist vor allem für die Programmiermethodik wichtig. Der
zweite Fall ist für die Deklaration von Namen erster und höherer
Referenzstufen von Bedeutung, wo das interne Objekt der Adresse
eines Speicherplatzes oder -bereiches entspricht.

Eine Artdeklaration führt eine neue Objektart ein durch Festlegen
der Objekte und der mit ihnen zulässigen Operationen. Die neueren
Programmiersprachen, die diesen Mechanismus enthalten, geben dem
Programmierer damit die Möglichkeit, genau die Objektarten einzuführen, die der bearbeiteten Aufgabenstellung angemessen sind.

Schließlich kann mit Moduldeklarationen eine Kontrolle über Gül-
tigkeits-, Zugriffs- und Existenzbereich der Objekte und Deklarationen ausgeübt werden; diese Gesichtspunkte werden wir in Kap. 8
behandeln. Die Artdeklarationen haben wir in Abschnitt 4.3 betrachtet, und die Marken, Prozeduren oder Ausnahmebedingungen,
die auch Identitätsdeklarationen sind, aber die Ablaufkontrolle
betreffen, verschieben wir auf Kap. 9 ff.

5.1 Bedeutung der Deklarationen

Interne Objekte werden in Rechensystemen durch Bitfolgen dargestellt. Um mit den Objekten arbeiten zu können, benötigen Programmierer und Kompilierer eine Beschreibung, wie die Bitfolge zu in-
terpretieren ist. Diese Beschreibung ist notwendig, weil der Bitfolge allein ihre Art nicht angesehen werden kann. Durch eine De-

klaration wird die Art eines Objektes festgelegt. Wir kennen Programmiersprachen, die für jedes Objekt eine <u>unveränderliche Art</u> vorschreiben, und solche, bei denen hierauf verzichtet wird (<u>typfreie Sprachen</u>). Wird die Art festgelegt, so kann dies explizit oder implizit geschehen.

Typfreie Sprachen sind beispielsweise APL, LISP, SNOBOL[*]. Sie arbeiten jedoch sehr wohl mit festgelegten Objektarten. Die Typfreiheit besagt lediglich, daß auf die Festlegung der Art in einer Deklaration verzichtet und dem Namen einer Variablen nacheinander Objekte verschiedener Art als Bezugsobjekte zugewiesen werden können. Damit wird die Kontrolle der korrekten Verwendung der Objekte vom Kompilierer auf den Programmierer verlagert. Für den Leser eines Programmes ist bei einer Deklaration von Bedeutung, daß dann aus dem Programmtext die wesentlichen <u>Eigenschaften der einzelnen Objekte</u> und die zulässigen Operationen hervorgehen. Diese werden zwar beim Schreiben des Programms noch bekannt sein; müssen es aber auch, wenn das Programm gewartet werden soll. Die Typfreiheit wirkt der heute allgemein anerkannten Forderung nach sicheren, zur Übersetzungszeit überprüfbaren Programmen entgegen.

Deklarationen dienen aber auch dazu, dem Kompilierer Informationen über die benutzten Objekte mitzuteilen. Die Objektart gibt nämlich Auskunft über Größe und Strukturierung des vom einzelnen Objekt benötigten Speicherbereiches, über die Zulässigkeit der Operationszeichen und die Realisierung der Operationen.

<u>Größe und Strukturierung</u> des vom Objekt benötigten Speicherbereiches kann sehr stark schwanken. So genügt zur Darstellung der beiden Wahrheitswerte eine Binärstelle, für ganzzahlige oder reellwertige Größen werden meist Wörter verwandt, während für zusammengesetzte Objekte längere Einheiten erforderlich sind. Nicht jedes <u>Operationszeichen</u> ist unabhängig vom Wertebereich sinnvoll; so etwa wird man das Operationszeichen + nur auf arithmetischen Operanden zulassen. Eine Überprüfung solcher Einschränkungen ist für den Übersetzer nur möglich, wenn ihm die Deklarationen explizit oder implizit zur Verfügung stehen. Auch die

---

[*] Im gleichen Sinne ist SETL typfrei und BLISS teilweise [DEW79, WUL71].

<u>Realisierung der Operationen</u> ist in vielen Fällen operandenartab-
hängig: Die Addition ganzer Zahlen wird rechnerintern meist als
Festpunktaddition, die reeller Zahlen als Gleitpunktaddition realisiert. Das Einsetzen der richtigen Operation erfordert die
Kenntnis der genauen Operandenart[*].

Auch für die <u>Effizienz</u> des erzeugten Programms und die Effizienz
des Vorganges der Programmerstellung sind die Deklarationen von
Bedeutung. Letzterer profitiert nicht nur vom Dokumentationswert,
sondern auch von der Möglichkeit der besseren Fehlererkennung und
Fehlerdiagnostik durch den Kompilierer. Die Effizienz des erzeugten Programmes hängt in vielfältiger Weise von der Kenntnis der
vollständigen Beschreibung der Objekte ab. So kann beispielsweise
die Kenntnis der Objektstruktur ausgenutzt werden, um eine möglichst effiziente Speicherung zu erreichen; bei zusammengesetzten
Objekten kann der lesende und schreibende Zugriff zu den einzelnen Komponenten optimiert werden.

Schließlich kann aus den Angaben in der Deklaration und der Stel-
lung der Deklaration im Programm auf die Lebensdauer der Objekte,
d.h. Zeitpunkt des Entstehens und Verschwindens, geschlossen werden (siehe Datenkontrolle).

5.2 <u>Identitätsdeklarationen</u>

Identitätsdeklarationen können explizit und implizit auftreten.
Aus Gründen der Programmzuverlässigkeit und der Dokumentation
sind die expliziten Deklarationen den impliziten vorzuziehen.
Während in FORTRAN-66-Programmen die <u>expliziten Deklarationen</u> beliebig verstreut sein dürfen, schreiben die meisten Sprachen einen zusammenfassenden Deklarationsteil (COBOL: *data division*) am
Anfang des jeweiligen Gültigkeitsbereiches vor. Lediglich die
Marken werden meist an der durch sie zu bezeichnenden Programmstelle deklariert[**]. Eine explizite Deklaration umfaßt die Bezeichnung des zu vereinbarenden Objektes und die Angabe seiner

---

[*] Dieses Problem betrifft auch Vereinigungsarten, Strukturen mit variablem
Format und *generic functions*.

[**] Eine Ausnahme ist PASCAL, das auch in diesem Fall eine Vorabdeklaration
verlangt.

Art. Bei Konstantendeklarationen kommt der Wert des Objektes hinzu, bei initialisierenden das anfängliche Bezugsobjekt.

<u>Implizite Deklarationen</u> gehen davon aus, daß die Objektart durch die Form der Bezeichnung oder durch den Kontext, in dem das Objekt steht, gegeben ist. Beispiele für den ersten Fall sind BASIC und FORTRAN, ein Beispiel für den zweiten Fall ist PL/I. In FORTRAN bezeichnen Identifikatoren mit einem der Anfangsbuchstaben I, J, K, L, M, N ganzzahlige Objekte und alle anderen reellwertige, sofern der Programmierer nichts anderes durch eine explizite Deklaration festgelegt hat. (FORTRAN 77 erlaubt, durch die $IMPLICIT$-Deklaration eine andere Regelung für die Anfangsbuchstaben zu treffen.) Ein Beispiel für die Kontextdeklaration in PL/I ist die implizite Vereinbarung einer Datei durch ihr Auftreten in einer $OPEN$-Anweisung. Implizite Deklarationen entsprechen den Forderungen nach zuverlässigen Programmen aus mehreren Gründen nicht: Einmal sind sie in der Regel nur auf vordefinierte Standardarten anwendbar, zum andern verhindern sie das Auffinden von Schreibfehlern. Beachtenswert ist in diesem Zusammenhang, daß BLISS - obwohl eine typfreie Sprache - die explizite Deklaration aller Objekte verlangt [WUL71].

Die <u>Deklarationen für die Objekte der ersten Referenzstufe</u> weisen in den Sprachen der ALGOL-Familie und FORTRAN keine allzu großen Unterschiede auf (Abb. 5.1). In der ursprünglichen Form folgen die Identifikatoren, von denen mehrere zu einer Liste zusammengefaßt werden können, auf die Artangabe; lediglich bei den Feldvereinbarungen wird die zur Art gehörende Größenangabe[*] nachgestellt und die Artangabe somit auseinander gerissen. FORTRAN geht in diesem Punkt noch weiter und läßt zu, daß die Art der Elemente und die Tatsache, daß es sich um ein Feld handelt, in verschiedenen Vereinbarungen festgelegt werden. PASCAL stellt die Reihenfolge um und macht explizit klar, daß es sich um den Namen einer Variablen handelt. BLISS kennt keine artgebundenen Objekte und somit auch keine Artangaben. Jedoch ist hier eine Speichervorschrift anzugeben, um die Form der Datenkontrolle festzulegen

---

[*] Die Größenangabe enthält implizit die Anzahl der Indizes, die zur Artbeschreibung gehört, während man die Größe selbst in der Regel nicht dazu rechnet.

ALGOL 60	*art identifikator* *art identifikator [größenangabe]*
FORTRAN	*art identifikator* *elementart identifikator (größenangabe)* *DIMENSION identifikator (größenangabe)*
PASCAL	*VAR identifikator: art*
ADA	*identifikator: art*
BLISS	*speichervorschrift identifikator* *speichervorschrift identifikator [größenangabe]*
ALGOL 68	*REF formaldeklarator identifikator* *= speichervorschrift aktualdeklarator*
PL/I	*DECLARE identifikator attributliste*
COBOL	*stufennummer identifikator PICTURE IS format*

<u>Abb. 5.1:</u> Objektdeklarationen (erste Referenzstufe)

(Kap. 8). Insbesondere bedeutet die Festlegung REGISTER, daß dieser Identifikator ein Register bezeichnet. ALGOL 68 verwendet in
der strikten Sprache eine Formulierung, die die bildliche Darstellung von Abschn. 4.4 widerspiegelt. Die rechte Seite der Deklaration enthält die Beschreibung des internen Objektes, während die
linke Seite die Art festlegt. An den einfachen Variablen kann man
den Unterschied zwischen dem "formalen" und dem "aktuellen" Dekla-
rator nicht erkennen, wohl aber an der Vereinbarung der Felder:

$$REF \ [,] \ REAL \ r = LOC \ [1:10,1:10] \ REAL^{*)}.$$

Die rechte Seite besagt, daß das interne Objekt ein Bezug auf ein
Objekt sein muß, das aus 100 reellen Größen besteht. (Da diese
Schreibweise recht schwerfällig ist, wird eine abgekürzte Notation
angeboten.)

5.3 <u>Sonderfälle: PL/I und COBOL</u>

In den Identitätsdeklarationen von <u>PL/I</u> wird die Objektart durch
eine Zusammenstellung verschiedener Attribute festgelegt. Bei den
arithmetischen Größen sind beispielsweise fünf Attributgruppen
vorhanden, aus denen beliebig kombiniert werden kann: (a) Es kann

---

[*] *LOC* bezieht sich auf die Speicherverwaltung.

sich um ein Feld handeln, dessen Indexgrenzen angegeben sind.
(b) Es kann zwischen einer Speicherung im Dual- oder im Dezimalsystem gewählt werden. (c) Die Speicherung ist in Festpunkt- oder
Gleitpunktdarstellung möglich. (d) Die Größe kann auf die reellen
Werte beschränkt bleiben, oder es können komplexe Werte zulässig
sein. (e) Schließlich kann eine Genauigkeit vorgegeben werden, indem die Stellenzahl festgelegt wird; bei Festpunktzahlen neben der
Gesamtzahl auch die Zahl der Stellen hinter dem Punkt. Ein Beispiel ist:

$$DECLARE \quad x \; BINARY \; FIXED \; REAL \; (15,0),$$
$$y \; DECIMAL \; FIXED \; REAL \; (10,2),$$
$$z \; BINARY \; FIXED \; COMPLEX \; (15,0),$$
$$a(1:20) \; BINARY \; FLOAT \; REAL \; (15),$$
$$u(1:10) \; BINARY \; FIXED \; REAL \; (15,0).$$

Zwei Möglichkeiten gibt es, die Schreibarbeit zu verringern: die
Ausnutzung impliziter Vorabfestlegungen und die Faktorisierung.
Für alle Attributgruppen gibt es Vorabfestlegungen, die immer dann
angewandt werden, wenn der Programmierer aus dieser Gruppe keine
Festlegung getroffen hat. Diese Vorabfestlegungen sind aber von
den übrigen Attributen abhängig; so impliziert z.B. *DECIMAL FIXED*
die Genauigkeit *(5,0)*, *DECIMAL FLOAT* dagegen *(6)*. Die Faktorisierung gestattet bei übereinstimmenden Attributen eine kürzere
Schreibweise, indem die gemeinsamen Anteile ausgeklammert werden[*]:

$$DECLARE \quad ((x,u(1:10)) \; REAL,$$
$$z \; COMPLEX) \; BINARY \; FIXED \; (15,0).$$

Das Konzept, Objektarten bereits auf dieser Ebene durch Kombination verschiedener Attribute aufzubauen, ist einerseits sehr flexibel, verführt andererseits aber zu komplizierten Artanpassungen.

Wie bei den meisten Sprachen, die explizite Deklarationen kennen,
werden auch bei COBOL die Identitätsdeklarationen in einem geson-
derten Deklarationsteil, der *DATA DIVISION* genannt wird, dem Algorithmus vorangestellt. Dabei wird noch zwischen der Deklaration
der Eingabe-/Ausgabedaten (*FILE SECTION*) und der der übrigen Daten (*WORKING-STORAGE SECTION*) unterschieden. Da COBOL für Anwen-

---

[*] Bei der späteren Änderung einmal entwickelter Programme (Wartung) erweist
sich dieser Komfort als fragwürdig.

dungen gedacht ist, die einen hohen Anteil an Eingabe-/Ausgabe-
verkehr haben, wird bei der Deklaration der Objekte weniger Wert
auf eine Objektart im Sinne der Algorithmik gelegt als vielmehr
auf die externe Darstellung der Daten. Daher enthalten die Deklarationen Angaben, wie sie in anderen Sprachen den EA-Anweisungen
vorbehalten sind (Abb. 5.1). Das Format umfaßt dabei bis zu 30
Zeichen: numerische Stelle (9), alphabetische Stelle (A), alpha-
numerische Stelle (X), Lage des gedachten Dezimalpunktes (V) und
Vorzeichen (S). Während diese Zeichen auch bei der Deklaration von
Zwischenergebnissen Verwendung finden, werden die Nullunterdrük-
kung (Z), das Einfügen von Zwischenräumen (B) sowie die expliziten
Stellen für Dezimalpunkt (.) und Vorzeichen (- bzw. +) nur bei der
Deklaration von EA-Objekten benötigt.

Da bei COBOL-Anwendungen strukturierte Objekte eine große Rolle
spielen, werden alle Objekte mit den bei strukturierten üblichen
Stufennummern deklariert (Kap. 7). Einfache, nicht zusammengesetzte Objekte erhalten die Stufennummer 77.

5.4   Initialisierende Deklarationen

Handelt es sich bei dem deklarierten Objekt nicht um eine Konstante, so kann bei vielen Programmiersprachen die Deklaration um eine Initialisierung erweitert werden. Im andern Fall ist das Bezugsobjekt der Variablen bis zur ersten expliziten Wertzuweisung
undefiniert, d.h. bei jeder Implementierung kann hier ein anderer
Wert stehen. (Es ist also vor dem weit verbreiteten Programmierer-
brauch zu warnen, implizite Initialisierungen, die von der jeweiligen Implementierung vorgenommen werden, ohne daß die Sprachdefinition sie vorschreibt, auszunutzen.)

Zu welchem Zeitpunkt die Initialisierung durchgeführt wird, hängt
von der Art der Speicherverwaltung ab, die zugrunde gelegt wird
(Kap. 8). Klarheit herrscht bei dynamischer Speicherverwaltung,
weil dann der Speicherplatz für das Bezugsobjekt nur während der
Lebensdauer der Variablen verfügbar ist. Damit ist die Initialisierung überhaupt erst bei Eintritt des Programmablaufs in diesen
Bereich möglich und bei jedem erneuten Eintritt zu wiederholen.
Bei statischer Speicherverwaltung wird oft davon ausgegangen, daß
die Initialisierung beim Programmstart erfolgt. Dies ist jedoch

ALGOL 68	*deklaration := ausdruck*
ADA	*deklaration := ausdruck*
PL/I	*deklaration INITIAL konstante*
COBOL	*deklaration VALUE IS konstante*
FORTRAN	*deklaration*
	DATA identifikator / konstante /
SNOBOL	*implizite Initialisierung*

Abb. 5.2: Initialisierende Deklarationen

nur bei globaler Gültigkeit der Deklaration konsequent. Bei lokalen Variablen ergeben sich Inkonsistenzen, wie beispielsweise der Entwurf zur FORTRAN-77-Norm zeigt: Einerseits wird festgelegt, daß die Initialisierung bei Programmstart erfolgt, andererseits verlieren lokale Variable bei Verlassen des Gültigkeitsbereiches ihren definierten Wert, so daß sich die Initialisierung nur beim ersten Aufruf z.B. eines Unterprogrammes auswirkt. Da dies nicht dem Sinne der Initialisierung entspricht, ist eine Sonderregelung für lokale Variable notwendig, die in einer *DATA*-Deklaration auftreten [FOR76].

Die Zusammenstellung in Abb. 5.2 zeigt, daß die Initialisierung fast immer durch Anfügen einer entsprechenden Klausel an die eigentliche Deklaration erreicht wird. Nur FORTRAN trennt die Initialisierung von der Deklaration. Bei SNOBOL ist jede Deklaration mit einer impliziten Initialisierung verbunden, indem ein Bezug auf die leere Zeichenkette hergestellt wird.

Bei der initialisierenden Deklaration zusammengesetzter Objekte ist für den Programmierer bedeutsam, ob er für jede Komponente eine Konstante explizit hinschreiben muß oder das mehrfache Auftreten der gleichen Konstanten abkürzen kann. FORTRAN und PL/I verwenden hierfür den Wiederholungsfaktor:

*DATA feldbezeichnung / 50*0.0, 10*1.0 /.*

ADA bezieht sich dagegen auf Indizes, Selektoren oder Bereiche:

feld: ARRAY (1..60) OF real := (1..50 => 0.0, OTHERS => 1.0)

In der Regel muß mit Konstanten initialisiert werden. Ausdrücke

ALGOL 68	*art identifikator = ausdruck*
PASCAL	*CONST identifikator = konstante*[*]
ELAN	*art CONST identifikator :: ausdruck*
ADA	*identifikator: CONSTANT art := ausdruck*
FORTRAN 77	*PARAMETER identifikator = konstante*

Abb. 5.3: Konstantendeklarationen

sind nur dann sinnvoll, wenn die Initialisierung erst bei Eintritt in einen Gültigkeitsbereich ausgewertet wird[**].

5.5 Deklaration von Konstanten

Eine Konstante ist ein programmiersprachliches Objekt, dessen internes Objekt kein Bezug auf ein anderes Objekt ist. Die Konstantendeklaration hat daher die Aufgabe, einen frei wählbaren und damit problembezogenen Bezeichner einem auf andere Weise gegebenen Objekt zuzuordnen. In allen Programmiersprachen sind die Marken und die Prozeduren solche konstanten Objekte. Das interne Objekt einer Marke ist eine Programmstelle; die Deklaration erfolgt an der betreffenden Programmstelle selbst. Das interne Objekt einer Prozedur ist eine Rechenvorschrift.

Darüber hinaus enthielten die klassischen Sprachen (ALGOL 60, COBOL, FORTRAN 66) keine Konstantendeklarationen. Beim Entwurf der neueren Sprachen ist jedoch der Dokumentationswert erkannt worden. Die Schreibweisen sind recht unterschiedlich (Abb. 5.3). ADA ergänzt die initialisierende Deklaration lediglich durch das Symbol *CONSTANT*; ALGOL 68 macht durch Verwendung des Gleichheits- statt des Wertzuweisungszeichens den Unterschied deutlich. PASCAL und FORTRAN 77 geben die Art des Objektes nicht an; sie wird implizit durch die rechte Seite festgelegt. Damit ist die Konstantendeklaration aber auf die Standardobjektarten begrenzt. Ihre Verwendung im Zusammenhang mit selbstdefinierten Objektarten würde ohne Angabe der Art zu Unklarheiten führen. Ist beispielsweise

---

[*] *CONST* erscheint nur vor der ersten Konstantendeklaration.

[**] Sog. Compilezeit-Ausdrücke sind Konstante.

die Art *monatstag* als Unterart von *integer* eingeführt worden, so
ist eine Konstantendeklaration mit der rechten Seite *15* nicht eindeutig, weil diese Standardbezeichnung eine Konstante in beiden
Arten bezeichnet.

Die Definition des Konstantenbegriffes umfaßt mehr als die Konstanten der Standardarten, für die die Programmiersprachen Standardbezeichnungen bereitstellen, und die durch Identitätsdeklaration eingeführten Konstanten. Auch die "Compilezeit-Konstanten"
gehören hierzu, deren Bezeichnung die syntaktische Form eines
Ausdruckes hat. Trifft man in Programmierhandbüchern auf diesen
Begriff, so kann es sich um zwei verschiedene Betrachtungsweisen
handeln: (a) Es ist die Bezeichnung einer Rechenvorschrift; sie
steht an einer Position, wo beliebige Ausdrücke stehen dürfen und
wird nur aus Optimierungsgründen zur Übersetzungszeit ausgewertet.
Diese Sicht der Compilezeit-Konstanten ist in jeder Programmiersprache möglich. (b) Es ist die Bezeichnung einer Konstanten, die
zum Zeitpunkt der Abfassung des Programmes nicht bekannt ist, wohl
aber die Art ihrer Gewinnung aus anderen Konstanten. Der Programmierer notiert an der Stelle, an der eigentlich eine Konstante
stehen müßte, die Rechenvorschrift, die zur Übersetzungszeit ausgewertet wird und so die benötigte Konstante liefert. Diese Sicht
erlaubt scheinbar Ausdrücke an allen Stellen, wo Konstante stehen
müssen. Sie setzt sich neuerdings durch und ist auch in FORTRAN 77
berücksichtigt.

Bei ADA, ALGOL 68 oder ELAN [HOM79] zum Beispiel ist es nicht
notwendig, daß das interne Objekt zur Übersetzungszeit bestimmbar
ist. Es genügt, wenn es beim Eintritt des Programmablaufs in den
Gültigkeitsbereich der Deklaration vorliegt. Dies hat den Vorteil,
daß der Bezeichner bei jedem Durchlauf durch den Gültigkeitsbereich eine andere Konstante bezeichnen kann. Daß dies für die
Effizienz von Programmen von Vorteil sein kann, hat man im Zusammenhang mit Prozeduren schon sehr früh erkannt (*VALUE*-Konzept bei
ALGOL 6o).

In der neueren programmiersprachlichen Diskussion wird durchaus
die Ansicht vertreten, daß die Eigenschaft eines Objektes, Konstante oder Name einer höheren Referenzstufe zu sein, nicht mit
dem Objekt untrennbar verbunden sein sollte. Im Hinblick auf die

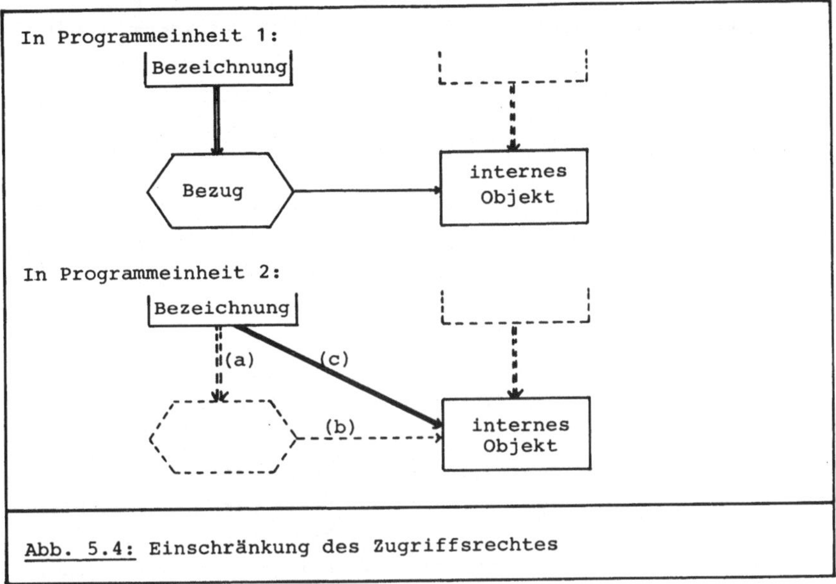

Abb. 5.4: Einschränkung des Zugriffsrechtes

Erstellung zuverlässiger Software ist es oft ratsam, Wertzuweisungen an eine Variable auf eine Programmeinheit zu beschränken
und anderen Programmeinheiten nur einen lesenden Zugriff zu ge-
währen. Dort wird das Objekt syntaktisch als Konstante betrachtet. Eine derartige Konstruktion ermöglicht beispielsweise das
read-only-Attribut in EUCLID [LAM77][*]. Zunächst verhält sich das
Objekt in der Programmeinheit 2, als ob der Doppelpfeil (c) an
Stelle der Pfeile (a) und (b) existiere. (Soweit würde dies auch
von einer ALGOL-68-Konstantendeklaration mit einer Variablenbe-
zeichnung aus Programmeinheit 2 auf der rechten Seite abgedeckt.)
Jedoch erlaubt EUCLID, daß der Bezugspfeil (b) zwischenzeitlich
durch Aufruf einer in Programmeinheit 1 deklarierten Prozedur
verändert wird und (c) diese Veränderung mitmacht. Der Pfeil (c)
ist also als Abkürzung des Zugriffsweges (a,b) zu verstehen.

Der Vollständigkeit halber wollen wir noch darauf hinweisen, daß
es auf der Zeigerebene dank der größeren Anzahl von Pfeilen noch
mehr Möglichkeiten gibt, die z.B. von J. D. I c h b i a h

---

[*] Eine andere derartige Sprache ist BALG [GOO76].

et al. diskutiert verden [ICH79]. Bereits BLISS erlaubte, kompli-
ziertere Zugriffswege an neu vereinbarte Bezeichnungen zu binden
[WUL71].

5.6 Identifikatoren

Deklarationen dienen dazu, im Programm benutzte Objekte mit frei
wählbaren Bezeichnungen zu belegen. Zur Bildung dieser Identifikatoren hat sich inzwischen eine Vorschrift durchgesetzt, von der
nur noch wenige Sprachen abweichen:

> Ein Identifikator besteht aus einer beliebig langen Folge
> von Buchstaben und Ziffern, die mit einem Buchstaben be-
> ginnt und durch Einstreuen eines Unterbrechungszeichens
> gegliedert werden kann.

Schärfere Längeneinschränkungen finden wir bei COBOL (30 Zeichen),
FORTRAN (6 Zeichen), BASIC (3 Zeichen). Bei einer Reihe von Sprachen dürfen zwar beliebig lange Identifikatoren im Programmtext
auftreten, zur Unterscheidung zweier Identifikatoren dient jedoch
nur ein Anfangsstück bestimmter Länge, das meist implementierungsabhängig ist. Implementierungen, bei denen beliebig lange Identifikatoren zur Unterscheidung herangezogen werden, sind z.B. bei
SNOBOL üblich.

Im Hinblick auf den Dokumentationswert des Programmtextes sind
lange Identifikatoren erwünscht. Die Lesbarkeit erfordert dann
jedoch oft eine visuelle Gliederung. Als Unterbrechungszeichen
werden verwandt: der Zwischenraum (ALGOL[*], FORTRAN), der unterstrichene Zwischenraum (PL/I, ADA, SNOBOL), das Minuszeichen
(COBOL), der Punkt (SNOBOL). EUCLID überläßt die Festlegung jeder Implementierung und läßt beispielsweise auch die Umschaltung
von Klein- auf Großschreibung zu.

Die Sprachen unterscheiden sich darin, ob das Unterbrechungszeichen syntaktisch von Bedeutung ist: (a) Es ist ein Zeichen wie
jedes andere; seine Einfügung erzeugt einen neuen Identifikator
(PL/I, COBOL, SNOBOL, ADA). (b) Es ist für die Unterscheidung

---

[*] Nur bei Implementierungen verwendbar, die Wortsymbole besonders kennzeichnen.

ohne Bedeutung (ALGOL, FORTRAN). (c) Im gleichen Gültigkeitsbereich sind keine Identifikatoren zulässig, die sich nur durch Unterbrechungszeichen unterscheiden (EUCLID).

Einige Sonderformen sind noch zu betrachten. <u>BASIC</u> läßt zur Bezeichnung von Namen arithmetischer Variablen nur einen Buchstaben zu, dem noch eine Ziffer folgen kann. Felder arithmetischer Größen werden nur mit einem Buchstaben bezeichnet. Die Bezeichnungen für Zeichenkettenvariablen und entsprechende Felder bestehen aus einem Buchstaben, dem ein Dollarzeichen folgt. Für Standardfunktionen werden drei Buchstaben verwandt, bei programmiererdefinierten die bei der jeweiligen Ergebnisart zulässigen Identifikatoren mit dem vorangestellten *FN*. Diese Regelung ist so detailliert, weil sie implizit die Deklarationen enthält. <u>COBOL</u> läßt auch Identifikatoren zu, die mit einer Ziffer beginnen, sofern sie wenigstens einen Buchstaben enthalten. Einige Sprachen lassen als "Buchstaben" auch gewisse <u>Sonderzeichen</u> zu: PL/I: $, ¢ , #, APL: Δ und die unterstrichenen Buchstaben, BASIC: $, ¢ , #. (Man beachte, daß dies ältere Sprachen sind.)

6. Standardobjektarten

In den heutigen Programmiersprachen finden wir standardmäßig folgende Objektarten: die ganzen Zahlen, die Wahrheitswerte, die Zeichen eines Alphabetes. Für die Sprachen mit technisch-naturwissenschaftlicher Ausrichtung ist diese Liste um die numerisch-reellen Zahlen einfacher und höherer Genauigkeit und die komplexen Zahlen, für die an nichtnumerischen Problemen orientierten um die Zeichenketten über einem Alphabet zu ergänzen. Wie bereits in Abschn. 5.1 erwähnt, existieren diese Objektarten auch in den sog. typfreien Sprachen.

Daneben existieren standardmäßig Mechanismen, um aus einfachen Objekten zusammengesetzte zu bilden. Auch hier gibt es Unterschiede, die im Anwendungsgebiet der Sprache ihre Ursache haben: Die technisch-naturwissenschaftlich orientierten kannten von Anfang an Felder, die kommerziell-administrativ orientierten Verbunde. Andere Formen der Zusammensetzung spielen beispielsweise in der künstlichen Intelligenz (verkettete Listen, Mengen) oder der Textverarbeitung (Muster von Zeichenketten) eine Rolle. In einigen Sprachen werden die Zeichenketten nicht als eigenständige Objektart betrachtet, sondern als Feld von einzelnen Zeichen.

6.1 Arithmetische Operationen

In den problemorientierten Programmiersprachen[*] werden die arithmetischen Objektarten aus pragmatischen Gründen nicht so streng unterschieden, wie die saubere Definition des Begriffes Objektart es gebieten würde. Es ist daher sinnvoll, diese Arten gemeinsam zu behandeln.

Zahlen werden in problemorientierten Programmiersprachen grundsätzlich im Dezimalsystem dargestellt: Eine <u>Dezimalzahl ist eine Folge</u> von beliebig vielen Dezimalziffern, in der ein Dezimalpunkt den ganzzahligen vom gebrochenen Anteil trennt und der ein Skalenfaktor folgen kann. Als <u>ganze Zahlen</u> werden diejenigen Zahlen aufgefaßt, die weder einen Punkt noch einen Skalenfaktor enthal-

---

[*] Maschinenorientierte Sprachen unterscheiden genauer und kennen unterschiedliche Befehle für ganze bzw. reelle Zahlen.

ten. Alle anderen Zahlen gelten als <u>reellwertig</u>. Dabei läßt etwa FORTRAN zu, daß die Zahl mit dem Dezimalpunkt endet, während andere Sprachen dies nicht zulassen (ALGOL, COBOL). <u>Komplexe Zahlen</u> werden als geklammertes Paar von reellwertigen Größen dargestellt; bei einigen Sprachen sind auch ganze Zahlen als Komponenten komplexer Zahlen zulässig (z.B. PL/I).

Operationen auf den arithmetischen Arten sind die arithmetischen Operationen, die Vergleichsoperationen und die Artanpassungen zwischen den einzelnen arithmetischen Arten. Als binäre <u>arithmetische Operationen</u> sind stets die vier Grundrechenarten Addition, Subtraktion, Multiplikation und Division sowie in einigen Sprachen die Potenzierung verfügbar, als unäre arithmetische Operationen die Identität (unäres Plus) und die Negation (unäres Minus). Von den möglichen sechs <u>Vergleichsoperationen</u> sind auf komplexen Operanden nur Gleichheit und Ungleichheit sinnvoll. <u>Artanpassungen</u> können explizit oder implizit erlaubt sein, wobei die impliziten Artanpassungen eine Voraussetzung für die sog. gemischten Ausdrücke sind, in denen ganzzahlige, reellwertige und komplexe Größen gleichzeitig auftreten können.

Bezüglich der <u>Schreibweise</u> der binären Operationen können wir die übliche Infix-Notation

operand operator operand

und die bei den Grundrechenarten sehr seltene, bei anderen Operationen aber häufigere Präfix-Notation

operator operand operand

unterscheiden. Die Präfix-Notation[*)] finden wir in LISP auch bei den Grundrechenarten, z.B. *(PLUS 1 3)*. Bei anderen als den Grundrechenarten ist diese Schreibweise jedoch häufiger, zumal nur sie auf Operationen mit mehr als zwei Operanden anwendbar ist:

MOD(4, 3)   *MIN(7, -3, 6)*

Die meisten Programmiersprachen lassen die Infix-Notation nur bei in der Sprache vordefinierten Operationen zu und verweisen den

---

[*)] Die Präfix-Notation hat den Vorteil, daß keine besondere Vorrangregelung (Kap. 9) notwendig ist.

Programmierer bei selbstdefinierten Operationen auf die Präfix-
Schreibweise (Funktionen).

<u>Addition</u> und <u>Subtraktion</u> werden einheitlich durch die Operations-
zeichen + und - dargestellt, die auch für die unären Operationen
der Identität und der Negation (außer APL) verwendet werden. Die
<u>Multiplikation</u> wird im allgemeinen durch einen Stern (*) bezeich-
net. Lediglich ALGOL 60 und APL sehen ein spezielles Multiplika-
tionszeichen (×) vor. Während der ungewöhnliche Reichtum des APL-
Zeichensatzes generell eine Spezialtastatur erfordert, wo dieses
Zeichen verfügbar ist, verwenden die meisten ALGOL-60-Implemen-
tierungen an seiner Stelle den Stern [DIN 66006].

Bei der <u>Division</u> tritt das Problem auf, daß sie im Bereich der
ganzen Zahlen nur beschränkt durchführbar ist. ALGOL 60 und die
daraus abgeleiteten Sprachen unterscheiden daher die ganzzahlige
Division (÷, '/', //), die zwei ganzzahlige Operanden voraussetzt
und ein ganzzahliges Ergebnis liefert, von der auf reellwertigen
Operanden definierten Division (/). Diese darf aufgrund der impliziten Arterweiterung (von INTEGER nach REAL) auch auf ganzzahlige Operanden angewandt werden. FORTRAN bezeichnet beide Divi-
sionsformen mit dem gleichen Symbol: *4/3 = 1* bzw. *4.0/3.0 = 1.333...*

Aus der im ALGOL-60-Bericht angegebenen Definition, daß die <u>Po-
tenzierung</u> zu einem ganzzahligen Ergebnis führt, wenn die Basis
ganzzahlig und der Exponent nichtnegativ ist, ergeben sich nicht
zur Übersetzungszeit nachprüfbare Konsequenzen für die Art der
Zwischenergebnisse. Daher ist die Implementierung mit stets reellwertigem Ergebnis weitgehend üblich. Bei FORTRAN liefern ganzzahlige Operanden ein ganzzahliges Ergebnis, das bei negativem Ex-
ponenten (in Übereinstimmung mit der Regelung für die Division)
0 ist. Die Potenzierung wird in ALGOL 60 (Sprachdefinition) und
BASIC mit ↑, in APL mit * und sonst mit ** bezeichnet, was auch
die Ersatzdarstellung für den Pfeil ist.

6.2 <u>Besonderheiten bei arithmetischen Operationen</u>

Als <u>Vorzeichen</u> verwenden fast alle Programmiersprachen die gleichen Zeichen wie für <u>Identität</u> und <u>Negation</u>. Dies führt eigentlich nicht zu Schwierigkeiten, weil es vom Ergebnis her gleich-

gültig ist, ob das Zeichen als Vorzeichen oder als unäres Operationszeichen interpretiert wird. Beim Zusammentreffen von unären und binären Operationen kann man sich mit Klammern oder Herausziehen aus einem Teilausdruck helfen: $3*(-4)$ bzw. $-3*4$. Ein Problem ergibt sich nur, wenn die Programmiersprache aus systematischen Gründen das Aufeinandertreffen zuläßt: (a) ALGOL 68 gibt den unären Operationen Vorrang vor den binären ($3*-4$ entspricht $3*(-4)$) und verwendet im Programm keine Vorzeichen, sondern betrachtet sie als unäre Operationen. (b) SNOBOL schreibt unäre Operationen unmittelbar vor den Operanden, während binäre von beiden Operanden durch einen Zwischenraum getrennt werden. (c) APL gibt ebenfalls unären Operationen Vorrang und unterscheidet außerdem das negative Vorzeichen von der unären Negation und der binären Subtraktion durch Hochstellung: $3* {}^-4$ bzw. $3*-4$.

Einen Sonderfall bei der Schreibweise der arithmetischen Operationen stellt <u>COBOL</u> dar. Der Unterschied gegenüber anderen Programmiersprachen besteht in der verbalen Bezeichnung der Operationen und in der Zerstörung des zweiten Operanden:

> *ADD operand1 TO operand2*
> *SUBTRACT operand1 FROM operand2*
> *MULTIPLY operand1 BY operand2*
> *DIVIDE operand1 INTO operand2*

In allen Fällen wird das Bezugsobjekt (momentaner Wert) des zweiten Operanden durch das Ergebnis der Operation ersetzt; die Operation impliziert eine Wertzuweisung. Soll diese Wertzuweisung an eine andere Variable erfolgen, so muß an die Anweisung der Zusatz

> *GIVING variablenname*

angehängt werden[*]. Man beachte, daß bei der Division der zweite durch den ersten Operanden dividiert wird. Die in anderen Programmiersprachen üblichen arithmetischen Ausdrücke können im Zusammenhang mit dem ursprünglich nicht vorhandenen Verb *COMPUTE* verwandt werden. (Vgl. Abschn. 4.5)

---

[*] Bei der *ADD*-Anweisung ersetzt *GIVING* das standardmäßige *TO*.

6.3 Arithmetische Konstanten

Der Programmierer kann davon ausgehen, daß die im Programm auftretenden ganzen Zahlen exakt dargestellt werden. Da der mögliche
Zahlenbereich rechnerabhängig ist, ist die Formvorschrift "beliebig viele Ziffern" rein theoretischer Natur und besagt nur, daß
die Sprachdefinition keine Festlegung über die größte, noch ver-
wendbare ganze Zahl enthält. Bei der Übertragung von Programmen,
die betragsmäßig sehr große ganze Zahlen enthalten, auf eine andere Rechenanlage ist daher Vorsicht geboten. BASIC schreibt für
die einfache Genauigkeit 7, für die doppelte 15 Stellen, COBOL
18 Stellen vor. Die neueren Sprachen tendieren dazu, die größte
Zahl als ausgezeichnetes programmiersprachliches Objekt mit einer
eigenen Bezeichnung zu belegen, z.B. ADA mit *integer* '$LAST$[*]).

Auch bei numerisch-reellen Zahlen kann nur eine beschränkte Anzahl
von Stellen verarbeitet werden. Bei den meisten naturwissenschaftlich-technischen Anwendungen ist es jedoch vertretbar, bei länger
werdenden Zahlen die letzten Stellen zu vernachlässigen. Andererseits ist die Größenordnung der Zwischen- und Endergebnisse oft
so stark von den Eingabedaten abhängig, daß sie zum Zeitpunkt der
Programmerstellung unbekannt ist. Die für diesen Anwendungsbereich
geschaffenen Programmiersprachen kennen daher die Gleitpunktzahlen
$z = m \cdot b^e$, wobei nur m und e im Rechner gespeichert werden. Die für
die interne Darstellung wünschenswerte Eindeutigkeit kann durch
die Forderung $b^{-1} \leq m < 1$ erreicht werden. Bei Gleitpunktzahlen
ist die relative Genauigkeit durch die Stellenzahl der Mantisse
m, die Größenordnung durch den Skalenfaktor b^e gegeben. Unabhängig von der internen Darstellung wird bei der Notation der Programme die Basis $b=10$ verwandt. Als Trennzeichen zwischen Mantisse und Exponent verwendet ALGOL 60 das Spezialzeichen $_{10}$ und
als Ersatzdarstellung ' bzw. E; sonst sind E bei einfacher und D
bei doppelter Genauigkeit üblich[**]). Die Genauigkeit von Gleitpunktzahlen hängt von der für die Mantisse verwendeten Stellenzahl ab und ist somit maschinenabhängig. PL/I und ADA erlauben
dem Programmierer, bei der Deklaration von Gleitpunktobjekten Ge-

---

[*]) ADA kennt das Attribut *LAST* für alle skalaren Arten.
[**]) E steht für Exponent, D für doppeltgenau.

nauigkeitsforderungen vorzugeben. Auf Grund der Normierung der Mantisse in den Bereich von b^{-1} bis 1 wird bei der Subtraktion etwa gleich großer Zahlen eine Genauigkeit des Ergebnisses vorgetäuscht, die nicht vorhanden ist.

Will man das Problem der vorgetäuschten Genauigkeit vermeiden, so muß man mit <u>Festpunktzahlen</u> arbeiten, die Vielfache einer vorgegebenen Schrittweite sind und in einem vorgegebenen Intervall liegen. (Beispiele sind DM-Beträge oder Meßwerte.) Die Sprachen der ALGOL-Familie und FORTRAN behandeln nur die ganzen Zahlen als Festpunktzahlen (Schrittweite 1), alle Zahlen mit einem gebrochenen Anteil als Gleitpunktzahlen. APL und PL/I klassifizieren nur Zahlen mit Skalarfaktor als Gleitpunktzahlen. COBOL kennt nur Festpunktzahlen, wenn man von nicht standardisierten Erweiterungen absieht. Während diese Sprachen als Schrittweite bei Festpunktzahlen nur Potenzen von 2 und 10 zulassen, erlaubt ADA jede beliebige Schrittweite.

Rechenoperationen können dazu führen, daß Zwischenergebnisse oder Ergebnisse aus dem vorgegebenen Intervall herausfallen oder mit der angegebenen Schrittweite nicht darstellbar sind. In einigen Fällen (COBOL!) werden die "überstehenden" Stellen ohne Warnung abgeschnitten; diese Vorgehensweise führt zu unsicheren Programmen. COBOL stellt zur Beherrschung derartiger Situationen die Zusätze *ROUNDED* und *ON SIZE ERROR* zur Verfügung, ADA die Ausnahmebehandlung *CONSTRAINT_ERROR*, PL/I die Ausnahmebehandlung *ON OVERFLOW*.

Von der Verwendung des Dezimalsystems im niedergeschriebenen Programm unabhängig ist die <u>interne Darstellung</u> der Zahlen. Der Aufbau der Rechensysteme aus Elementen, die zweier Zustände fähig sind, legt die Verwendung des Dualsystems nahe. Für den Programmierer ist dies nur in einem Punkt von Bedeutung: Ein abbrechender Dezimalbruch ist i.a. nicht durch einen abbrechenden Dualbruch darstellbar, sondern durch einen periodischen, z.B. $(0.1)_{10} = (0.000\overline{1100}11...)_2$. Dies wirkt sich bei naturwissenschaftlich-technischen Anwendungen nur bei der Addition sehr vieler derartiger Rundungsfehler aus. Bei kommerziell-administrativen Aufgaben spielt die Forderung nach exakter Darstellung abbrechender Dezimalbrüche eine größere Rolle, so daß COBOL und PL/I die in-

	ALGOL60(DIN)	FORTRAN	COBOL	PL/I	PASCAL BASIC	ADA
=	EQUAL	.EQ.	EQUAL TO	=	=	=
≠	NOT EQUAL	.NE.	NOT EQUAL TO	¬=	< >	/=
<	LESS	.LT.	LESS THAN	<	<	<
≦	NOT GREATER	.LE.	NOT LESS THAN	<= ¬ >	<=	<=
>	GREATER	.GT.	GREATER THAN	>	>	>
≧	NOT LESS	.GE.	NOT GREATER THAN	>= ¬ <	>=	>=

Abb. 6.1: Vergleichsoperationen. COBOL kennt die Abkürzungen = für *EQUAL TO*, > für *GREATER THAN* und < für *LESS THAN*, die auch mit *NOT* kombiniert werden können.

terne Darstellung im Dezimalsystem ermöglichen. Bei PL/I geschieht dies durch das Attribut *DECIMAL* bzw. *BINARY* in der Deklaration. COBOL kennt zunächst nur die dezimale Darstellung, wobei das Attribut *USAGE IS DISPLAY* pro Dezimalstelle ein Byte verlangt, während *USAGE IS COMPUTATIONAL* zu einer gepackten Darstellung mit 4 Bit pro Dezimalstelle führt (BCD-Darstellung). Einige COBOL-Implementierungen kennen darüber hinaus *USAGE IS COMPUTATIONAL-n* (mit $1 \leq n \leq 9$); unter diesen nicht einheitlich gebrauchten Attributen befinden sich dann auch die duale Festpunkt- und Gleitpunktdarstellung.

6.4 Die Art der Wahrheitswerte und die Vergleiche

In den meisten Programmbeispielen entstehen die Wahrheitswerte als Ergebnis von <u>Vergleichen</u> ganzzahliger und reellwertiger Größen. Auch bei den Sprachen mit Infix-Schreibweise ist die Bezeichnung unterschiedlich (Abb. 6.1). Außer den aufgeführten Operationen kennt COBOL noch den Vergleich mit Null (*IS POSITIVE*, *IS NEGATIVE*, *IS ZERO* mit optionalem *NOT*).

Hier ist eine allgemeine Bemerkung zu machen. Der <u>Gleichheits-</u> und <u>Ungleichheitstest</u> sind auf jeder Objektart sinnvoll und sollten daher auf jeder Objektart definiert und auf allen einheitlich

bezeichnet sein[*]. Diese Erkenntnis hat sich erst bei den neueren
Sprachen durchgesetzt. Beim Vergleich von Zeigern ist zu regeln,
ob der (Un-)Gleichheitstest überprüfen soll, ob die beiden Zeiger
auf die gleiche Variable zeigen (ADA) oder ob den referenzierten
Variablen die gleiche Konstante zugewiesen ist (ALGOL 68 [**]).
SIMULA verwendet auf Zeigerebene == und =/=, auf Variablenebene
die üblichen ALGOL-60-Operationen.

Die übrigen Vergleichsoperationen sind auf jeder Art sinnvoll,
der eine geordnete Elementmenge zugrunde liegt. Dies gilt insbesondere für die Art der Zeichen über einem Alphabet und vom Programmierer selbst definierte Aufzählungsarten. Bei den Zeichen
über einem Alphabet ist vorzuziehen, daß die Reihenfolge entweder
vom Programmierer selbst festgelegt werden kann (z.B. ADA) oder
wenigstens die 26 Buchstaben des lateinischen Alphabetes in ihrer
natürlichen Reihenfolge und ohne Lücken auftreten[***].

Ist eine Ordnung auf einer Art definiert, so ist es sinnvoll,
diese Ordnung lexikographisch auf die Felder auszudehnen, die
aus Komponenten dieser Art zusammengesetzt sind. Insbesondere
fällt hierunter die Art der aus Einzelzeichen zusammengesetzten
Zeichenketten. In der lexikographischen Ordnung kommt ein Feld
vor einem anderen, wenn das Element in der ersten unterschiedlich
besetzten Komponente "kleiner" ist als das entsprechende Element
in dem anderen Feld [****].

Das Ergebnis eines Vergleiches ist einer der beiden Wahrheitswerte *TRUE* und *FALSE*. Die meisten Programmiersprachen kennen auf
diesen die Operationen der Negation, Konjunktion und Disjunktion
(Abb. 6.2), so daß alle <u>booleschen Funktionen</u> zusammengesetzt
werden können. Eine Ausnahme bildet BASIC, das diese Operationen
nicht kennt, so daß in Abfragen keine Vergleiche kombiniert wer-

---

[*] In ALGOL 60 ist der Gleichheitstest auf der Art der Zeichenketten nicht
definiert und wird auf der Art der Wahrheitswerte mit = bezeichnet.

[**] Sofern man den Standardvorspann benützt.

[***] Einige Implementierungen verwenden rechnerspezifische, interne Darstellungen und die sich daraus ergebende Ordnung.

[****] In APL wird der Vergleich von Feldern komponentenweise durchgeführt und
liefert ein boolesches Feld.

	meistens	PL/I	APL	LISP
Negation	*NOT*	¬	~	
Konjunktion	*AND*	&	∧	*LOGAND*
Disjunktion	*OR*	|	∨	*LOGOR*

Abb. 6.2: Boolesche Operationen

den können. Einige Sprachen bieten zusätzliche Operationen an. So enthält APL die *NAND*- und die *NOR*-Operationen (⊼ bzw. ⊽) als Verneinung der Konjunktion und der Disjunktion, ALGOL 60 die Implikation *(A∧B)* ∨ *(¬ A)* = ¬ *A∨B* und ADA die exklusive Disjunktion *XOR*, die zunächst überflüssig ist, weil sie mit ≠ übereinstimmt. Oft werden die booleschen Operationen auf Bitvektoren oder boolesche Vektoren komponentenweise angewandt; dabei kann dann *XOR* abweichend von ≠ eingesetzt werden.

Eine Besonderzeit der Konjunktion und der Disjunktion ist es, daß nicht immer beide Operanden ausgewertet werden müssen, um das Ergebnis zu bestimmen [HUS61]. Hat beispielsweise der linke Operand einer Konjunktion den Wert *FALSE*, so spielt der rechte keine Rolle mehr. In der Definition fast aller Programmiersprachen fehlt eine Festlegung, ob in diesen Fällen der zweite Operand ausgewertet wird. Ist dies nicht der Fall, so wird eine Abfrage $I>0$ ∧ $A[I]$ = ... auch dann bearbeitet, ohne daß ein Fehler erkannt wird, wenn $I=0$ und $A[0]$ nicht definiert ist, während dies zu einem Fehler führt, wenn beide Operanden ausgewertet werden. Ob der Fehler auftritt, ist also implementierungsabhängig. ADA gibt dem Programmierer im Zusammenhang mit bedingten Anweisungen die Möglichkeit, mit *AND THEN* bzw. *OR ELSE* die schnellere Auswertung zu wählen.

6.5 Zeichen und Zeichenketten

Die Zeichen eines Alphabetes werden in den neueren Sprachen als Sonderfall einer Aufzählungsart betrachtet. Die älteren Sprachen kannten diese Möglichkeit nicht. Die Sprachen unterscheiden sich in folgenden Punkten: (a) Wie werden die Konstanten dieser Arten bezeichnet? (b) Ist ein bestimmes Alphabet vorgegeben? (c) Ist auf

der Menge dieser Objekte eine Ordnung definiert?[*] (d) Gibt es
Artanpassungen von und nach einem Abschnitt der ganzen Zahlen?
Der Trend geht dahin, daß die 128 Zeichen des ASCII-Zeichensatzes
zulässig sind, und damit auch die Ordnung und eine Abbildung auf
das Intervall von 0 bis 127 gegeben ist. Die Zeichenketten entstehen durch Aneinanderreihen einzelner Zeichen; der Trend geht
dahin, sie als Felder von Zeichen zu betrachten und entsprechend
zu behandeln (s. Kap. 7).

Die Variablen, deren Bezugsobjekte Zeichenketten sind, werden in
den verschiedenen Programmiersprachen mit unterschiedlicher Flexibilität ausgestattet, die letzten Endes mit der Speicherverwaltung zusammenhängt: (a) Bei Sprachen mit statischer Speicherverwaltung wie COBOL und FORTRAN 77 müssen die Bezugsobjekte, die
einem Namen zugewiesen werden können, stets von gleicher Länge
sein. Bei Wertzuweisungen müssen dann ggf. Zwischenräume angefügt
oder überstehende Zeichen abgeschnitten werden. Der Programmierer
muß bei der Konkatenation von Zeichenketten oder der Substitution
von Teilketten auf die Einhaltung der Längenbedingung achten.
(b) In der Deklaration wird zwar für die Bezugsobjekte, die einem
Namen zugewiesen werden können, eine Länge festgelegt, diese aber
nicht starr, sondern als obere Grenze interpretiert. Hierzu gehören die Deklaration mit dem *VARYING*-Attribut bei PL/I, sowie BASIC,
wo die obere Grenze stets 18 ist. (c) Die Länge der Bezugsobjekte
kann frei variieren, wie es beispielsweise bei APL oder SNOBOL
der Fall ist. Diese für den Programmierer sehr bequeme Technik
hat den Nachteil, daß der benötigte Speicherplatz zur Übersetzungszeit nicht bestimmt werden kann und somit zur Laufzeit angefordert werden muß.

Bei der <u>Darstellung</u> der Zeichen- und Zeichenkettenkonstanten setzt
sich immer mehr die Einklammerung durch ein ausgezeichnetes Symbol
durch[**]. Verwandt werden hierzu das einfache Apostroph (ADA, APL,
BASIC, FORTRAN 77, PASCAL, PL/I u.a.) oder das doppelte Apostroph

---

[*] Siehe Diskussion der Vergleichsoperationen (Abschn. 6.4).

[**] FORTRAN 66 kannte die Darstellung *nHtext*, wobei n die Anzahl der Zeichen
in dem hinter dem *H* stehenden Text ist. Die Schreibweise wurde von
FORTRAN 77 nicht übernommen.

(ADA, COBOL)[*]. ADA läßt alternativ auch das Prozentzeichen zu.
SNOBOL läßt beide Formen zu, so daß jeweils das eine Zeichen ohne
besondere Vorkehrung in Zeichenketten auftreten kann, die vom anderen begrenzt werden. Bei den meisten Sprachen ist das Begrenzungszeichen, wenn es im Innern der Zeichenkette auftreten soll,
zu verdoppeln, z.B.

'GRIMM"S MAERCHEN' bzw. *''''*,

wobei das zweite Beispiel eine nur aus einem Apostroph bestehende
Zeichenkette darstellt. Soll das Doppelapostroph in einer COBOL-
Zeichenkette auftreten, so ist sie zu zerlegen und das Doppelapostroph durch Angabe seiner Bezeichnung *QUOTE* dazwischenzuschie-
ben:

"GRIMM", QUOTE, "S MAERCHEN".

ALGOL 60 verwendet in der Sprachdefinition für Anfang und Ende eine Zeichenkette die unterschiedlichen Zeichen ‘ und ’ mit den Er-
satzdarstellungen *'('* und *')'*. Der Gedanke dabei ist, daß man
Zeichenketten mit einer Schachtelungsstruktur versehen kann. Ein
weiterer Sonderfall ist LISP, wo die Zeichenketten durch Voranstellen des Symbols *QUOTE* gekennzeichnet werden.

Mit Begrenzungszeichen ist auch die <u>leere Zeichenkette</u> darstellbar, indem das öffnende und das schließende unmittelbar aufeinander folgen. SNOBOL erlaubt außerdem, daß bei der leeren Zeichenkette sogar die Begrenzungszeichen wegfallen.

Die meisten Sprachen machen keinen Unterschied zwischen den Einzelzeichen und den Zeichenketten der Länge 1 und verwenden für
beides das gleiche Begrenzungszeichen. Nur ADA unterscheidet beides.

6.6 <u>Operationen mit Zeichenketten</u>

Die neueren Sprachen behandeln Zeichenketten als Felder über einer Aufzählungsart, so daß die gleichen Operationen wie dort gelten[**]. Nur zu den älteren Sprachen sind noch Anmerkungen zu ma-

---

[*] ADA verwendet das einfache für Zeichen, das doppelte für Zeichenketten.
[**] Vgl. Abschn. 4.3 und 6.4 sowie Kap. 7.

chen: PL/I, COBOL und insbesondere SNOBOL.

Während PL/I die üblichen <u>Vergleichsoperationen</u> auch auf Zeichen und Zeichenketten erlaubt und dabei die lexikographische Ordnung gemäß dem EBCDIC-Code zugrunde legt, kennt COBOL den Vergleich von Zeichenketten nur innerhalb der *SORT*-Anweisung; die angewandte Reihenfolge ist implementierungsabhängig, jedoch kann man davon ausgehen, daß der Zwischenraum vor den Buchstaben, die Ziffern nach den Buchstaben kommen und Buchstaben und Ziffern jeweils in der natürlichen Reihenfolge geordnet sind. Auch bei SNOBOL ist die Reihenfolge implementierungsabhängig, aber unter der Konstanten *&ALPHABET* abfragbar. SNOBOL kennt den Gleichheitstest *IDENT(X,Y)*, den Ungleichheitstest *DIFFER(X,Y)* und die lexikographische Größer-Beziehung *LGT(X,Y)*.

Behandelt eine Sprache die Zeichenketten nicht als Feld[*)] von Einzelzeichen (PL/I), so ist eine <u>Artanpassung</u> zwischen diesen beiden Arten wünschenswert. PL/I bietet für die Umwandlung eines Feldes in eine Zeichenkette die Standardfunktion *STRING(feldbezeichnung)* an. Eine Artanpassung, die bei Textverarbeitungsproblemen von Bedeutung ist, ist die Konvertierung von Zeichenketten, die eine arithmetische Konstante bezeichnen, in die entsprechende Art. SNOBOL erlaubt diese Artanpassung implizit innerhalb von arithmetischen Ausdrücken: *ZK = '3.14'* und dann *X = 5*ZK*. Eine analoge Artanpassung kennt auch PL/I, wobei die Umkehrung ebenfalls möglich ist. Die Abfrage, ob eine Zeichenkette die Bezeichnung einer arithmetischen Konstante darstellt, ist in SNOBOL mit *INTEGER (zeichenkette)*, in COBOL mit *IS [NOT] NUMERIC* bzw. *IS [NOT] ALPHABETIC* möglich.

Neue Zeichenketten können insbesondere durch die <u>Konkatenation</u>, d.h. die Aneinanderfügung, zweier Zeichenketten gewonnen werden. Die Konkatenation wird in APL und COBOL durch das Komma, in SNOBOL durch den Zwischenraum, in PL/I durch // und in ADA durch & bezeichnet. Schreibt die Sprache vor, daß die Länge der Bezugsobjekte in der Deklaration eines Namens festgelegt werden muß, so muß der Programmierer darauf achten, daß die Summe der beiden

---

[*)] EUCLID definiert sie als Verbund von Länge und Feld.

Operandenlängen mit der Länge des Resultates übereinstimmt. Größere Flexibilität existiert, wenn die Länge nicht deklariert werden muß (SNOBOL). Da dann die Länge wegen der zur Übersetzungszeit
unbekannten Länge der aktuellen Operanden erst zur Laufzeit bestimmt werden kann, erfordern diese Sprachen eine dynamische Speicherverwaltung.

Neben der Möglichkeit, auf eine vollständige Zeichenkette zuzugreifen, sehen einige Programmiersprachen den Zugriff auf Teile
der Zeichenkette vor. Meistens haben diese Zugriffe die Form von
Funktionsaufrufen (PL/I, BASIC u.a.). Wir betrachten als Beispiel
PL/I:

$$SUBSTR(zeichenkette,\ index,\ laenge)$$
$$INDEX(zeichenkette,\ muster)$$

Bei *SUBSTR* wird die Teilkette durch die Position ihres Auftreten
und die Länge identifiziert. Bei *INDEX* wird umgekehrt die Teilkette als Muster vorgegeben und die Position des ersten Auftretens
zurückgemeldet. *SUBSTR* ist auf unterschiedlichen Referenzstufen
anwendbar: Es darf auch auf der linken Seite einer Wertzuweisung
stehen, wenn der erste Parameter der Name einer Variablen ist.

SNOBOL läßt als Muster nicht nur eine, sondern eine Menge von
Zeichenketten zu, wobei die primäre Möglichkeit das Ersetzen der
gefundenen Teilkette ist:

$$zeichenkette\ muster\ =\ ersatzkette$$

Gerade im Fall, daß das Muster mehrere Zeichenketten enthält, ist
von Interesse, welche davon erfolgreich war:

$$zeichenkette\ muster\ .\ erfolgskette\ ...$$

Im Fall, daß eine der Zeichenketten des Musters erfolgreich war,
wird sie dem Namen "erfolgskette" zugewiesen[*].

---

[*] Eine Erweiterung dieses Konzeptes wurde von Blatt vorgeschlagen [BLA80].

7 Zusammengesetzte Objekte

Zusammengesetzte Objekte entstehen durch geeignetes Zusammenfügen gegebener Objekte, wobei diese elementar im Sinne der betrachteten Programmiersprache oder bereits zusammengesetzt sein können. Um mit den Objekten operieren zu können, muß entweder für jedes einzelne Objekt oder für jeweils eine Klasse identisch aufgebauter Objekte (zusammengesetzte Art) eine Beschreibung mitgeführt werden, die folgende Angaben enthält: (a) Aus der <u>Konstruktionsvorschrift</u> ergibt sich die Form des Zugriffs zu den einzelnen Komponenten. (b) <u>Art und Anzahl der Komponenten</u> bestimmen die Größe (Speicherbedarf) des Objektes und erlauben die Überprüfung, ob die Komponenten syntaktisch korrekt verwandt werden. (c) Die Bezeichnung der <u>Selektoren</u> erlaubt, Komponenten einzeln anzusprechen.

Bei den Konstruktionsvorschriften kennen wir drei Möglichkeiten, die zu unterschiedlichen Zugriffsarten führen: (a) Am weitesten verbreitet ist die regelmäßige Struktur mit wahlfreiem Zugriff (Felder, Verbunde). (b) Nur LISP kennt standardmäßig die baumartige Struktur mit Zugriff längs der Äste; es ist die einzige Kompositionsmöglichkeit in dieser Sprache. (c) Bei vielen Anwendungen innerhalb der Informatik spielen Strukturen eine Rolle, die einen Zugriff nur an "aktuellen" Stellen erlauben (Keller, Puffer u.ä.) und die standardmäßig in den Programmiersprachen nicht vorgesehen sind; in den neueren Sprachen, die Artdeklarationen kennen, kann der Programmierer sie jedoch einführen. Zu dieser letzten Gruppe gehören auch die sequentiellen Dateien, die aber an anderer Stelle zu besprechen sind.

Beim <u>wahlfreien Zugriff</u> können wir jede Komponente eines zusammengesetzten Objektes unmittelbar ansprechen. Hierzu ist erforderlich, daß den Komponenten in eineindeutiger Weise Selektoren zugeordnet sind, die zusammen mit der Bezeichnung des Objektes die Bezeichnung der Komponente bilden. Hierfür bieten viele Programmiersprachen zwei Mechanismen: (a) Die Selektormenge ist ein Intervall der ganzen Zahlen (Indizes). (b) die Selektoren sind frei wählbare Identifikatoren.

Werden Indizes zur Selektion der Komponenten verwandt, so spricht man von _Feldern_. Sie werden vor allem im Zusammenhang mit Laufschleifen verwandt, wo die gleiche Rechenvorschrift der Reihe nach mit den verschiedenen Komponenten des Feldes ausgeführt wird: Dabei durchläuft der Laufindex die Selektormenge. Diesem Zweck entspricht auch die Vorschrift, daß alle Komponenten eines Feldes von der gleichen Art sein müssen (homogen zusammengesetzte Objekte). Da bei vielen Anwendungen nur die Reihenfolge der Indizes eine Rolle spielt, müssen nicht unbedingt ganze Zahlen verwandt werden[*]. Es genügt vielmehr eine beliebige, geordnete Objektmenge (Aufzählungsart). Diese Möglichkeit, die wir in PASCAL und einigen seiner Nachfolger finden, erlaubt die problembezogene Formulierung von Laufschleifen, wo sonst eine Codierung durch ganze Zahlen erforderlich ist: _FOR tag := montag TO freitag ..._

Vor allen Dingen bei heterogen zusammengesetzten Objekten kennt man den Zugriff über Identifikatoren. Diese werden i.a. in der Objekt- oder der Artdeklaration festgelegt. Eine Ausnahme bilden die Tabellen in SNOBOL und die Mengen in SETL[**], wo die Selektoren erst zur Laufzeit festgelegt werden, nämlich bei der Einfügung der Komponenten in das Objekt. Die heterogen zusammengesetzten Objekte heißen bei F. L. B a u e r und G. G o o s _Verbunde_, in einigen Programmiersprachenbüchern Strukturen und im Englischen auch "records" [BAU71, REC74, SCHU75, SIN72]. Die benannten _COMMON_-Blöcke in FORTRAN können ebenfalls als Verbunde aufgefaßt werden, haben jedoch eine andere Funktion.

7.1 Felder

Handelt es sich bei den Komponenten eines Feldes um elementare Objekte, so sprechen wir von eindimensionalen Feldern (Vektoren). Mehrdimensionale Felder ergeben sich, wenn die Komponenten eines Vektors ihrerseits Felder sind. Um eine Komponente eines mehrdimensionalen Feldes anzusprechen, benötigt man in jeder Dimension einen Index. Die Zahl der Indizes muß also mit der Zahl der Di-

---

[*] Anders liegen natürlich die Verhältnisse, wenn mit den Indizes komplizertere arithmetische Operationen ausgeführt werden sollen als der Übergang zum Nachfolger.

[**] Vergl. 7.7

mensionen übereinstimmen[*].

In den neueren Programmiersprachen unterliegt die <u>Anzahl der Dimensionen</u> keiner Beschränkung. Die Einschränkungen in einigen, sehr weit verbreiteten Sprachen behindern den Programmierer jedoch nur selten: FORTRAN läßt höchstens dreidimensionale Felder zu. BASIC kennt ein- und zweidimensionale Felder aus arithmetischen Komponenten und eindimensionale aus den Zeichen eines Alphabets. COBOL erlaubt dreidimensionale Felder, deren Komponenten sowohl elementare Objekte (arithmetische, Zeichen, Zeichenketten) als auch Strukturen sein können.

Die Komponenten von Feldern werden gewöhnlich in aufeinanderfolgenden Speicherzellen abgelegt. Mehrdimensionale Felder, z.B.

$$feld_{11} \quad feld_{12} \quad feld_{13} \quad feld_{14} \quad feld_{15}$$
$$feld_{21} \quad feld_{22} \quad feld_{23} \quad feld_{24} \quad feld_{25}$$
$$feld_{31} \quad feld_{32} \quad feld_{33} \quad feld_{34} \quad feld_{35}$$

können dabei zeilen- oder spaltenweise abgelegt werden. Zeilenweise <u>Speicherung</u> bedeutet, daß in unserem Beispiel die Komponente $feld_{21}$ im Anschluß an $feld_{15}$ gespeichert wird usw., während bei spaltenweiser Speicherung $feld_{21}$ auf $feld_{11}$, $feld_{12}$ auf $feld_{31}$ usw. folgt. Welche Reihenfolge gewählt wird, spielt für den Programmierer nur dann eine Rolle, wenn die Programmiersprache die Möglichkeit enthält, einen Speicherbereich auf verschiedene Weise anzusprechen: Bei APL, COBOL und PL/I gilt zeilenweise Speicherung, d.h. der letzte Index durchläuft seinen Wertebereich vollständig, bevor der vorletzte um 1 erhöht wird. Bei FORTRAN gilt spaltenweise Speicherung, d.h. der erste Index durchläuft seinen Wertebereich jeweils, bevor der zweite Index wieder erhöht wird. Bei Verwendung von BLISS kann der Programmierer die Reihenfolge selbst festlegen.

Um auf eine bestimmte Komponente zugreifen zu können, benötigt man eine <u>Speicherabbildungsfunktion</u>, die wir zur Vereinfachung nur für den zweidimensionalen, zeilenweisen Fall angeben wollen:

____

[*] Die in PL/I zugelassene Ausnahme, z.B. der eindimensionale Zugriff zu zweidimensionalen Feldern, ist fehleranfällig.

ALGOL 60	*einfachertyp ARRAY feld[1:3, 1:5];*
FORTRAN 77	a) *einfachertyp feld(1:3, 1:5)*
	b) *DIMENSION feld(1:3, 1:5)*
	einfachertyp feld
PL/I	*DECLARE feld(1:3, 1:5) typ*
ALGOL 68	*[1:3, 1:5] typ feld*
PASCAL	*feld: ARRAY [1:3, 1:5] OF typ*
COBOL	*Ø1 feld*
	Ø2 zeile OCCURS 3 TIMES
	Ø3 spalte OCCURS 5 TIMES typ
BASIC	*DIM f(3,5)*
APL	*feld ← 3 5 ρ initialisierung*
SNOBOL	*feld = ARRAY ('3, 5', initialisierung)*

<u>Abb. 7.1:</u> Deklaration bzw. Erzeugung eines Beispielfeldes in verschiedenen Sprachen. (Das BASIC-Beispiel bezieht sich auf arithmetische Komponenten.)

$$adresse(feld_{ij}) = adresse(feld_{u1\ u2}) + l \cdot \{(i-u_1) \cdot (o_2-u_2+1) + (j-u_2)\}.$$

Dabei ist u_k die untere und o_k die obere Grenze für den k-ten Index und l der Speicherbedarf jeder einzelnen Komponente. In der Regel ist l mindestens 1. Nur wenn Feldkomponenten weniger Platz benötigen als ein Speicherplatz groß ist, können mehrere Komponenten zusammen abgespeichert werden. Entsprechende Vorschriften kann der Programmierer explizit beispielsweise in PASCAL oder COBOL formulieren. Der Programmierer braucht sich normalerweise mit der Speicherabbildungsfunktion nicht zu beschäftigen, weil der Kompilierer sie an den erforderlichen Stellen einsetzt.

Die <u>Deklaration</u> eines Feldes muß die zur Erstellung der Objektbeschreibung benötigten Angaben enthalten. Die Deklaration unseres Beispielfeldes in den verschiedenen Programmiersprachen ist in Abb. 7.1 angegeben. *typ* bzw. *einfachertyp* bezeichnet dabei die Komponentenart. Soweit wir die untere Grenze angegeben haben, erlaubt die Sprache auch andere Werte als 1. BASIC beginnt gewöhnlich bei O, was durch *OPTION BASE 1* auf die untere Grenze 1 verändert werden kann. APL und SNOBOL kennen keine Deklarationen;

die Felder werden durch Generierungsoperationen zur Laufzeit geschaffen, wobei die Komponenten gleichzeitig initialisiert werden.
Dies geschieht bei SNOBOL durch einen einheitlichen Wert, bei APL
beliebig.

Als Systemimplementierungssprache gibt BLISS dem Programmierer
die Möglichkeit, die Speicherabbildungsfunktion in eigener Verantwortung festzulegen:

> *STRUCTURE array5[i,j] = (.array5 + (.i-1)*5 + (.j-1));*
> *LOCAL feld[20];*
> *MAP array5 feld;*

Die *STRUCTURE*-Deklaration legt die Speicherabbildungsfunktion
fest, die durch *MAP* an einen Speicherbereich gebunden wird. In
der eigentlichen Deklaration des Feldes wird nur noch seine Größe
angegeben. Auf diese Weise kann man auch andere als rechteckige
Strukturen deklarieren, z.B. Dreiecksmatrizen [WUL71].

7.2 Operationen auf Feldern

Bei den Operationen auf Feldern haben wir zu unterscheiden zwischen den Operationen auf den Komponenten, dem Herausgreifen von
Komponenten oder Komponentengruppen, dem Bilden neuer Felder und
dem Abfragen von Feldeigenschaften.

Nur wenige Programmiersprachen kennen Operationen, die sämtliche
Komponenten von Feldern verarbeiten, ohne daß der Programmierer
eine Laufschleife programmieren muß. In PL/I sind alle Operationen, die auf skalaren Operanden definiert sind, auch auf Feldern
möglich, wobei sie <u>komponentenweise</u> und in der durch die zeilenweise Speicherung gegebenen Reihenfolge ausgeführt werden[*]. Es
ist möglich, Felder mit Feldern oder mit skalaren Größen zu verknüpfen; im zweiten Fall wird jedes Feldelement einzeln mit der
skalaren Größe verknüpft. Da alle Operationen komponentenweise
ausgeführt werden, entspricht beispielsweise die Multiplikation
zweier Matrizen nicht der aus der Mathematik bekannten Matrix-
multiplikation. (Wie PL/I dehnt auch APL alle Operationen komponentenweise aus.)

---

[*] Die Reihenfolge spielt bei der Verknüpfung eines Feldes mit einer seiner
eigenen Komponenten eine Rolle.

BASIC hält sich dagegen an die <u>Matrixoperationen</u> der Mathematik.
Summe, Produkt und Differenz von Matrizen untereinander sowie von
Matrizen und Skalaren haben die übliche Bedeutung. Eindimensionale Felder werden stets als Spaltenvektoren aufgefaßt, so daß ihre
Multiplikation von rechts mit einer Matrix möglich ist, nicht
aber das skalare Produkt zweier Vektoren; hierzu dient die Standardfunktion *DOT*. Weitere Standardfunktionen sind *TRN* und *INV* zur
Bestimmung der transponierten bzw. inversen Matrix, *DET* zur Berechnung der Determinante, *ZER(N,M)*, *CON(N,M)*, *IDN(N,N)* zur Erzeugung einer Null-Matrix, einer Matrix, deren Komponenten alle
1 sind, bzw. einer Einheitsmatrix. Die Schreibweise der Anweisungen mit Matrixoperationen entspricht der bei skalaren Größen,
wobei das Symbol *LET* durch *MAT* ersetzt ist.

Hat man mehrdimensionale Felder, so ist bei vielen Anwendungen
das <u>Herausgreifen von Teilfeldern</u> von Interesse. Bei PL/I und APL
können nur ganze Zeilen oder Spalten (bzw. Teilfelder höherer Dimension) herausgegriffen werden. In PL/I wird der Index, dessen
Variieren die Teilfeldkomponenten auswählt, durch einen Stern gekennzeichnet: *feld(2,*)*, in APL weggelassen: *feld[2;]*. In beiden
Fällen wird die zweite Zeile des Feldes herausgegriffen. Auch in
ALGOL 68 ist der entsprechende Index wegzulassen: *feld[2,]*. Darüber hinaus ist aber das Herausgreifen von Teilzeilen und/oder
Teilspalten möglich: *feld[3:5, 2:7]* greift aus einem umfangreicheren Feld den Teil heraus, wo sich der Zeilenindex zwischen 3
und 5, der Spaltenindex zwischen 2 und 7 bewegt. Ferner hat
ALGOL 68 die Möglichkeit eingeführt, diesen Teilfeldern wieder
neue untere Indexgrenzen zu geben: *feld[3:5 AT 1, 2:7 AT 0]* bedeutet, daß in dem herausgegriffenen Teilfeld die Indexzählung
mit 1 bzw. 0 beginnt.

In allen Programmiersprachen kann man die Komponenten eines Feldes <u>miteinander verknüpfen</u>, indem man sie im Rahmen einer Laufschleife verknüpft. Bietet die Programmiersprache für diesen
Zweck spezielle Operatoren an, so sind diese oft effizienter
implementierbar. PL/I kennt (in der Form von Standardfunktionen)
PROD(feld) und *SUM(feld)*, die Produkt bzw. Summe aller Feldkomponenten bilden.

APL kennt drei von der jeweiligen Verknüpfungsoperation unabhängige Mechanismen, beliebige Operationen zur Verknüpfung von Feldelementen zu verwenden: die Reduktion, das innere und das äußere Produkt[*]. Die <u>Reduktion</u> $q/feld$ verknüpft alle Elemente des Feldes durch den Operator q miteinander. Z.B. bildet $+/feld$ die Summe aller Elemente. Vorsicht ist bei den nichtassoziativen Operationen geboten: $- / 1\ 2\ 3\ 4$. Da APL Ausdrücke von rechts nach links auswertet, entspricht dies $1 - (2 - (3 - 4))$. Bei mehrdimensionalen Feldern kann die Reduktion bzgl. einer beliebigen Dimension erfolgen: $q\ /[k]\ feld$. Die Dimension des Ergebnisses ist um 1 niedriger als die des gegebenen Feldes.

Das <u>innere Produkt</u> $f1\ p.q\ f2$ ist so definiert, daß zunächst die Operation q mit den Feldern $f1$ und $f2$ komponentenweise ausgeführt und dann mit der Operation p reduziert wird. $a\ +.\times\ b$ ist somit das Skalarprodukt zweier Vektoren a und b: $a_1\ b_1 + a_2\ b_2 + \ldots$ $\ldots + a_n\ b_n$. Das <u>äußere Produkt</u> entspricht dem kartesischen Produkt: $f1\ \circ.q\ f2$. Hierbei werden alle Elemente von $f1$ mit allen Elementen von $f2$ gemäß der Operation q verknüpft. Es entsteht also ein Feld höherer Dimension. Ist a beispielsweise ein Vektor mit den Zahlen von 1 bis 10 als Komponenten, so liefert $a\ \circ.\times\ a$ das kleine Einmaleins.

Die Zuweisung von Werten an Felder ist natürlich komponentenweise möglich, bei vielen Sprachen aber auch durch Initialisierung und Eingabeanweisungen an das ganze Feld. <u>Bezeichnungen für konstante Felder</u>, wie sie in anderen Wertzuweisungen erforderlich wären, findet man kaum, vor allem nicht in den verbreiteten Sprachen. ALGOL 68 und ADA beispielsweise kennen für diesen Zweck Aggregate, d.h. eine eingeklammerte Liste von Konstanten, z.B. $((1,2,3),$ $(4,5,6))$ für eine 2×3-Matrix. ADA kennt eine erweiterte Schreibweise unter Angabe der Indizes oder von Indexbereichen: $(1..n => (1 => 1.0,\ 2..n => 0.0))$ beschreibt eine $n\times n$-Matrix, deren erste Spalte 1.0 enthält und alle anderen Spalten 0.0. In APL erzeugt der binäre Operator ρ Felder. $b\,\rho\,a$ bedeutet, daß aus den Elementen von a ein Feld gebildet wird, das den Dimensionsvektor b besitzt:

---

[*] K.E. Iverson hat inzwischen weitere Mechanismen vorgeschlagen [IVE79].

$$2\ 3\ \varrho\ 1\ 2\ 3\ 4\ 5\ 6 \qquad \text{erzeugt eine } 2\times 3\text{-Matrix,}$$
$$4\ 4\ \varrho\ 1\ 0\ 0\ 0\ 0 \qquad \text{eine } 4\times 4\text{-Einheitsmatrix}^{*)}.$$

Umgekehrt liefert der unäre Operator ϱ den Dimensionsvektor, d.h.
zu jeder Indexposition die obere Grenze. (Die zweifache Anwendung
$\varrho\varrho$*feld* liefert die Anzahl der Elemente des Dimensionsvektors, also
die Dimension.)

7.3 <u>Verbunde</u>

Bei vielen Anwendungen spielen Objekte eine Rolle, deren Komponenten nicht von der gleichen Art sind. Man denke beispielsweise
an Personaldaten. Nur die älteren Programmiersprachen und die an
anderen Anwendungsbereichen orientierten kennen diese Verbunde
nicht (ALGOL 60, FORTRAN, APL, LISP, BASIC). Die Selektoren sind
bei Verbunden eine Folge frei wählbarer, aber zur Übersetzungszeit festliegender Identifikatoren. Die Selektoren können wie die
Indizes bei den Feldern in Verarbeitungsanweisungen in beliebiger
Reihenfolge eingesetzt werden; somit bleibt der Zugriff zu den
Komponenten wahlfrei. Da die Deklaration eines zusammengesetzten
Objektes bereits zur Übersetzungszeit jedem Selektor die Art der
von ihm ausgewählten Komponenten zuordnet, können auch die Anwei-
sungen, in denen Komponenten auftreten, auf ihre syntaktische
Korrektheit überprüft werden.

Zur <u>Deklaration</u> von Verbundarten und Verbundobjekten finden wir
in den Programmiersprachen zwei Schreibweisen: die Klammerschreib-
weise und die Stufenschreibweise. Das Beispiel von Abb. 7.2 deklariert ein Objekt mit der Bezeichnung *lohnzettel*, dessen Komponen-
.ten wiederum Verbundobjekte sind. Als Selektoren wurden *name*, *zeit*
und *lohn* verwandt. PL/I und COBOL, die beide keine Artdeklaration
kennen, verwenden die Stufenschreibweise. Dabei wird die Strukturierung des Objektes durch die Stufennummern deutlich: Alle Komponenten eines Objektes oder Teilobjektes haben die gleiche Stufennummer, und diese muß größer sein als die des Teilobjektes
selbst. Während die Stufennummern in PL/I beliebig gewählt werden
können, gibt COBOL das Intervall von 01 bis 49 vor. Bei der Klam-
merschreibweise werden die Komponenten eines Teilobjektes durch

---

*) Wenn die Elemente des rechten Operanden nicht ausreichen, werden sie
zyklisch wiederholt.

(a) Beispiel eines Verbundobjektes:

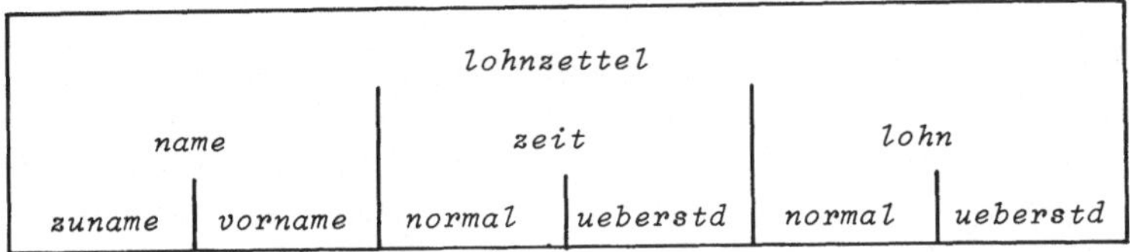

(b) Deklaration in PL/I (Objektdeklaration):

```
DECLARE 1 lohnzettel,
          2 name,
            3 zuname CHARACTER(15),
            3 vorname CHARACTER(10),
          2 zeit,
            3 normal DECIMAL FIXED(4,1),
            3 ueberstd DECIMAL FIXED(4,1),
          2 lohn,
            3 normal DECIMAL FIXED(6,2),
            3 ueberstd DECIMAL FIXED(6,2);
```

(c) Deklaration in PASCAL (Artdeklaration):

```
TYPE artlohnzettel =
     RECORD
       name: RECORD
               zuname: PACKED ARRAY [1..15] OF CHAR;
               vorname: PACKED ARRAY [1..10] OF CHAR
             END;
       zeit: RECORD
               normal: REAL;
               ueberstd: REAL
             END;
       lohn: RECORD
               normal: REAL;
               ueberstd: REAL
             END
     END;
```

Abb. 7.2: Verbundobjekte

klammernde Symbole zusammengefaßt, in PASCAL beispielsweise durch *RECORD* und *END*.

Die Selektoren für die Komponenten eines Objektes oder die Komponenten eines Teilobjektes müssen selbstverständlich verschieden sein, in verschiedenen Objekten oder Teilobjekten können jedoch die gleichen Selektoren erneut verwandt werden. Im allgemeinen kann für die Art der Komponenten jede in der entsprechenden Sprache zulässige Art verwandt werden; dies gilt auch für Verbund- und Feldarten. Soweit die Sprache Artdeklarationen kennt, hat der Programmierer die Wahl zwischen der ausführlichen Beschreibung der Komponentenarten und der Verwendung selbstdefinierter Artindikationen. In PL/I, das keine Artdeklarationen kennt, bietet mit der *LIKE*-Konstruktion eine Abkürzungsmöglichkeit an: *DECLARE neuer_lohnzettel LIKE lohnzettel.*

Sollen Verbundobjekte oder Teile davon in Anweisungen verwandt werden, so muß nicht nur das Objekt, sondern auch die <u>benötigte Komponente</u> genau spezifiziert werden. Bei COBOL und ALGOL 68 wird dabei von der ausgewählten Komponente stufenweise zum Gesamtobjekt fortgeschritten: *normal OF zeit OF lohnzettel*, während bei den übrigen Sprachen mit dem Gesamtobjekt begonnen wird: *lohnzettel.zeit.normal*. Dabei schreiben die Sprachen der ALGOL-Familie vor, daß stets alle benötigten Stufen hinzuschreiben sind[*], während bei COBOL und PL/I die höheren Stufen weggelassen werden können, wenn der nächste Selektor eindeutig ist. (Wie fast alle Bequemlichkeiten kann auch diese bei späteren Programmänderungen verheerende Folgen haben.)

7.4 <u>Übereinstimmung von Verbundarten</u>

In Wertzuweisungen können alle erwähnten Sprachen sowohl einzelne Komponenten als auch Teilstrukturen oder das ganze Objekt behandeln. Selbstverständlich muß auf deren linker Seite der Name einer Variablen stehen, der Bezüge auf die Art der rechten Seite erlaubt. Damit stellt sich die Frage, wann zwei Verbundobjekte von gleicher Art sind bzw. zwei explizit deklarierte Verbundarten

---

[*] PASCAL erlaubt, Anweisungen abkürzend auf bestimmte Verbunde mit der Konstruktion *WITH verbundliste DO BEGIN ... END* zu beziehen.

als gleich anzusehen. Während ALGOL 68 und PL/I die Gleichheit
sehr weit definieren, tendieren andere Sprachen (z.B. PASCAL und
ADA) zu engen Regelungen. J. D. I c h b i a h u. a. diskutieren ausführlich die verschiedenen Möglichkeiten [ICH79]:

(1) Jede neue Verbundartdeklaration führt eine neue, von allen
    bisherigen verschiedene Art ein. Diese enge Lösung zieht ADA
    vor. Sie erleichtert sowohl die Implementierung der Sprache
    als auch die Lesbarkeit der Programme.

(2) Zwei Verbundarten werden als gleich betrachtet, wenn die Be-
    zeichnung der Selektoren und die Komponentenarten übereinstim-
    men. Diese Definition unterscheidet sich von der ersten nur
    dadurch, daß die gleiche Verbundart im Programm mehrfach ein-
    geführt werden kann[*]. Dies ist dann interessant, wenn die
    Verbundart nicht explizit deklariert, sondern im Rahmen von
    Objektdeklarationen eingeführt wird. Intuitiv wird man den
    Objekten

$$
\begin{array}{ll}
objekt1:\ RECORD & \qquad objekt2:\ RECORD \\
\qquad a:\ real; & \qquad\qquad a:\ real; \\
\qquad b:\ real; & \qquad\qquad b:\ real; \\
\quad END & \qquad END;
\end{array}
$$

    die gleiche Art zubilligen, was nach der strengen, ersten De-
    finition jedoch nicht der Fall ist.

(3) Die Bezeichnungen der Selektoren müssen nicht übereinstimmen,
    nur die Komponentenarten. Diese Definition entspricht der
    mathematischen Auffassung der Verbundobjekte als den Elemen-
    ten eines kartesischen Produktes. Diese Definition betrachtet
    auch ein

$$objekt3:\ RECORD\ x,y:\ real;\ END$$

    als artgleich mit den oben deklarierten Objekten.

(4) Die Selektoren und die Komponentenarten müssen übereinstim-
    men, nicht jedoch die Reihenfolge. Dies entspricht der mathe-
    matischen Auffassung der Verbundobjekte als Bäume mit mar-
    kierten Kanten. Die COBOL-Anweisung

---

[*] Zugelassen ist auch, daß die Definition einmal ausgeschrieben, das andere
Mal abgekürzt wird (z.B.: $a,b:\ real$).

MOVE CORRESPONDING objekt1 TO objekt2

und die PL/I-Anweisung

objekt2 = objekt1, BY NAME [*]

gehen von dieser Vorstellung aus, ohne daß sie in diesen Sprachen jedoch konsequent angewandt wird.

Bisher haben wir uns nicht festgelegt, was wir unter der Gleichheit der Komponentenarten verstehen wollen. Man kann auch diese eng auslegen, also die Übereinstimmung der Bezeichnung fordern, oder aber in einem weiteren Sinne die Übereinstimmung im Sinne der Definition verlangen. Dann wird die Definition rekursiv. ALGOL 68 wählt diesen Weg.

Wenn Felder und Verbunde ineinandergeschachtelt auftreten, kann man die Gleichheitsdefinition so weit treiben, daß ein Feld von Verbunden und ein "ähnlich" aufgebauter Verbund von Feldern als artgleich betrachtet werden (PL/I):

```
DECLARE   1   a(6),       bzw.    DECLARE   1   a,
          2 b,                              2 b(6),
          2 c                               2 c(6).
```

(Mathematisch gesehen, werden hier sogar nichtisomorphe Bäume in einen Topf geworfen.)

7.5 <u>Aggregate und Verbundarten mit Varianten</u>

Soll einer Verbundvariablen nicht das aktuelle Bezugsobjekt einer anderen Variablen, sondern eine neu zusammengesetzte Konstante zugewiesen werden, so muß hierfür eine geeignete Notation vorhanden sein. Man nennt diese Konstanten Aggregate[**].

Eine sehr flexible Lösung sieht ADA vor, so daß wir hier dieser folgen wollen. In der Regel besteht ein Aggregat aus einer eingeklammerten Liste von Konstanten, wobei auch Variable und Ausdrücke zulässig sind, die dann zuvor ausgewertet werden müssen:

---

[*] Dabei wird jeder Komponenten von *objekt2* diejenige von *objekt1* mit dem gleichen Selektor zugewiesen.

[**] ALGOL 68: *structure display*.

```
01 lohnzetteldruck.
   02 name.
      03 zuname      PICTURE IS X(15).
      03 FILLER      PICTURE IS X(3) VALUE IS SPACES.
      03 vorname     PICTURE IS X(10).
   02 zeit.
      03 FILLER      PICTURE IS X(8) VALUE IS '␣␣zeit:␣'.
      03 normal      PICTURE IS ZZ9.9.
      03 FILLER      PICTURE IS X(5) VALUE IS '␣und␣'.
      03 ueberstd    PICTURE IS ZZ9.9.
      03 FILLER      PICTURE IS X(11) VALUE IS '␣ueberstd␣␣'.
   02 lohn.
      03 FILLER      PICTURE IS X(3) VALUE IS 'DM␣'.
      03 normal      PICTURE IS ZZZ9.99.
      03 FILLER      PICTURE IS X(6) VALUE IS '␣+␣DM␣'.
      03 ueberstd    PICTURE IS ZZZ9.99.
```

Abb. 7.3: Verbundobjekt mit konstanten Komponenten in COBOL.

> *arbeitsplan: CONSTANT woche*
> *:= (true, true, true, true, true, false, false).*

Die Zuweisung an die Komponenten des Objektes *arbeitsplan* erfolgt
dann in der angegebenen Reihenfolge (positionelle Schreibweise).
Alternativ kann die Zuordnung jedoch auch durch Angabe der Selektoren geschehen, wobei dann die Reihenfolge willkürlich ist:

> *arbeitsplan: CONSTANT woche*
> *:= (mo .. fr => true, OTHERS => false)*

bzw. *arbeitsplan: CONSTANT woche*
> *:= (sa|so => false, OTHERS => true).*

Da COBOL Verbundobjekte nicht nur als Arbeits-, sondern auch als
Eingabe-/Ausgabedaten verwendet, sind besondere Komponenten zur
Formatierung erforderlich. Abb. 7.3 zeigt ein Ausgabeobjekt: Die
für den Algorithmus irrelevanten Komponenten werden mit dem speziellen Selektor *FILLER* bezeichnet. Für diese Komponenten wird
ein (konstanter) Wert bereits in der Deklaration festgelegt. (Bei
den Eingabedaten erfolgt keine Festlegung; die Zeichen, die auf

dem Eingabemedium an den entsprechenden Stellen stehen, werden übergangen.)

Oft hat man es mit einer Menge zusammengesetzter Objekte zu tun, bei denen einzelne Komponenten aus Gründen der Speicherplatzersparnis mit unterschiedlicher Bedeutung belegt sind: Beispielsweise kann in der Personaldatei eines Unternehmens eine boolesche Komponente bei Frauen *schwanger*, bei Männern *einberufen* bedeuten. Kann man sich in diesem Beispiel noch mit der Krücke helfen, einen hinreichend komplizierten Selektor (etwa: *schwanger_oder_einberufen*) zu wählen, so ist dies bei strukturellen Unterschieden nicht mehr ausreichend.

Bei FORTRAN kann man sich, sofern die Art beider Alternativen verträglich ist, mit *EQUIVALENCE* helfen (s. Kap. 8); COBOL erlaubt, verschiedene Verbundstrukturen dem gleichen Eingabe-/Ausgabeobjekt zuzuordnen und die Struktur von Arbeitsobjekten mit *REDEFINES* mehrfach zu definieren. Das Problem dieser Lösungen liegt darin, daß unterschiedliche Zugriffswege unabhängig vom jeweiligen Bezugsobjekt definiert werden. Somit ist ein Zugriff auf dem falschen Weg möglich, ohne daß dies zwangsläufig zu einer Fehlermeldung führt. (Beispielsweise kann der Selektor *schwanger* auch angewandt werden, wenn es sich bei dem Bezugsobjekt um die Daten eines Mannes handelt.) Eine systematische Lösung muß aber die jeweilige Verbundstruktur als inhärente Eigenschaft des Bezugsobjektes betrachten. Damit wird die Zulässigkeit eines Zugriffs zumindest zur Laufzeit überprüfbar. PASCAL und seine Nachfolger wählen den Weg der Verbundart mit Strukturvarianten: In der Artdeklaration wird durch eine Fallunterscheidung für jede Teilmenge von Objekten eine eigene Struktur definiert, wobei sowohl unterschiedliche Selektoren als auch unterschiedliche Unterstrukturen auftreten können (Abb. 7.4). Die Schreibweise des ADA-Entwurfes [ICH79] macht dabei die Implementierung besonders deutlich: Eine ausgezeichnete Komponente (Diskriminante) enthält einen für das jeweilige Objekt konstanten Wert, über den die Interpretation des variablen Teils gesteuert wird. Diese Komponente ist Teil des gemeinsamen Teiles:

sex: CONSTANT(male,female).

(a) PASCAL:

```
TYPE sex = (male, female);
TYPE person = RECORD gemeinsamer_teil;
                        CASE sex OF
                                male: (spezieller_teil_1);
                                female: (spezieller_teil_2)
                END;
```

(b) ADA:

```
TYPE sex_type IS (male, female);
TYPE person(sex: sex_type) IS
        RECORD gemeinsamer_teil;
                CASE sex OF
                        WHEN male => spezieller_teil_1;
                        WHEN female => spezieller_teil_2;
                END CASE
        END RECORD;
```

(c) ALGOL 68:

```
MODE maleperson = STRUCTURE(gemeinsamer_teil,
                                spezieller_teil_1);
MODE femaleperson = STRUCTURE(gemeinsamer_teil,
                                spezieller_teil_2);
MODE person = UNION(maleperson, femaleperson);
```

Abb. 7.4: Verbundarten mit Varianten

Der mathematische Hintergrund wird bei ALGOL 68 und SIMULA 67[*]
deutlicher: Im Grunde handelt es sich nämlich bei einer solchen
Verbundartdeklaration um die Vereinbarung mehrerer, unterschiedlicher Verbundarten, die zu einer Vereinigungsart zusammengefaßt
werden.

Neben der Fallunterscheidung ist die Iteration ein Grundkonzept
der Informatik. Bei den Verbundarten mit Strukturvarianten führt
dies zu der von einer Komponenten gesteuerten Wiederholung einer

---

[*] Übergang von der Klasse zur Oberklasse.

anderen Komponente. In voller Freiheit scheint dieses Konzept
bisher keinen Eingang in die Programmiersprachen gefunden zu haben. ALGOL 68 kennt zwar Felder mit flexiblen Grenzen als Ver-
bundkomponenten, aber die Grenzen sind nicht selbst Komponenten
(wohl aber abfragbar). Bei ADA kann zwar die Diskriminante als
Feldgrenze der Komponenten verwandt werden, aber sie muß nicht
nur in der Deklaration von Konstanten, sondern auch in der Deklaration von Variablennamen festgelegt werden[*].

7.6 Rekursive Verbundarten

Die meisten Programmiersprachen verbieten, daß die frisch definierte Verbundart als Komponentenart in ihrer eigenen Definition
wieder auftritt. Von den Sprachen mit selbständigen Artdeklarationen kennt nur ADA diese Möglichkeit, während die anderen als
Komponenten nur Zeiger auf Objekte der gleichen Art zulassen. Die
rekursive Verbundart ist jedoch schon recht alt: LISP kennt neben
den elementaren Objekten (Atomen) als Verbundobjekte nur Listen,
bei denen es sich um eine rekursive Verbundart handelt: Jedes Objekt besteht aus zwei Komponenten mit den Selektoren *CAR* und *CDR*.
Die erste Komponente ist ein Atom oder wieder eine Liste, die
zweite eine Liste. Abb. 7.5 zeigt ein solches Objekt und die
PASCAL-Umschreibung einer Verbundartdeklaration für LISP-Objekte.

Da die Objekte potentiell unendlich groß sind, ist die Zuweisung
eines definierten Bezugsobjektes nur möglich, wenn explizit ein
undefiniertes Objekt existiert, das an einzelnen Ästen die Re-
kusion beendet, z.B.

teilobjekt.car := atom1; teilobjekt.cdr := NIL; ...
teilobjekt.cdr.car := atom2; teilobjekt.cdr.cdr := NIL.

Der Speicherbedarf eines Objektes hängt davon ab, über wieviele
Stufen hinweg Wertzuweisungen erfolgt sind, und ist somit nicht
konstant. Insbesondere kann bei der Generierung einer Variablen
der spätere Speicherbedarf des Bezugsobjektes vorhergesehen werden. Die PASCAL-Umschreibung zeigt auf, wie diese Objekte implementiert werden können: An den Stellen, wo als Komponenten erneut

---

[*] Verschieden große Bezugsobjekte sind jedoch möglich, wenn man einen
access type verwendet.

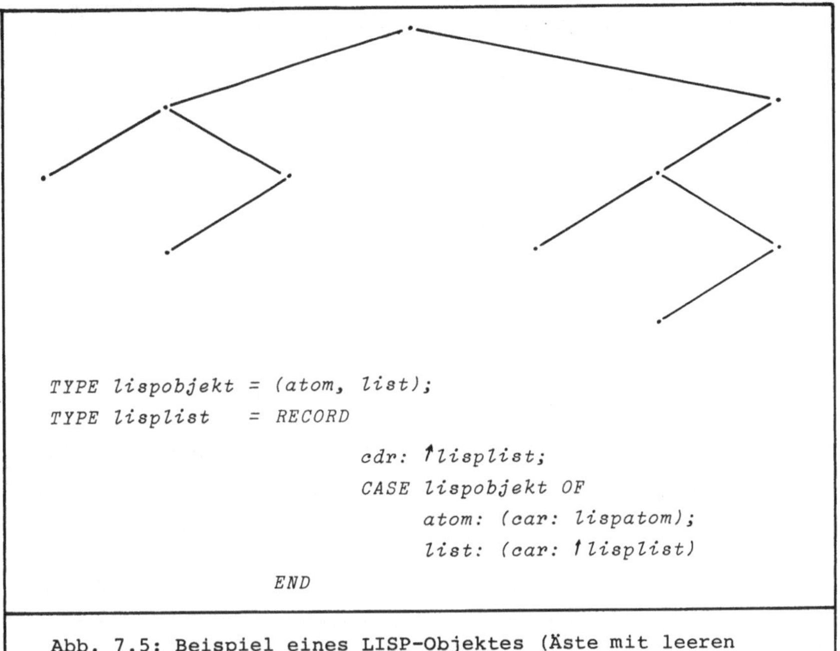

Abb. 7.5: Beispiel eines LISP-Objektes (Äste mit leeren
          Listen sind weggelassen) und PASCAL-Verbundart-
          deklaration für LISP-Objekte

Objekte der gleichen Art eizusetzen wären, wird stattdessen ein
Zeiger auf das entsprechende Objekt eingetragen.

Die binären Bäume von LISP sind nur eine Variante der verketteten
Listen, die in verschiedenen Anwendungen der Informatik eine Rolle spielen und mit rekursiven Verbundarten realisiert werden können. Dazu gehören Keller oder Puffer, wo Veränderungen nur an den
Enden erfolgen, wie die in einer oder beiden Richtungen verketteten Listen, wo Einfügungen und Streichungen an allen Stellen möglich sind und die bei Sortierproblemen eine große Rolle spielen.
E. D e n e r t und R. F r a n c k geben eine Vielzahl von
Algorithmen für diesen Zweck unter Verwendung rekursiver Verbundarten an [DEN77].

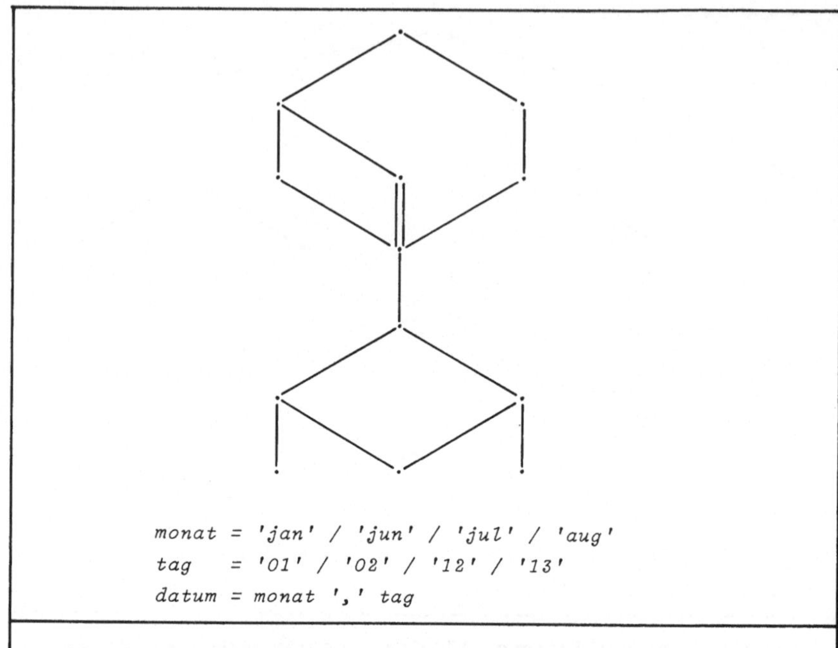

Abb. 7.6: SNOBOL-Muster und graphische Interpretation

7.7 Sonderfälle

Zusammengesetzte Objekte, die von der Baumstruktur abzuweichen gestatten, sind die Muster von SNOBOL. Sie entstehen aus Zeichenketten und zuvor aufgebauten Mustern durch Konkatenation und Alternative: Das Beispiel von Abb. 7.6 zeigt ein Muster, das Zeichenketten der Form

jan, 01   jan, 02   aug, 01   u.a.

beschreibt[*].

Muster können verwandt werden, um zu prüfen, ob in einer Zeichenkette eine Teilkette auftritt, die mit einer der Alternativen des Musters übereinstimmt:

zeichenkette muster,

---

[*] Das Muster kann auch als Baum dargestellt werden, indem die Zusammenführung durch entsprechend häufige Wiederholung der Teilstruktur ersetzt wird.

aber auch um die so gefundene Teilkette durch eine andere, ggf.
auch die leere, zu ersetzen:

> *zeichenkette muster = neueteilkette.*

Insbesondere dann, wenn das Muster aus verschiedenen Alternativen
besteht, ist es u.U. für den Fortgang des Programmes von Interesse, welche Alternative bei der Suche nach einer mit ihr übereinstimmenden Teilkette erfolgreich war. Zu diesem Zweck kann der
Programmierer ganzen Mustern, aber auch Komponenten von Mustern
eine Variable zuordnen, der bei erfolgreicher Suche die gefundene
Alternative als Bezugsobjekt zugewiesen wird:

> *datum = monat . gefundenermonat ',' tag.*

Man beachte, daß die Wertzuweisung selbstverständlich nicht bei
der Definition des Musters, sondern (als implizite Wertzuweisung)
bei der Suchoperation erfolgt. Falls gefundene Komponenten auch
bei Mißerfolg der gesamten Suchoperation angezeigt werden sollen,
ist das Dollarzeichen anstelle des Punktes zu verwenden.

Als eindimensionales Feld mit frei wählbaren, erst zur Laufzeit
festzulegenden Selektoren kann die *TABLE*-Konstruktion von SNOBOL
betrachtet werden[*]. Mit $t = TABLE(n,m)$ wird ein Feld der anfäng-
lichen Größe n generiert, das später um jeweils m Elemente ver-
längert wird, falls der Platz nicht ausreicht. Mit $t<selektor>$
können die einzelnen Elemente angesprochen werden. Existiert zu
dem Selektor noch keine Komponente, so wird sie generiert und mit
der leeren Zeichenkette initialisiert. Man könnte die *TABLE*-Kon-
struktion auch als Menge auffassen, deren Elemente Paare sind.
Dieser Auffassung widerspricht aber der Umstand, daß keine mengentheoretischen Operationen existieren und die Funktion der beiden Komponenten unterschiedlich ist. Die Menge als zusammenge-
setztes Element kennt SETL [SCHW75]. In dieser Sprache können
n-Tupel $(x_1, x_2 ..., x_n)$ von beliebigen Komponenten gebildet werden; alle mengentheoretischen Operationen, wie Vereinigung,
Durchschnitt, Test auf Teilmengen- oder Elementbeziehung, existieren.

---

[*] Für die Interpretation als Feld spricht die Artanpassung *CONVERT*, bei der
die Selektoren zur ersten Spalte eines Feldes werden.

PASCAL und einige daraus abgeleitete Sprachen kennen die Möglichkeit eines eingeschränkten Mengenkonzeptes: Zu einer vorgegebenen
endlichen Menge, die als Objektmenge einer Aufzählungsart oder
als Intervall der ganzen Zahlen gegeben sein kann, können Teil-
mengen als Objekte gebildet werden:

```
TYPE grundfarbe = (rot, gelb, blau);
TYPE farbe = SET OF grundfarbe;
VAR   : farbe;
farbe := [gelb, rot].
```

Die Objekte einer solchen Art sind eindeutig dadurch charakterisiert, welche Objekte der Obermenge dazu gehören und welche
nicht. Daraus ergibt sich eine sehr einfache Implementierungs-
möglichkeit als Verbundobjekte mit booleschen Komponenten, deren
Anzahl der Anzahl der Objekte in der Obermenge entspricht. Nach-
teilig an diesem Konzept ist, daß die Elemente der Obermenge bereits zur Übersetzungszeit feststehen müssen. Von uns wurde daher
eine Kombination des flexiblen SETL-Konzeptes mit dem effizienten
PASCAL-Konzept vorgeschlagen [SCHNE80].

8 Datenkontrolle

Im Umgang mit programmiersprachlichen Objekten stehen dem Programmierer explizit oder implizit fünf Operationen zur Verfügung:

(1) Das Zuordnen einer Bezeichnung zu einem Objekt geschieht in den meisten Fällen explizit durch Angabe einer Deklaration am Anfang eines Gültigkeitsbereiches. Auch bei den impliziten Deklarationen von FORTRAN darf das erst spätere Auftreten der Bezeichnung nicht über den wahren Gültigkeitsbereich hinwegtäuschen.

(2) Das Aufheben einer solchen Zuordnung geschieht implizit durch Verlassen eines Gültigkeitsbereiches oder Zuordnen eines anderen Objektes zur gleichen Bezeichnung. Das Aufheben muß nicht endgültig sein, d.h. die Programmiersprache kann vorsehen, daß die alte Zuordnung später wieder hergestellt wird.

(3) Das Kreieren des programmiersprachlichen Objektes muß nicht mit dem Zuordnen einer Bezeichnung zusammenfallen. Der Zeitpunkt, zu dem ein Objekt geschaffen wird, ist vielmehr davon abhängig, welche Speicherverwaltung zugrunde liegt, kann aber auch dem Programmierer explizit überlassen werden.

(4) Das gleiche gilt für das Streichen eines programmiersprachlichen Objektes.

(5) Die Verwendung eines programmiersprachlichen Objektes ist nur zwischen Kreieren und Streichen möglich, setzt aber nicht zwangsläufig die Zuordnung einer Bezeichnung zu diesem Objekt voraus. Der Zugriff kann auch über Zeiger erfolgen. Diese Tatsache macht deutlich, daß wir zwischen dem Gültigkeitsbereich einer Bezeichnung, dem Existenzbereich eines Objektes und dem Zugriffsbereich unterscheiden müssen.

8.1 Gültigkeits-, Existenz- und Zugriffsbereich

Der _Gültigkeitsbereich_ bezieht sich auf die Bezeichnung programmiersprachlicher Objekte: Er wird durch das Zuordnen einer Bezeichnung zu einem Objekt auf der einen und das Aufheben dieser Zuordnung auf der anderen Seite begrenzt. Da die Zuordnung in der Regel durch eine Deklaration hergestellt wird, spricht man auch vom Gültigkeitsbereich der Deklaration.

Wenn die Verwendung von Bezeichnungen unter vollständiger Syntax-
prüfung übersetzt werden soll, muß der Gültigkeitsbereich jeder
Bezeichnung zur Übersetzungszeit festliegen (<u>statische Gültig-
keitsbereiche</u>). Dabei wird nicht für jede Bezeichnung ein eigener
Gültigkeitsbereich definiert, sondern Gruppen von Bezeichnungen
besitzen einen gemeinsamen Gültigkeitsbereich. Dies führt dazu,
daß die Gültigkeitsbereiche entweder durch eigens hierfür bestimmte Sprachkonstrukte abgegrenzt werden (z.B. ALGOL 60: *BEGIN, END*)
oder mit anderen Sprachkonstrukten verknüpft werden, die zunächst
einem anderen Zweck dienen und als Nebeneffekt einen neuen Gültigkeitsbereich definieren (z.B. FORTRAN: *SUBROUTINE, END*; ALGOL
68: alle Anweisungen der Ablaufkontrolle). Die Tendenz geht bei
den neueren Sprachentwicklungen dahin, daß jede Bezeichnung am
Anfang ihres Gültigkeitsbereiches deklariert werden muß und innerhalb eines Gültigkeitsbereiches keine Bezeichnung mehrfach
auftreten darf[*].

Bei <u>dynamischen Gültigkeitsbereichen</u> bezieht sich jede Verwendung
einer Bezeichnung auf die im <u>Programmablauf</u> zuletzt erfolgte Zuordnung zu einem Objekt. Es ist also zur Übersetzungszeit nicht
erkennbar, ob die Bezeichnung ein Feld, eine Prozedur oder eine
einfache Variable anspricht; eine Verarbeitung ist nur interpre-
tativ möglich. LISP (und mit Einschränkungen auch APL und SNOBOL)
gehören hierher.

Der <u>Existenzbereich</u> bezieht sich auf das interne Objekt: Er wird
durch das Kreieren eines programmiersprachlichen Objektes auf der
einen und dessen Löschung auf der anderen Seite begrenzt. Es handelt sich also um einen Begriff, der zur Laufzeit des Programms
eine Rolle spielt. Die in einer Programmiersprache zulässigen
Existenzbereiche und ihre gegenseitige Lage bestimmen wesentlich,
welcher Aufwand bei der Speicherverwaltung getrieben werden muß.
Der Existenzbereich eines Objektes und der Gültigkeitsbereich seiner Bezeichnung müssen nicht zusammenfallen. Beispiele dafür finden wir in fast allen Programmiersprachen. Bei FORTRAN-77-Pro-

---

[*] Ausnahme sind die Marken, die an späterer Stelle deklariert werden, und
die Selektoren, die mehrfach verwendet werden dürfen.

grammen stimmt der Gültigkeitsbereich mit einer Programmeinheit (Hauptprogramm, Unterprogramm), der Existenzbereich bei Verwendung der *SAVE*-Spezifikation aber mit der Gesamtlaufzeit des Programmes überein. Bei ALGOL-60-Programmen kann der Gültigkeitsbereich (Block) durch einen darin enthaltenen Block eingeschränkt sein. Dies ist nämlich dann der Fall, wenn dort die gleiche Bezeichnung für ein anderes Objekt verwendet wird; das ursprüngliche Objekt bleibt existent und ist nach Verlassen des inneren Blockes wieder zugänglich. Bei LISP-Programmen beginnt der Existenzbereich mit dem Kreieren des Objektes (z.B. durch *CONS*, *LIST*, *SETQ*) und endet in dem Augenblick, wo kein Zugriff mehr möglich ist[*].

Wir unterscheiden statische Existenzbereiche (z.B. bei FORTRAN, BASIC, COBOL), dynamische Existenzbereiche, die automatisch verwaltet werden (die Blockstruktur in den Sprachen der ALGOL-Familie und PL/I) und dynamische Existenzbereiche, die explizit verwaltet werden. Bei letzteren enthält die Programmiersprache Anweisungen zur Schaffung von Objekten (PL/I, PASCAL, ALGOL 68, SIMULA, LISP u.a.) und ggf. auch Anweisungen zur Löschung (PL/I). In der Regel ist es nicht erforderlich, daß für die zu schaffenden Objekte explizite Bezeichnungen vorhanden sind; es genügen vielmehr Zeiger.

Der <u>Zugriffsbereich</u> ist der Teil eines Programmes, in dem ein Objekt in Anweisungen verwandt werden kann. In den klassischen Sprachen - wie ALGOL 60, FORTRAN, COBOL - stimmt der Zugriffsbereich mit dem Gültigkeitsbereich überein, weil jedes Objekt nur über die ihm zugeordnete Bezeichnung angesprochen werden kann. Soll der Zugriffsbereich über den Gültigkeitsbereich der Objektdeklaration hinausgehen, so müssen Namen höherer Referenzstufe existieren, die es gestatten, das Objekt ohne Verwendung seiner Bezeichnung anzusprechen. Diese Technik der Zeiger ist unumgänglich, wenn die Anwendung eine zuvor unbekannte Anzahl von Objekten benötigt (Listenverarbeitung).

---

[*] M. J. F i s c h e r und F. S i m o n haben gezeigt, daß die Mächtigkeit von LISP durch Weglassen von *CONS* nicht beeinträchtigt, aber die Speicherverwaltung vereinfacht würde [FIS72, SIM76].

Man darf aber nicht übersehen, daß diese Trennung von Zugriffsbereich einerseits und Existenz- und Gültigkeitsbereich andererseits zu Problemen führt:

(1) Unterliegt das referenzierte Objekt der automatischen Speicherverwaltung oder verfügt die Programmiersprache über explizite Anweisungen zur Löschung des Objektes (ALGOL 68, PL/I), so kann der Gültigkeitsbereich der Zeigervereinbarung weiter reichen als der Existenzbereich des Objektes. Es entsteht eine sog. hängende Referenz (dangling reference).

(2) Wird der Existenzbereich des referenzierten Objektes weder automatisch noch explizit beendet, so füllt sich der Speicher zunehmend mit immer mehr Objekten, zu denen keine Zugriffsmöglichkeit mehr besteht (ALGOL-68-*heap*, LISP, SIMULA, SNOBOL). Es wird eine aufwendige Speicherbereinigung erforderlich, bei der alle noch möglichen Zugriffspfade verfolgt werden müssen (garbage collection).

Um dem ersten Problem aus dem Wege zu gehen, gestatten PASCAL und seine Nachfolger das Setzen von Zeigern nur auf Objekte, die über keine explizite Bezeichnung verfügen und daher auch nicht explizit gelöscht werden können. Man weiß dann aber auch, daß der Existenzbereich der referenzierten Objekte spätestens mit dem des Zeigers beendet ist. Wird mit der Deklaration der Zeigerart eine obere Schranke für den erforderlichen Speicherbereich angegeben, so kann dieser bei Verlassen des Existenzbereiches der Zeiger als Ganzes freigegeben werden[*].

8.2 Blockstruktur

Bei den Sprachen der ALGOL-Familie regeln die Blöcke sowohl den Gültigkeitsbereich der Bezeichnungen als auch den Existenzbereich der Objekte. Blöcke können aufeinander folgen oder ineinander verschachtelt sein (Abb. 8.1). Dabei existiert keine obere Grenze für die Verschachtelungstiefe. Grundsätzlich ist jede Bezeichnung nur in dem Block gültig, in dem sie deklariert ist. Da eine Bezeichnung in verschiedenen Blöcken für unterschiedliche Objekte

---

[*] ADA sieht wegen der möglichen zeitkritischen Anwendungen eine solche Größenangabe vor.

```
0     BEGIN INTEGER i;

1           PROCEDURE a ...

2           BEGIN INTEGER m; INTEGER n;

3                 PROCEDURE b ...

4                 BEGIN REAL n; ...

5           c:          BEGIN INTEGER n;

6                             ... i := i+1 ...

7                       END;

8                       ... d; ...

9                 END;

10                PROCEDURE d;

11                BEGIN REAL m; REAL ARRAY f[...]; ...

12                END;

13                INTEGER i;

14                ... e; ...

15          END;

16          PROCEDURE e ...

17          BEGIN INTEGER n; REAL i;

18    f:          BEGIN ...

19          g:          BEGIN REAL ARRAY f[...]; ...

20                      END;

21                END;

22          END;

23    END;
```

Abb. 8.1: Blockstruktur in der ALGOL-Familie. Die Pünktchen
bezeichnen Anweisungen.

verwandt werden kann, ist eine präzisere Regelung erforderlich:
(1) Ist ein Objekt in einem Block[*] vereinbart, so ist es außerhalb dieses Blockes nicht existent und die Bezeichnung nicht gültig. (2) Ist ein Objekt in einem Block vereinbart und enthält ein darin enthaltener Block (innerer Block) keine Objektdeklaration mit der gleichen Bezeichnung, so "erbt" der innere Block die Vereinbarung; die Bezeichnung ist gültig und bezeichnet das gleiche Objekt wie im äußeren Block. (3) Ist ein Objekt in einem Block vereinbart und enthält ein innerer Block eine neue Objektdeklaration mit der gleichen Bezeichnung, so handelt es sich im inneren Block um ein anderes Objekt: Das im äußeren Block vereinbarte Objekt ist im inneren Block nicht erreichbar, wiewohl es weiterhin existiert[**]. In Abb. 8.2 sind zu jeder Deklaration aus Abb. 8.1 die Blöcke markiert, in denen sie gültig ist. Die Blockstruktur hat den Vorteil, daß man Anweisungsfolgen als Block einfügen oder ändern kann, ohne daß sich die lokal deklarierten Objekte und die darauf ausgeführten Operationen über diesen Block hinaus auswirken.

Das Beispiel von Abb. 8.1 zeigt aber auch eine Besonderheit, die sich daraus ergibt, daß die Deklarationen in einem Block bei den meisten Programmiersprachen in beliebiger Reihenfolge auftreten können: Die Bezeichnungen i (Zeile 6), d (Zeile 8) und e (Zeile 14) werden bereits vor ihrer Deklaration verwandt. Dies behindert nicht nur die Lesbarkeit des Programmes, sondern verhindert auch, daß es in einem Durchgang übersetzt werden kann. In den meisten Fällen kann man eine geeignete Umordnung vornehmen, jedoch ist dies bei zwei Sprachkonstrukten grundsätzlich nicht möglich:
(1) Bei mittelbar rekursiven Prozeduren ruft eine Prozedur eine zweite auf, die ihrerseits wieder die erste aufruft. Für diesen Fall gibt es sinnvolle Anwendungen, z.B. im Bereich der Kompilierer-Konstruktion. (2) Bei Vorwärtssprüngen tritt die Sprunganweisung, in der die Marke verwandt wird, vor dieser auf. Gegen diese Art der Sprünge bestehen auch aus der Sicht der strukturierten Programmierung keine wesentlichen Bedenken. PASCAL und einige der

---

[*] Prozeduren werden ebenfalls als Blöcke aufgefaßt.

[**] Selbstverständlich bleibt das Objekt mit Hilfe eines im äußeren Block vereinbarten Zeigers erreichbar.

Deklaration		Gültigkeitsbereich							
Zeile	Bezeichnung	global	a	b	c	d	e	f*)	g
0	i	*							
1	a	*	*	*	*	*	*	*	*
2	m		*	*	*				
2	n		*			*			
3	b		*	*	*	*			
4	n			*					
5	c			*	*				
5	n					*			
10	d		*	*	*	*			
11	m					*			
11	f					*			
13	i		*	*	*	*			
16	e	*	*	*	*	*	*	*	*
17	n						*	*	*
17	i						*	*	*
18	f						*	*	
19	g							*	*
19	f								*

Abb. 8.2: Gültigkeitsbereiche zu Abb. 8.1

davon beeinflußten Sprachen (z.B. EUCLID, ADA) verlangen, daß die
Bezeichnungen von Prozeduren vor ihrer Verwendung deklariert wer-
den, wobei der Prozedurrumpf noch fehlen kann. Gleiches verlangt
PASCAL von allen Marken.

Kommen implizite Deklarationen mit der Blockstruktur zusammen
(PL/I), so stellt sich die Frage, in welchem Block die Deklaration gelten soll. PL/I wählt die äußerste Prozedur, in der die
entsprechende Anweisung enthalten ist; soweit es sich jedoch um
Marken handelt, ist ihr Gültigkeitsbereich der innerste Block.

---

*) f ist im Sinne von ALGOL 60 kein Block, sondern eine zusammengesetzte An-
weisung, die keinen eigenen Gültigkeitsbereich definiert.

8.3 Abweichungen von der Blockstruktur

Die einfachste Festlegung über den Umfang des Gültigkeitsbereiches
von Bezeichnungen ist die, den Gültigkeitsbereich aller Bezeichnungen mit dem gesamten Programm zu identifizieren. Diese Regelung
finden wir etwa bei COBOL und SNOBOL sowie in den BASIC-Versionen,
die keine vorübersetzten Prozeduren kennen.

Immer noch einfach ist die Einteilung aller Bezeichnungen in lokale und globale: Die global gültigen Bezeichnungen sind aufgrund
einer (expliziten oder impliziten) Deklaration im gesamten Programm verwendbar, während der Gültigkeitsbereich der lokalen Bezeichnungen auf den Bereich bestimmter Sprachkonstrukte beschränkt
ist. Beispiele hierfür sind FORTRAN, APL und BASIC[*]. In diesen
Sprachen sind die Bezeichnungen von Prozeduren global gültig, in
FORTRAN auch die Bezeichnungen von *COMMON*-Bereichen (nicht aber
die Bezeichnungen der darin befindlichen Objekte). Dagegen sind
die Bezeichnungen aller sonst vereinbarten Objekte nur lokal in
der jeweiligen Prozedur gültig. Typisch für diese Regelung ist,
daß alle nichtlokalen Bezeichnungen global sind, es also keine
Möglichkeit gibt, Bezeichnungen einen Gültigkeitsbereich zu geben,
der sich über mehrere Prozeduren erstreckt, ohne jedoch global zu
sein. BLISS mischt beide Prinzipien, indem die *LOCAL*-Deklaratio-
nen der Blockstruktur unterliegen und daneben *GLOBAL*-Deklaratio-
nen möglich sind.

Obwohl PL/I grundsätzlich das Blockkonzept übernimmt, gibt es
dort die Möglichkeit, Deklarationen aus beliebigen anderen Blök-
ken zu importieren. Die Deklaration erfolgt dann in allen Gültig-
keitsbereichen und wird mit dem Zusatz *EXTERNAL* versehen. In
Abb. 8.1 könnten wir beispielsweise die Deklaration von f in den
Zeilen 11 und 19 mit diesem Attribut versehen. Die Motivation für
diese Konstruktion ist die Deklaration von Dateien, über die Programmteile miteinander verkehren können.

Die Blockstruktur bietet nur in einer Richtung Schutz vor unge-
wollter Verwendung von Bezeichnungen: Im Innern deklarierte Bezeichnungen sind außerhalb nicht verwendbar. Mit der Entwicklung

---

[*] In diese Gruppe fallen auch die meisten Assemblersprachen.

der modularen Programmierung ergaben sich weitere Forderungen:
(1) Die automatische Vererbung von Vereinbarungen an einen inneren
Block muß unterdrückbar sein. (2) In einen Gültigkeitsbereich müssen Bezeichnungen ggf. auch aus einem parallel liegenden impor-
tiert werden können. (3) Der Umfang der Einschränkung oder des Imports muß sowohl an der Stelle festgelegt werden können, wo die
Objekte deklariert sind, als auch dort, wo sie benötigt bzw. nicht
benötigt werden. Diese Forderungen sind in den Programmiersprachen
mit Modulstruktur unterschiedlich weit realisiert.

EUCLID unterscheidet zwischen offenen und geschlossenen Gültig-
keitsbereichen. Im Gegensatz zu den Blöcken, die offene Gültigkeitsbereiche sind, erben die geschlossenen Gültigkeitsbereiche
(Moduln und Prozedurrümpfe) die Deklarationen des umgebenden Gültigkeitsbereiches nicht automatisch. Es ist jedoch möglich,
(1) Vereinbarungen durch den Zusatz *PERVASIVE* automatisch vererb-
bar zu machen und (2) Bezeichnungen mit der *IMPORTS*-Klausel zu
importieren, sofern sie vom exportierenden Modul hierfür durch
EXPORTS freigegeben werden. MODULA kennt dagegen nur den Mechanismus des Exportierens und Importierens [GEI79]. Bei dieser Sprache definiert jede Prozedur den Existenzbereich der zu ihr lokalen, also in ihrem Deklarationsteil vereinbarten Objekte. Der Deklarationsteil kann auch Moduldeklarationen enthalten. Der Modul
hat eine ähnliche Struktur wie die Prozedur (Deklarationen, zu
denen auch wieder Prozeduren und Moduln gehören können, und Anweisungen), aber eine andere Interpretation: Er definiert keinen
neuen Existenzbereich; die im Modul deklarierten Objekte existieren in der umgebenden Prozedur. Wohl aber definiert der Modul einen eigenen Gültigkeitsbereich, so daß die in ihm deklarierten
Objekte außerhalb nicht sichtbar sind, sofern sie nicht explizit
exportiert werden.

8.4 Speicherverwaltung

Die Speicherverwaltung wird sehr wesentlich von dem Existenzbereich der im Programm geschaffenen Objekte beeinflußt. Daneben
benötigen aber auch das Programm und andere Daten Speicherplatz:
(1) Bei besonders umfangreichen Programmen können später benötigte Programmteile den Speicherplatz nicht mehr benötigter Programm-

teile übernehmen (Overlay). Wichtig wäre, daß zukünftige Programm-
miersprachen solche Eigenschaften in einer vom jeweiligen Betriebssystem unabhängigen Weise zu formulieren gestatten. (2) Zwischenergebnisse fallen bei der Auswertung von Ausdrücken ebenso
an wie bei der Parameterübergabe. Ihre Anzahl ist zur Übersetzungszeit nicht immer bestimmbar, z.B. nicht bei rekursiven Prozeduren. (3) Ferner ist Verwaltungsinformation aufzubewahren.
Hierzu gehören beispielsweise die Rückkehradressen von Unterprogrammen, die Wiedereintrittspunkte von Koroutinen, die Zustands-
angaben von Aufträgen oder die Parameter von Speicherabbildungs-
funktionen.

Läßt man einmal die oben erwähnte Überlagerung von Programmteilen
außer Betracht und konzentriert sich auf die Existenzbereiche der
im Programm geschaffenen Objekte, so kann man drei Fälle der Speicherverwaltung unterscheiden: die statische Speicherverwaltung,
die dynamische Speicherverwaltung mittels eines Kellers und die
dynamische Speicherverwaltung mittels einer Halde.

Eine statische Speicherverwaltung kann sowohl bei FORTRAN als auch
bei COBOL eingesetzt werden: bei COBOL, weil alle Objekte während
der gesamten Programmlaufzeit existieren, bei FORTRAN, weil das
Fehlen rekursiver Prozeduren die Zuordnung eines festen Speicherbereiches zu jeder Prozedur ermöglicht. In diesen Fällen kann bereits der Kompilierer die Speicherverwaltung vollständig bearbeiten und jedem Objekt seinen Speicherplatz zuweisen.

Sowohl die Blockstruktur als auch der geschachtelte Aufruf von
Prozeduren führen zu einer Speicherverwaltung auf Kellerbasis, soweit der Existenzbereich von Objekten mit diesen Strukturen verbunden ist. Betritt das ablaufende Programm einen neuen Existenzbereich, so muß für die dort geschaffenen Objekte Speicherplatz
zur Verfügung gestellt werden. Da dieser Existenzbereich aufgrund
der Schachtelung vor den umgebenden Existenzbereichen wieder verlassen wird, werden jeweils die zuletzt belegten Speicherbereiche
zuerst freigegeben. Abb. 8.3 zeigt eine solche Speicherverwaltung,
wobei die B1 - B11 die Block- und Aufrufstruktur dynamisch wiedergeben, d.h. Blöcke und Prozeduren erscheinen in der Reihenfolge,
in der mit ihrer Bearbeitung begonnen wird. Es kann durchaus sein,

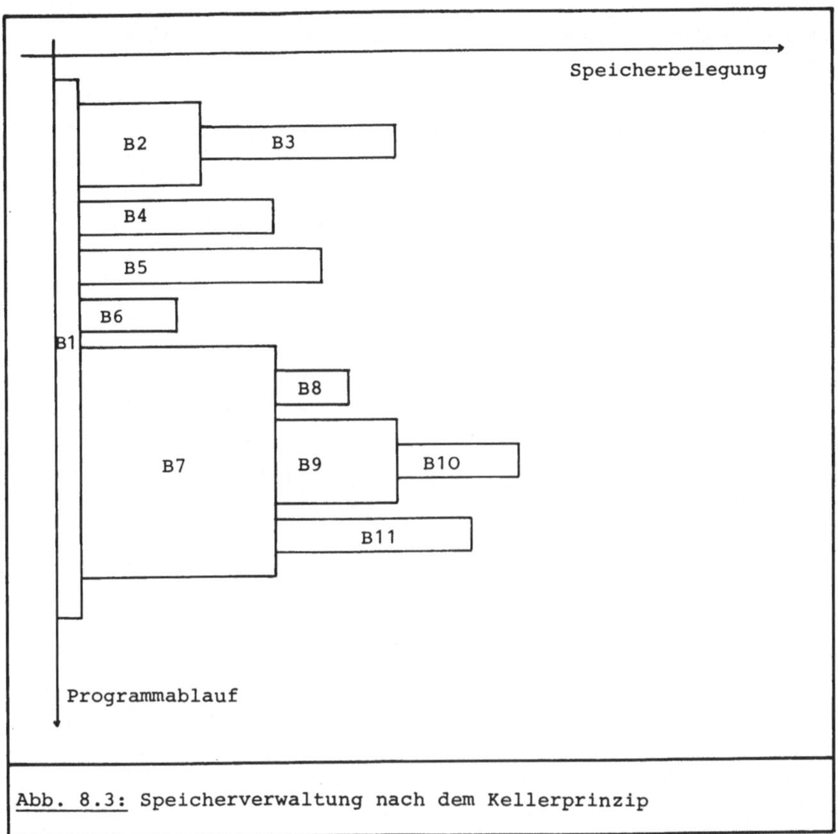

Abb. 8.3: Speicherverwaltung nach dem Kellerprinzip

daß es sich bei B4, B5, B6 um einen Block (oder Prozeduraufruf)
in einem zyklischen Programmteil und bei B2 (mit B3) um eine Prozedur handelt, die als B9 (mit B10) erneut aufgerufen wird. Da
einem Block (oder einer Prozedur) bei wiederholten Auftreten verschiedene und unterschiedlich große Speicherbereiche zugeordnet
werden können, kann die Speicherverwaltung nur noch teilweise zur
Übersetzungszeit bearbeitet werden: Soweit Objekte einen festen
Speicherbedarf besitzen[*], kann ihr Speicherplatz relativ zum Anfang des jeweiligen Bereiches bestimmt werden.

---

[*] Also keine dynamischen Felder.

Stehen in der Programmiersprache Anweisungen zur Schaffung und/
oder Löschung von Objekten zur Verfügung, so kann aus der Reihenfolge, in der die Objekte geschaffen werden, nicht auf die Reihenfolge der Löschung geschlossen werden. Dabei spielt es keine Rolle, ob die Objekte durch eigenständige Anweisungen wie *ALLOCATE*
(PL/I), *NEW* (PASCAL), *HEAP* (ALGOL 68) oder durch die Auswertung
von Ausdrücken (Konkatenation in SNOBOL oder die Wertzuweisung in
APL) geschaffen werden. Im Gegensatz zur Speicherverwaltung auf
Kellerbasis entstehen folgende Probleme: (a) Handelt es sich um
Objekte einer rekursiven Verbundart, so ist die Anzahl der Objekte zur Übersetzungszeit nicht bestimmbar. (b) Die Objekte, die
über die in einem Block vereinbarten Variablen oder Zeiger erreichbar sind, belegen keinen zusammenhängenden Speicherbereich.
Es können nämlich zwischenzeitlich Objekte geschaffen werden, die
zu einem umgebenden Block gehören. Beim Verlassen eines Speicherbereiches entstehen so zwischen noch belegten Speicherteilen Lük-
ken. (c) Beim Verlassen des Existenzbereiches eines Zeigers ist
nicht klar, ob das referenzierte Objekt ebenfalls freigegeben werden kann oder ob noch eine andere Zugriffsmöglichkeit existiert.
Aus diesen Gründen beschränkt sich die Speicherverwaltung zur
Laufzeit nicht nur auf das Kreieren und Löschen von Objekten, sondern umfaßt auch von Zeit zu Zeit eine Speicherbereinigung. Hierfür gibt es verschiedene Algorithmen; eine Übersicht findet der
Leser beispielsweise bei E. D e n e r t und R. F r a n c k
[DEN77].

8.5 Speicherverteilungsanweisungen in FORTRAN

FORTRAN kennt zwei Deklarationsformen, die der Speicherverwaltung
zuzurechnen sind und es gestatten, verschiedenen Objekten den
gleichen Speicherplatz zuzuordnen. Dabei bewirkt die *EQUIVALENCE*-
Deklaration die Überlagerung von Größen innerhalb einer Programmeinheit, während die *COMMON*-Deklaration Größen in verschiedenen
Programmeinheiten identifiziert.

Die Deklaration

    COMMON / bezeichnung / variablenliste

bewirkt, daß die aufgezählten Variablen in der angegebenen Reihenfolge in dem bezeichneten Speicherbereich abgelegt werden. Wird in

einer weiteren *COMMON*-Deklaration der gleichen Programmeinheit
dieselbe Bezeichnung verwandt, so werden die dort aufgeführten
Variablen angefügt. In einer anderen Programmeinheit kann dieser
Speicherbereich wieder über dieselbe Bezeichnung angesprochen werden. Das interne Objekt je eines Namens aus der ersten und der
zweiten Programmeinheit sind dann identisch: Wird der Variablen
in der einen Programmeinheit ein Wert zugewiesen, so besitzt die
korrespondierende Variable in der anderen Programmeinheit densel-
ben Wert[*].

Die Größe eines solchen *COMMON*-Bereiches errechnet sich als die
Summe des von den einzelnen Objekten belegten Speicherplatzes und
muß in allen Programmeinheiten gleich sein[**]. Vorsicht ist geboten, wenn in einem *COMMON*-Bereich Objekte abgelegt werden, die
unterschiedlich groß sind, damit die Objektgrenzen in den verschiedenen Programmeinheiten konsistent sind. FORTRAN 77 verbietet daher die Mischung von arithmetischen Objekten und Zeichenketten im gleichen *COMMON*-Bereich.

In der FORTRAN-Literatur findet man zugunsten der *COMMON*-Deklara-
tion häufig das Argument, daß auf diese Weise die Parameterlisten
bei Prozeduren klein gehalten werden können. Dies ist jedoch nur
dann eine ungefährliche Verheimlichung der wahren Schnittstelle,
wenn es sich um die Simulation eines Datenmoduls handelt, wie sie
beispielsweise von R. K i m m et al. beschrieben wurde
[KIM79]. Auf jeden Fall sollten die Objekte in allen Programmeinheiten gleich bezeichnet werden.

Die Deklaration

>   *EQUIVALENCE (v1, v2, ... vn)*

bewirkt, daß die in der gleichen Programmeinheit vereinbarten Bezeichnungen *v1, v2, ..., vn* dasselbe interne Objekt bezeichnen.
Es handelt sich eigentlich nur um den Namen einer einzigen Variablen und nicht um mehrere (Abb. 8.4). Komplizierter wird es,
wenn in der Deklaration Feldelemente auftreten. Dies führt zu einer Überlagerung der Felder insgesamt, indem die internen Objekte

---

[*] Die beiden Variablen können in beiden Programmeinheiten verschieden bezeichnet sein.
[**] Diese Forderung entfällt bei *COMMON*-Bereichen ohne Bezeichnung.

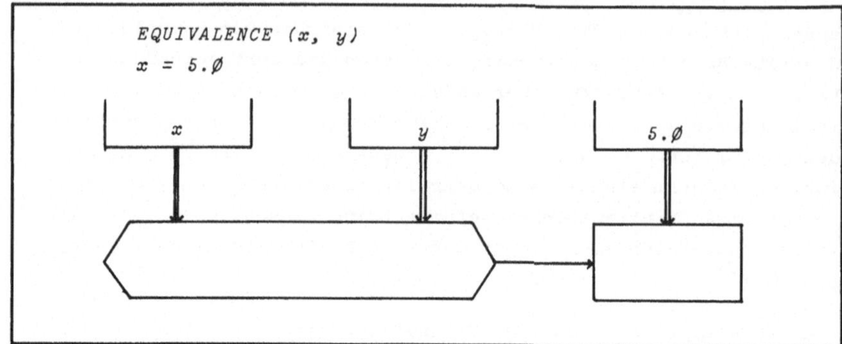

Abb. 8.4: Identifizieren von Namen durch die *EQUIVALENCE*-
Deklaration

nicht nur der aufgeführten Feldelemente, sondern auch ihrer Nach-
barn usw. identifiziert werden. Besitzen die beteiligten Felder
unterschiedliche Indexgrenzen, so muß der Programmierer über
die Speicherung Bescheid wissen, weil die Überlagerung über diese
Grenzen hinweggeht. Ferner muß darauf geachtet werden, daß die
Überlagerung von Feldern konsistent ist; z.B. ist

$$EQUIVALENCE\ (a(1),\ b(1))$$
$$EQUIVALENCE\ (a(5),\ c(1\emptyset))$$
$$EQUIVALENCE\ (c(5),\ b(1\emptyset))$$

inkonsistent, weil die beiden letzten Zeilen bedeuten, daß $a(1)$
mit $c(6)$, also auch mit $b(11)$ identifiziert wird, was der ersten
Zeile widerspricht.

Zugunsten der *EQUIVALENCE*-Deklaration wird gerne ausgeführt, daß
"auf diese Weise Speicherplatz gespart werden kann und das Programm dennoch übersichtlich bleibt"[*]. Nun bewirkt aber *EQUIVALENCE*
bei Wertzuweisungen einen Nebeneffekt, der sicherlich nicht zur
Übersichtlichkeit und Wartungsfreundlichkeit beiträgt. Mit der
Blockstruktur anderer Sprachen wird der gleiche Effekt wesentlich
zuverlässiger erreicht.

---

[*] Zitat aus einem FORTRAN-Lehrbuch!

9 Elementare Ablaufkontrolle

Bisher haben wir uns mit den Objekten und den mit ihnen möglichen
Operationen beschäftigt. Nun müssen wir uns der Frage zuwenden,
über welche Möglichkeiten der Programmierer verfügt, die Reihenfolge der Operationsausführung zu beeinflussen. Dies geschieht
auf mehreren Ebenen: auf der Ebene der Ausdrücke durch den Operatorenvorrang, auf der Ebene der Anweisungen durch die sequentielle Ablaufsteuerung und auf der Ebene ganzer Programme oder Programmteile durch die Synchronisationsmechanismen zwischen parallel ablaufenden Prozessen.

Die Programmiersprachen sehen die Zusammensetzung mehrerer Operationen zu einem Ausdruck vor. Über den _Operatorenvorrang_ und Klam-
merstrukturen wird die Reihenfolge festgehalten, in der die einzelnen Operationen auszuführen sind.

Innerhalb eines _sequentiell_ beschriebenen Algorithmus gibt es Ope-
rationsfolgen, die alternativ auszuführen oder zyklisch zu wiederholen sind. Ferner tritt der Fall auf, daß die Glieder einer Ope-
rationsfolge in beliebiger Reihenfolge ausgeführt werden können
(kollaterale Klauseln in ALGOL 68, _FOR-ALL_-Konstrukte bei Mengen);
dabei ist auch die gleichzeitige Ausführung von Gliedern auf mehreren Prozessoren nicht ausgeschlossen. Zur übersichtlichen Formulierung von sequentiellen Algorithmen dienen auch Prozeduren
und Koroutinen.

Die Koroutinen signalisieren bereits den Übergang zur Steuerung
parallel ablaufender Prozesse. Während im sequentiellen Fall der
Wert auf der angemessenen Formulierung der Kontrollstrukturen
liegt, geht es hier um die angemessene Formulierung der Kommuni-
kations- und Synchronisationsmechanismen.

Kein anderer Bereich der Programmiersprachen ist so hitzig diskutiert worden wie die Steuerung sequentieller Abläufe. Insbesondere die Frage, ob explizite Sprunganweisungen notwendig bzw. wünschenswert sind, hat hierbei einen breiten Raum eingenommen. Die
Argumente beider Seiten sind in einem von B. M. L e a v e n -
w o r t h   herausgegebenen Tagungsband zusammengetragen [LEA72].
Inzwischen hat sich die Diskussion immer mehr von der ursprüngli-

chen Frage, welche Kontrollstrukturen nötig sind, um einen bestimmten Ablauf zu programmieren, zu der wichtigeren Frage verlagert, welche geeignet sind, ihn gut lesbar zu programmieren[*].

Der sequentielle Programmablauf ist dadurch gekennzeichnet, daß es einen einzelnen Ablaufpfad gibt, längs dessen eine Anweisung nach der anderen ausgeführt wird. Auf der Ebene des klassischen Universalrechners nach J. v. N e u m a n n gibt es drei Möglichkeiten, von der notierten Reihenfolge abzuweichen: die Sprunganweisung, die bedingte Verzweigung und die Veränderung des Programms (Operationen auf dem Programm als Daten). Am theoretischen Ende der Untersuchungen stehen die graphentheoretischen Ergebnisse von C. B ö h m und G. J a c o p i n i : Darnach kann jede Programmstruktur, die keine Zyklen mit mehreren Ein- oder Ausgängen besitzt, aus der zweiseitigen Alternative, der Iteration und der Aneinanderreihung zusammengesetzt werden [BÖH66][**].

Zur übersichtlichen Strukturierung können außerdem Prozeduren bei hierarchischer und Koroutinen bei gleichberechtigter Zusammenarbeit dienen. Einzelne Programmiersprachen kennen ferner Konstrukte zur Formulierung nichtdeterministischer Verzweigungen und zur Behandlung von Ausnahmefällen.

9.1 Operatorenvorrang

Wenn mehrere Operationen zu einem Ausdruck zusammengefaßt werden, muß geregelt sein, in welcher Reihenfolge sie auszuführen sind. Das gleiche Problem ist beim Aufschreiben mathematischer Formeln seit langem bekannt, so daß es naheliegt, die dort bewährte Lösung zu übernehmen: Jedem Operator ist eine <u>Vorrangstufe</u> zugeordnet; treffen zwei Operatoren verschiedenen Vorrangs aufeinander, so wird der mit höherem Vorrang zuerst ausgeführt. Soll von der sich so ergebenden Reihenfolge abgewichen werden, so sind Klammern zu setzen, wobei nur runde Klammern zulässig sind. Treffen

---

[*] Man vergleiche hierzu D. E. K n u t h s Plädoyer für die Sprunganweisung [KNU74].

[**] Die übrigen Strukturen können durch Einführen neuer Variablen auf diese Form gebracht werden.

zwei Operatoren <u>gleichen Vorrangs</u> aufeinander, ohne daß Klammern
gesetzt sind, so muß aus der Programmiersprachendefinition hervorgehen, ob der linke oder rechte Operator zuerst ausgeführt
wird oder ob die Entscheidung dem Implementator freisteht. Mit
wenigen Ausnahmen entscheiden sich die Programmiersprachen für
die Abarbeitung von links nach rechts, lassen oft jedoch zu, daß
eine andere Reihenfolge gewählt wird, wenn sie das gleiche Ergebnis liefert[*].

Die Programmiersprachen unterscheiden sich in der Anzahl der Vorrangstufen und der Einordnung der Operatoren in diese. Die Palet-
te reicht von vier Stufen bei PASCAL und BASIC bis zu zwölf Stufen bei SNOBOL. Sonderfälle stellen LISP, APL und ALGOL 68 dar:
LISP benötigt wegen seiner funktionalen Schreibweise keine Vorrangregelung, APL entscheidet sich für die vorranglose Abarbeitung von rechts nach links, soweit nicht geklammert ist, und
ALGOL 68 sieht zehn Stufen vor, wobei der Programmierer die binären Operatoren in die unteren neun Klassen frei einordnen kann,
während die höchste den unären vorbehalten ist.

Bei den <u>arithmetischen Operatoren</u> gibt es allgemein drei Vorrangstufen. Den höchsten Vorrang besitzt die Exponentiation. Es folgen die multiplikativen Operationen (Multiplikation, Division,
Restbildung), wobei SNOBOL noch einmal der Multiplikation einen
höheren Vorrang gibt als der Division. Beim Aufeinandertreffen
gleichrangiger Operationen wird von links nach rechts ausgewertet. Hiervon gibt es Ausnahmen bezüglich der Exponentiation:
FORTRAN 77, PL/I und SNOBOL arbeiten aufeinandertreffende Exponentiationen von rechts nach links ab und kommen damit der üblichen Interpretation von a^{b^c} näher. FORTRAN 66 und ADA verbieten
das Aufeinandertreffen mehrerer Exponentiationen ohne Klammerung.

Die meisten Sprachen geben dem unären Plus- bzw. Minuszeichen die
gleiche Priorität wie den entsprechenden binären Operatoren. PL/I,
BASIC, ALGOL 68 und auch EUCLID, das nur das unäre Minus kennt,
ordnen den unären Operatoren die höchste Priorität zu; ADA ordnet

---

[*] Dies ist übrigens zur Übersetzungszeit nicht feststellbar, weil *(A+B)+C*
und *A+(B+C)* bei Gleitpunktoperanden unterschiedliche Ergebnisse liefern,
wenn *A* sehr viel größer ist als *B* und *C*.

sie zwischen den additiven und den multiplikativen Operatoren
ein[*].

Während bei den arithmetischen Formeln der mathematische Brauch
eine vereinheitlichende Wirkung hatte, ist diese bei den übrigen
Operatoren nicht so stark. Generell kann man sagen, daß die arithmetischen Operatoren einen höheren Vorrang besitzen als die Vergleichsoperatoren und diese wiederum einen höheren als die booleschen.

Den <u>Vergleichsoperatoren</u> wird üblicherweise eine einheitliche
Vorrangstufe zugeordnet. Mehrere Vergleichsoperatoren können nur
dann zusammentreffen, wenn einheitliche Gleichheits- und Ungleichheitszeichen für alle Arten (einschließlich der Art der Wahrheitswerte) existieren[**]. Soll beispielsweise abgefragt werden, ob
y zwischen x und z liegt, ohne daß die Größenbeziehung zwischen
x und z bekannt ist, so ergibt sich:

$$IF \; x \leq y \quad = \quad y \leq z \; THEN \; ...,$$

wobei das Gleichheitszeichen zwei boolesche Operanden miteinander
vergleicht. ALGOL 60 führt für den Gleichheitstest bei Wahrheits-
werten einen eigenen booleschen Operator *EQUIV* ein, FORTRAN verbietet ihn, PASCAL und ADA verlangen stets eine Klammerung. AL-
GOL 68 gibt dem Gleichheits- und dem Ungleichheitszeichen niedri-
geren Vorrang als den übrigen Vergleichsoperatoren.

Bei den <u>booleschen Operatoren</u> hat die Negation meist die höchste
Priorität. Es folgt die Konjunktion und dann die Disjunktion. ADA
behandelt diese beiden gleichrangig und stellt die Negation auf
eine Stufe mit den unären arithmetischen Operatoren. PASCAL gibt
den arithmetischen Operatoren keinen generellen Vorrang vor den
booleschen, sondern ordnet sie in die dortige Hierarchie ein:
Die Konjunktion wird den multiplikativen, die Disjunktion den
additiven Operatoren zugeschlagen.

Abschließend sollen noch zwei Punkte angesprochen werden: (1) Die
Vorschriften über den Operatorenvorrang legen nur die Reihenfolge

---

[*] Für das Ergebnis haben die unterschiedlichen Festlegungen nur beim Zusammentreffen mit der Exponentiation Bedeutung.

[**] Ferner im Fall der impliziten Artanpassung der Wahrheitswert an arithmetische Größen (PL/I).

fest, in der die Operationen ausgeführt werden, nicht aber, ob
der linke oder rechte Operand zuerst ausgewertet wird. Treten in
den Operanden Funktionsaufrufe mit Seiteneffekt auf, so hat dies
unterschiedliche Ergebnisse zur Folge. (2) Die meisten Programmiersprachen legen andererseits die Reihenfolge der Operationen
in einem sehr viel detaillierteren Maße fest, als dies vom Algorithmus her notwendig und von den heutigen Hardware-Gegebenheiten
her wünschenswert ist. Als Beispiel betrachte man $A*B + C*D$, wo
die Reihenfolge der beiden Multiplikationen gleichgültig ist,·
falls keine Seiteneffekte möglich sind.

9.2 Aneinanderreihung von Anweisungen

Die einfachste Form, Anweisungen zu umfangreicheren Konstrukten
zusammenzusetzen, ist die Aneinanderreihung. Sprachen wie FORTRAN,
SNOBOL oder BASIC schreiben hierzu die einzelnen Anweisungen zeilenweise untereinander, wobei in BASIC-Programmen die Zeilennummern die Reihenfolge festlegen. Dagegen benötigen die nicht an
der Zeilenstruktur orientierten, formatfreien Sprachen ein Trennzeichen, um das Ende einer Anweisung und den Anfang der nächsten
eindeutig zu kennzeichnen. In den meisten Fällen wird hierfür das
Semikolon verwandt.

Die Sprachen der ALGOL-Familie bis hin zu PASCAL betrachten das
Semikolon als Trennzeichen zwischen Anweisungen. Das bedeutet,
daß nach der letzten Anweisung einer Folge kein Semikolon mehr
folgt. ADA und PL/I betrachten dagegen das Semikolon als Schlußzeichen einer Anweisung, so daß jede Anweisung damit abzuschließen ist. (PL/I trennt sogar die Laufvorschrift durch ein Semikolon vom Laufbereich.) ALGOL 68 verwendet das Semikolon nur dann
als Trennzeichen, wenn ausgedrückt werden soll, daß die Anweisungen in der notierten Reihenfolge zeitlich nacheinander ausgeführt werden sollen. Wenn die Reihenfolge gleichgültig ist, wird
das Komma verwandt. Als Besonderheit ist noch zu bemerken, daß
ALGOL 68 außerdem das $EXIT$-Symbol als Trennzeichen betrachtet,
dessen eigentliche Bedeutung aber der Abbruch der bearbeiteten
Anweisungsfolge ist.

9.3 Verzweigungen

Sprachkonstrukte, die eine Verzweigung erlauben, aber keine Wiederzusammenführung enthalten, werden vom Standpunkt der heutigen Programmiertechnik aus etwas mißtrauisch betrachtet. Dabei rührt dieses Mißtrauen weniger daher, daß diese Konstrukte als solche schlecht seien, als vielmehr daher, daß sie eher als andere zu einem unübersichtlichen Programmierstil verleiten. In diese Gruppe gehören (1) die unbedingten und bedingten Sprunganweisungen, die die Programmfortsetzung an einer explizit angegeben Marke veranlassen, (2) die Sprunganweisungen, bei denen das Sprungziel aus einem Feld von möglichen Sprungzielen über einen Index ausgewählt wird, (3) die Sprunganweisungen, bei denen das Sprungziel der Wert einer Markenvariablen ist und die den indirekten Sprunganweisungen auf Maschinenebene entsprechen, und (4) die Sprunganweisungen, die durch Eintreten einer irgendwie gearteten Bedingung aktiviert (Ausnahmefallbehandlung) werden[*].

Die Sprunganweisung ist die elementare Möglichkeit der Ablaufkontrolle auf Maschinenebene. Wir finden sie daher auch in fast allen höheren Programmiersprachen. Ausnahmen sind BLISS, mit dem schon frühzeitig der Beweis angetreten wurde, daß auf die explizite Sprunganweisung verzichtet werden kann, wenn flexible Kontrollstrukturen zur Verfügung stehen, und einige Sprachen, die eine formale Verifikation der Programme unterstützen, z.B. EUCLID.

Voraussetzung für die Sprunganweisung ist, daß die Anweisungen durch Voranstellen einer Marke eindeutig als Sprungziel charakterisiert werden können. In BASIC-Programmen sind die Anweisungen durch eine aufsteigende Folge von Zeilennummern gekennzeichnet; das Sprungziel ist also durch Angabe der entsprechenden Zeilennummern festgelegt[**]. FORTRAN und PASCAL verwenden als Marken frei wählbare, nicht notwendig monoton steigende natürliche Zahlen mit bis zu fünf bzw. bis zu vier Stellen. Bei FORTRAN muß diese Marke in den ersten fünf Spalten der Anweisungszeile stehen; bei PASCAL wird sie durch einen Doppelpunkt abgeschlossen und muß - im Gegen-

---

[*] Wir betrachten sie erst in Kap. 10.

[**] Man beachte die Fehlermöglichkeit bei einer eventuell erforderlichen Zeilenumnumerierung.

satz zu anderen Sprachen - am Blockanfang als *LABEL* deklariert
werden. Die meisten Sprachen sehen als Marken <u>Identifikatoren</u> vor
(ALGOL 60 außerdem natürliche Zahlen), die zwar nicht am Blockanfang deklariert werden, wohl aber den üblichen Gültigkeitsbe-
reichsregeln unterliegen. Diese Marken werden üblicherweise durch
einen Doppelpunkt von der folgenden Anweisung getrennt, ADA klam-
mert sie in <<...>>. In COBOL-Programmen können nur die Paragraphen angesprungen werden; als Marke fungiert die jeweilige Para-
graphenbezeichnung. Ein etwas pathologischer Fall ist SNOBOL: Bei
markierten Anweisungen beginnt die Marke in der ersten Spalte,
bei unmarkierten Anweisungen ist die erste Spalte leer.

Überwiegend ist die <u>Sprunganweisung</u> von der Form

>   *GOTO sprungziel.*

Das Sprungziel kann dabei unmittelbar eine Marke sein, eine Komponente eines fest vorgegebenen Markenfeldes (Verteiler) oder eine
einfache oder indizierte Variable, deren Name im Programmverlauf
verschiedene Marken zugewiesen werden können. Ein <u>Markenfeld</u> ist
ein eindimensionales Feld, dessen Komponenten Marken sind. Ein
solches Markenfeld ist die SWITCH-Konstruktion in ALGOL 60:

>   *SWITCH verteiler := marke1, marke2, ..., marke* [*)],

wo die Werte der Komponenten in der Deklaration festgelegt werden.
Eine entsprechende Sprunganweisung ist dann

>   *GOTO verteiler[index].*

Als Index kann jeder arithmetische Ausdruck verwandt werden, der
als Ergebnis eine natürliche Zahl liefert, die nicht größer ist
als die Anzahl der Marken in der Deklaration. In die gleiche Gruppe gehört die *COMPUTED-GOTO*-Konstruktion von FORTRAN, wo jedoch
die Festlegung der Komponenten in der Anweisung selbst erfolgt:

>   *GOTO (marke1, marke2, ..., marke), index* [**)].

<u>Markenvariable</u> werden in FORTRAN als *INTEGER*, in PL/I als *LABEL*
deklariert. Ihnen kann mit einer Wertzuweisung eine bestimmte Marke zugewiesen werden. Während PL/I hierzu die übliche Wertzuwei-

---

[*)] Außer Marken dürfen auch Komponenten von Markenfelder und bedingte Ausdrücke auftreten.
[**)] Das Komma nach der Klammer ist in FORTRAN 77 optional.

sung verwendet, kennt FORTRAN eine eigene Wertzuweisung für Marken:

> *ASSIGN marke TO variable.*

Eine nachfolgende Anweisung

> *GOTO variable*

bewirkt dann einen Sprung zu der zuletzt zugewiesenen Marke. FORTRAN 66 schrieb vor (FORTRAN 77 erlaubt), daß bei der Sprunganweisung eine Liste der möglichen Sprungziele angefügt wird:

> *GOTO variable, (marke1, marke2, ..., marke).*

<u>Bedingte Sprunganweisungen</u> entstehen in der Regel dadurch, daß Sprunganweisungen in einer der Alternativen einer bedingten Anweisung auftreten. Eine Ausnahme bildet die arithmetische Verzweigung in FORTRAN:

> *IF (arithmetischer ausdruck) marke1, marke2, marke3.*

Liefert die Auswertung des Ausdruckes ein negatives Ergebnis, so wird die erste, bei Null die zweite und bei einem positiven Ergebnis die dritte Marke angesprungen.

Die Übersichtlichkeit von Sprunganweisungen hängt sehr stark davon ab, wohin gesprungen werden darf. Sprachen mit nur geringer Programmstruktur verbieten lediglich den Sprung in Schleifen hinein. (Eine Ausnahme ist FORTRAN 66, wo in eine Schleife hineingesprungen werden darf, wenn zuvor herausgesprungen wurde.) Sprachen mit Blockstruktur verbieten darüber hinaus Sprünge in einen Block hinein. Die neueren Sprachen verbieten Sprünge in alle Kontrollstrukturen und auch zwischen verschiedenen Alternativen einer Fallunterscheidung.

9.4 Kontrollstrukturen in SNOBOL

SNOBOL kennt eine sehr komfortable implizite Laufschleife, die mit dem Durchsuchen von Mustern gegeben ist[*]. Daneben enthält SNOBOL jedoch nur sehr rudimentäre Kontrollstrukturen: An jede Anweisung können Sprungziele angehängt werden, um die als nächstes auszuführende Anweisung zu bestimmen:

---

[*] Vgl. Abschn. 7.7

anweisung   `:(marke)`
anweisung   `:S(marke)`
anweisung   `:F(marke)`
anweisung   `:S(marke1)F(marke2)`

Dabei bedeutet ein *S* oder *F* vor dem eingeklammerten Sprungziel, daß diese Marke nur anzuspringen ist, wenn die Anweisung erfolgreich (*Success*) oder nicht erfolgreich (*Failure*) war. Damit bezieht sich die Bedingung auf die Tatsache, daß die typischen SNOBOL-Anweisungen mit dem Durchsuchen einer gegebenen Zeichenkette auf ein bestimmtes Muster hin zu tun haben. Erfolgreiche Beendigung einer Anweisung heißt dann, daß das Muster (oder eine seiner Alternativen) gefunden wurde.

10. Strukturierte sequentielle Ablaufkontrolle

Bereits auf den ersten Blick lassen sich Unterschiede bei der Formulierung der Kontrollstrukturen in den verschiedenen Programmiersprachen feststellen. Zunächst einmal können wir die Konstrukte
danach klassifizieren, ob sie der für die Übersichtlichkeit der
Programme wesentlichen <u>Forderung nach einem Eingang und einem Aus-
gang</u> entsprechen. Hierzu gehören die üblichen Zyklenkonstrukte,
die Verzweigungskonstrukte aber nur dann, wenn sie auch eine Wiederzusammenführung umfassen. Dies ist bei den modernen CASE-An-
weisungen der Fall, nicht aber bei den im vorigen Kapitel besprochenen Verzweigungen.

Da die Kontrollstrukturen bei komplizierteren Algorithmen zwangsläufig <u>geschachtelt</u> auftreten, muß gefragt werden, ob die Formulierung unmittelbar eine eindeutige Klammerung erlaubt oder ob der
kontrollierte Bereich durch Hilfskonstruktionen eingegrenzt werden
muß. Solche Hilfskonstruktionen sind beispielsweise die *BEGIN-END-*
Klammerung von ALGOL 60, die immer dann erforderlich ist, wenn
mehr als nur eine Anweisung zum Kontrollbereich gehört, oder die
Verwendung von Anweisungsnummern in FORTRAN-*DO*-Schleifen. Aus
Gründen der Übersichtlichkeit geht die Tendenz zu Sprachkonstrukten, die selbst klammernde Form haben und deren abschließendes
Symbol einen unmittelbaren Rückschluß auf den Anfang der Struktur
erlaubt. Dies geschieht bei ALGOL 68 mit der etwas gekünstelten
Form der Symbolumkehrung (*IF...FI, DO...OD*), bei den neueren Sprachen durch variierte *END*-Symbole (*IF...ENDIF, LOOP...ENDLOOP*).
Unschön ist die PL/I-Lösung, bei *IF* die Klammerung *BEGIN...END* zu
fordern, bei *DO* dagegen mit dem *END* zufrieden zu sein; die Möglichkeit, mehrere *END* zu einem zusammenziehen zu können, erschwert
darüber hinaus die automatische Fehlererkennung.

10.1 Fallunterscheidungen

Fallunterscheidungen dienen zur Formulierung von Alternativen, von
denen genau eine ausgewählt und ausgeführt werden soll. Unabhängig
davon, welche Alternative ausgewählt wurde, wird der Programmablauf anschließend mit der auf die Fallunterscheidung folgenden An-

a) Zweiseitige Fallunterscheidung:

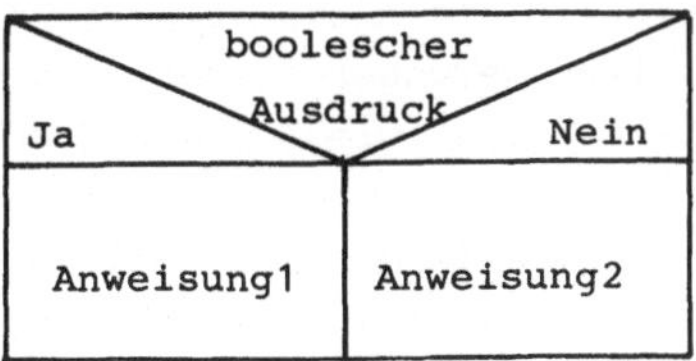

b) Mehrseitige Fallunterscheidung mit sequentieller Auswertung:

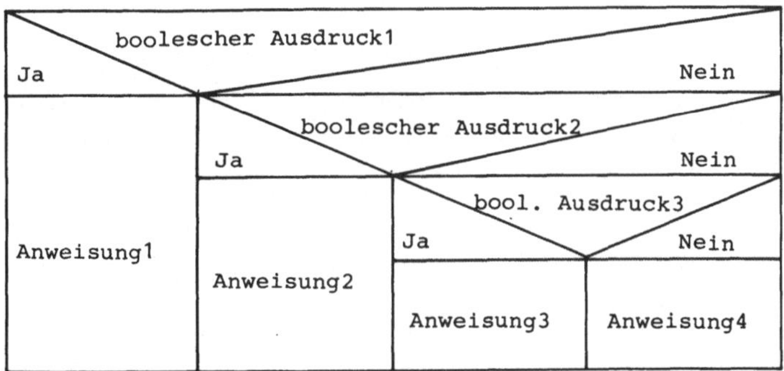

c) Mehrseitige Fallunterscheidung mit einmaler Auswertung:

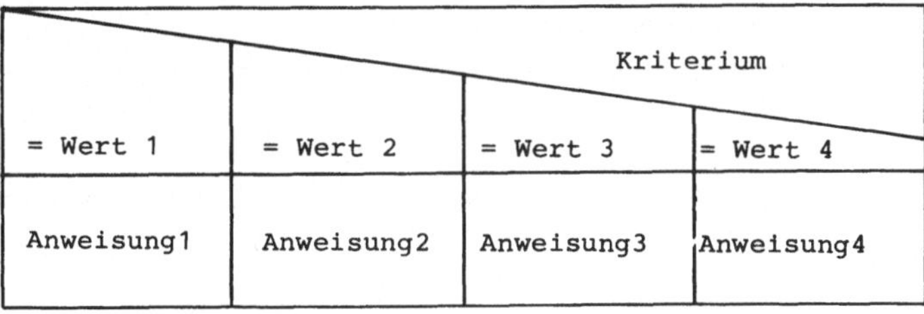

<u>Abb. 10.1:</u> Fallunterscheidungen

weisung fortgesetzt[*]. Die Entscheidung, welche Alternative auszuführen ist, kann (a) in Abhängigkeit vom Wert eines booleschen
Ausdruckes, (b) aufgrund der Übereinstimmung eines Kriteriums mit
einer der Markierungen der Alternativen gewonnen werden. Der erste Fall führt auf zweiseitige Alternativen, wie sie durch die
klassischen *IF-THEN-ELSE*-Konstrukte beschrieben werden, der zweite zu den *CASE*-Konstrukten (Abb. 10.1). Allerdings ist die Abgrenzung nicht scharf möglich, zumal die *CASE*-Anweisung durch eine Schachtelung von *IF-THEN-ELSE* realisiert werden kann.

Die klassische Form der <u>ein- oder zweiseitigen Alternative</u> ist
die bedingte Anweisung von ALGOL 60:

> *IF bedingung THEN anweisung1 ELSE [anweisung2]*,

wobei der eingeklammerte Teil optional ist[**]. In der gleichen
Form tritt sie in PASCAL und PL/I (hier mit einem zusätzlichen
Semikolon vor dem *ELSE*) auf oder in ähnlicher in COBOL:

> *IF bedingung; anweisung1[; ELSE anweisung2]*.

Sollen in einer der beiden Alternativen mehrere Anweisungen ausgeführt werden, ist eine Klammerung durch *BEGIN ... END* notwendig. Da COBOL eine solche nicht kennt, hilft man sich dort damit,
daß die Anweisungen innerhalb der Alternativen durch Semikolon
voneinander getrennt werden, während die Fallunterscheidung als
Ganzes durch einen Punkt abgeschlossen wird[***].

LISP und die neueren Sprachen erweitern die zweiseitige Alternative zu einer <u>mehrseitigen</u>: Sie besteht aus einer Folge von Bedingungen und diesen zugeordneten Anweisungen; es wird diejenige
Anweisung ausgeführt, deren Bedingung bei der sequentiellen Auswertung als erste den Wert *wahr* annimmt. Dieses Sprachkonstrukt
lautet etwa in ADA:

> *IF bedingung THEN anweisungsfolge*
> *{ELSIF bedingung THEN anweisungsfolge}*[*]
> *[ELSE anweisungsfolge]*
> *END IF*

---

[*] Sofern die ausgeführte Alternative keinen Sprung enthält.
[**] Vgl. Nr. 2.2
[***] Dies beschränkt die Möglichkeit, beliebig zu schachteln. Das gleiche gilt
für das boolesche *IF* bei FORTRAN.

Die gleiche Konstruktion finden wir in ALGOL 68 (mit *ELIF* und *FI*
statt *ELSIF* bzw. *END IF*)und FORTRAN 77 (mit *ELSE IF*). Die zeilen-
orientierte Schreibweise von FORTRAN verlangt außerdem, daß die
Anweisungsfolgen jeweils auf einer neuen Zeile beginnen. Die
gleiche Konstruktion lediglich in einer anderen Notation finden
wir in LISP:

```
(COND
      {(bedingung anweisung)}*
      [(T          anweisung)]
)
```

Der *ELSE*-Teil wird hier durch die Bedingung T (= *true*) berücksichtigt.

In vielen Fällen ist die sequentielle Auswertung von Bedingungen
nicht erforderlich, weil bereits <u>am Anfang entschieden</u> werden
kann, welche Alternative auszuwählen ist. Ein typisches Beispiel
ist die Verarbeitung von unterschiedlich zu interpretierenden
Eingabedaten, wo etwa die erste Spalte der Eingabe die Art der
Verarbeitung angibt. In ALGOL 68 erfolgt die Auswahl der Alternative durch einen arithmetischen Ausdruck, der einen ganzzahligen
Wert liefern muß:

```
CASE ausdruck IN
     anweisung { ,anweisung}*
     [OUT anweisung]
ESAC.
```

Liefert die Auswertung des Ausdruckes einen Wert zwischen 1 und
der Anzahl der angegebenen Anweisungen, so wird die Anweisung ausgeführt, die an der entsprechenden Position notiert ist. Fällt
der Wert aus diesem Bereich heraus, so wird die (optionale) Anweisung nach *OUT* ausgeführt. Damit die Konstruktion lesbar bleibt,
ist eine sehr disziplinierte textuelle Anordnung durch den Programmierer erforderlich.

Die zwangsweise Codierung der möglichen Alternativen durch ganze
Zahlen vermeiden PASCAL und ADA und lassen Werte eines beliebigen
diskreten Typs zu[*]. Vor jeder Alternativen sind diejenigen Kon-

---

[*] Noch weitergehende Möglichkeiten bieten die Entscheidungstabellen, für die
jedoch bisher nur Vorübersetzer existieren.

stanten explizit aufzuführen, für die die Alternative ausgeführt
werden soll:

```
CASE ausdruck OF
      {WHEN wert => anweisungsfolge}*
      [WHEN OTHERS => anweisungsfolge]
END CASE.
```

An Stelle eines Wertes kann auch eine Liste von mehreren Werten
angegeben werden, wenn für sie die gleiche Anweisungsfolge ausgeführt werden soll. Auch Intervallangaben sind bei ADA möglich.

10.2   Besonderheiten bei Fallunterscheidungen

Bereits bei der Diskussion der booleschen Operatoren haben wir
darauf hingewiesen, daß der Wert einer zusammengesetzten Bedingung oft bereits nach Auswertung eines ihrer Teile feststeht. Die
meisten Kompilierer nutzen diese Eigenschaft aus, um ein schnel-
leres Programm zu generieren. Dies erlaubt dem Programmierer, in-
korrekte Formulierungen zu verwenden, wie z.B.

$$IF\ i \neq \emptyset\ AND\ a/i > 1\ THEN\ anweisung.$$

Bei dieser Bedingung kommt es darauf an, daß der zweite Operand
nur ausgeführt wird, wenn der erste den Wert *wahr* liefert. ALGOL
60 und ALGOL 68 stellen hierfür die Konstruktion der bedingten
Ausdrücke zur Verfügung:

$$IF\ (IF\ i \neq \emptyset\ THEN\ a/i > 1\ ELSE\ FALSE)\ THEN\ anweisung.$$

Eine übersichtlichere Schreibweise bietet ADA mit den "short-
circuit control forms":

$$IF\ i\ /= \emptyset\ AND\ THEN\ a/i > 1\ THEN\ anweisung.$$

Entsprechend gibt es ein *OR ELSE*.

Bei der Mischung von einseitigen und zweiseitigen, bedingten Anweisungen tritt eine syntaktische Mehrdeutigkeit auf, wenn die
IF-Anweisung nicht durch ein besonderes Symbol (*FI, END IF*) abgeschlossen wird oder die Sprache sonstige Vorkehrungen trifft
(Abb. 10.2). Es ist unklar, ob *anw2* auszuführen ist, wenn *bed1*
nicht erfüllt ist (untere Interpretation) oder wenn zwar *bed1*,
aber nicht *bed2* erfüllt ist (obere Interpretation). PASCAL entscheidet sich für diese zweite: Ein *ELSE* gehört stets zum letz-

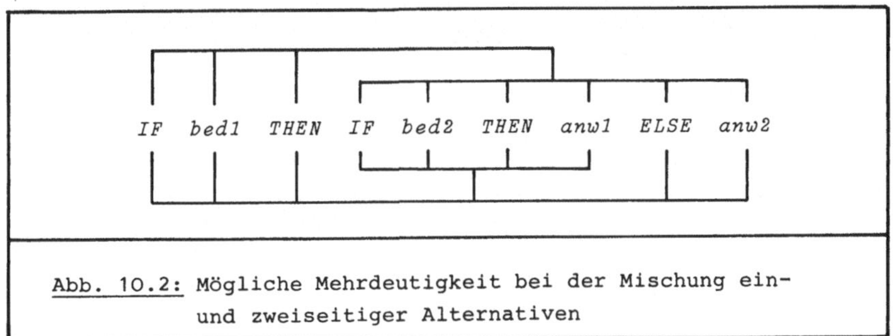

Abb. 10.2: Mögliche Mehrdeutigkeit bei der Mischung ein-
und zweiseitiger Alternativen

ten *THEN*. ALGOL 60 verbietet die Konstruktion und verlangt, daß
ein seinerseits bedingter *THEN*-Teil in *BEGIN* und *END* eingeschlossen werden muß. PL/I betrachtet den ersten Teil einer bedingten
Anweisung, nämlich

    IF bed THEN anw,

bereits als eine selbständige Anweisung; soll der *ELSE*-Teil noch
innerhalb der Schachtel angefügt werden (obere Interpretation),
so umfaßt diese also zwei Anweisungen und muß daher geklammert
werden.

Zum Schluß dieses Abschnittes sei noch erwähnt, daß einige Sprachen Fallunterscheidungen erlauben, die nicht auf Beziehungen zwischen Objekten einer Art beruhen, sondern auf der Abfrage, ob das
Objekt von einer bestimmten Art ist. LISP gestattet die Abfrage,
ob das Objekt ein Atom ist oder nicht. ADA kennt die Möglichkeit
der Abfrage, ob ein Objekt einer gegebenen Art die Einschränkungen
einer Teilart erfüllt, z.B.

    x+y IN kleine_zahl.

Bei ALGOL 68 bezieht sich diese Möglichkeit auf Vereinigungsarten.
Ist ein Objekt durch *UNION (art1, art2)* deklariert, so kann im
Rahmen einer Konformitätsklausel die konkrete Art erfragt werden:

    CASE objekt IN
        (art1:) anweisung1,
        (art2:) anweisung2
    ESAG *).

---

*) Es dürfen nur Arten aufgeführt werden, die in der *UNION*-Deklaration auftreten.

10.3 <u>Laufanweisungen (Schleifen)</u>

Schleifenkonstrukte werden benutzt, wenn eine Anweisungsfolge
(Laufbereich) wiederholt auszuführen ist. Man kann sie in verschiedener Weise klassifizieren: (a) Die Anzahl der Schleifendurchläufe liegt fest, bevor mit den Wiederholungen begonnen wird,
oder sie liegt zu diesem Zeitpunkt nicht fest. (b) Die Abfrage,
ob die Schleifenbearbeitung beendet ist, kann am Anfang oder am
Ende eines jeden Durchlaufs erfolgen[*].

Liegt die <u>Anzahl der Schleifendurchläufe</u> bei Beginn der Schleifenbearbeitung fest, so bietet sich eine Laufvorschrift an, in
die eine <u>Zählvorschrift</u> integriert ist. Im allgemeinen kann man
mit dem Durchlaufen eines Intervalls der ganzen Zahlen auskommen,
aber in vielen Fällen führt die Verwendung beliebiger diskreter
Arten zu lesbareren Programmen. Liegt die Durchlaufzahl nicht zu
Beginn fest, so muß eine Laufvorschrift verwandt werden, die eine
bei jedem Durchlauf neu auszuwertende <u>Bedingung</u> enthält.

Liegt die <u>Abfrage</u>, ob die Schleifenbearbeitung beendet ist, am
Anfang, so wird sie insbesondere bereits vor dem ersten Schleifendurchlauf ausgewertet. Dies führt dazu, daß der Laufbereich
der Schleife unter Umständen keinmal ausgeführt wird; dies gilt
dann, wenn die Abbruchbedingung bereits vor Eintritt in die Laufschleife erfüllt war. Liegt sie am Ende, wird der Laufbereich
auch in diesem Fall einmal ausgeführt. Viele praktische Probleme
sind sicherer mit der Abfrage am Anfang zu formulieren, weil die
Anzahl der Schleifendurchläufe häufig durch eine Variable gegeben
ist (z.B. eine Listenlänge) und das Programm in diesem Fall auch
dann noch korrekt arbeitet, wenn diese 0 ist. Dagegen gibt es nur
wenige Beispiele, wo die Abbruchbedingung vor dem ersten Schleifendurchlauf noch gar nicht sinnvoll ausgewertet werden kann, z.B.
mathematische Iterationsverfahren, wo ein neu auszurechnender
Wert mit einem vorangegangenen zu vergleichen ist. Da die meisten
Sprachen nur die Abfrage am Anfang kennen, muß sich der Programmierer hier mit zusätzlichen Anweisungen helfen[**].

---

[*] Die Abfrage im Innern des Laufbereiches ist zwar grundsätzlich auch sinnvoll, aber in den gängigen Sprachen nicht realisiert.

[**] z.B. durch eine Wertzuweisung, die bewirkt, daß die Bedingung beim ersten
Mal den Wert *false* liefert.

ALGOL 60	*FOR variable := anfang STEP schrittw UNTIL ende* *DO laufbereich;*
ALGOL 68	*FOR variable FROM anfang [BY schrittw] TO ende* *DO laufbereich OD*
PL/I	*DO variable = anfang TO ende [BY schrittw];* *laufbereich* *END;*
PASCAL	*FOR variable := anfang TO ende* *DO laufbereich;*
ADA	*FOR variable IN diskretes_intervall* *LOOP laufbereich END LOOP;*
FORTRAN	*DO marke variable = anfang, ende [, schrittw]* *laufbereich ohne letzte anweisung* *marke letzte anweisung*
BASIC	*FOR variable = anfang TO ende [STEP schrittw]* *laufbereich* *NEXT variable*
COBOL	*PERFORM laufbereichsbezeichnung* *VARYING variable FROM anfang BY schrittw* *UNTIL bedingung.* *)

<u>Abb. 10.3:</u> Laufanweisungen mit Zählvorschrift. Soll die Variable rückwärts laufen, ist bei PASCAL *TO* durch *DOWNTO*, bei ADA *IN* durch *IN REVERSE* zu ersetzen.

Bei den sehr weit verbreiteten <u>Laufvorschriften mit einer Zählvorschrift</u> werden die Wiederholungen durch eine Laufvariable kontrolliert (Abb. 10.3): Ihr wird zu Beginn ein Anfangswert zugewiesen; vor jedem Schleifendurchlauf wird getestet, ob ihr Wert den Endwert über- bzw. bei negativer Schrittweite unterschritten hat. Schließlich wird nach jedem Schleifendurchlauf der Wert der Laufvariablen um den der Schrittweite verändert. Unterschiede ergeben sich nur unwesentlich in der Form, stärker in den zulässigen Elementen.

Generell sind ganzzahlige <u>Laufvariablen</u> zugelassen. Darüber hinaus erlauben ALGOL 60, FORTRAN 77 und BASIC reellwertige und

---

*) COBOL verlangt eine Endbedingung statt eines Endwertes.

FORTRAN 77 auch doppeltgenaue Laufvariablen. Wegen der bei der
Gleitpunktrechnung nicht auszuschließenden Rundungsfehler[*] ist
dies problematisch. ADA erlaubt, daß die Laufvariable ein beliebiges Intervall einer diskreten Art durchläuft, z.B.

FOR kleiderfarbe IN rot .. blau LOOP ... END LOOP.

Dieses Intervall muß lückenlos durchlaufen werden; die Angabe einer <u>Schrittweite</u> entfällt. Aus systematischen Gründen werden daher auch ganzzahlige Laufintervalle auf die Schrittweiten *+1* und
-1 beschränkt. Andere Schrittweiten kann man jedoch erreichen,
indem man eine Unterart der ganzen Zahlen mit einem geeigneten
DELTA deklariert und dann ein Intervall aus dieser Art verwendet[**]. Analog kennt auch PASCAL nur die Schrittweiten *+1* und *-1*.
Bei den Sprachen mit beliebigen Schrittweiten kann *+1* oft weggelassen werden. FORTRAN 66 und COBOL kennen nur positive Schrittweiten. Ferner verbietet FORTRAN 66 den Fall, daß der <u>Endwert</u>
kleiner als der Anfangswert ist. Damit ist es gleichgültig, ob
die Abbruchbedingung am Anfang oder am Ende des Schleifendurchlaufs getestet wird. Da die Endwert-Anfangswert-Beziehung zur
Übersetzungszeit nicht nachprüfbar ist, konnten die Trickologen
unter den Programmierern die Lage der Abfrage bei "ihrem" Kompilierer ausnutzen, was beim Übergang auf FORTRAN 77 zu Programm-
inkompatibilität führt.

Die Sprachen der ALGOL-Familie und PL/I erlauben <u>beliebige Aus-
drücke</u> zur Bestimmung von Anfangs-, End- und Schrittweitenwert.
Damit stellt sich die Frage, ob diese Ausdrücke bei jedem Durchlauf neu oder nur einmal vor Eintritt in die Schleife auszuwerten
sind. PL/I und ALGOL 68 entscheiden sich für die einmalige Auswertung. Die Definition von ALGOL 60 ist an dieser Stelle nicht
eindeutig. D. E. K n u t h hat hierauf hingewiesen [KNU67].

Die zweite Gruppe von Schleifen, bei denen die Anzahl der Durchläufe nicht vor dem Eintritt feststeht, wird von den verschiedenen Programmiersprachen sehr viel einheitlicher behandelt:

WHILE bedingung LOOP laufbereich END LOOP.

---

[*] Vgl. Nr. 6.3
[**] Vgl. Nr. 4.3

Entsprechende Konstrukte finden wir in PASCAL und ADA sowie allen
neueren Sprachen. Die Bedingung wird vor jedem Durchlauf neu ausgewertet, und der Laufbereich wird nur noch wiederholt, wenn die
Bedingung weiterhin erfüllt ist. Diese Form der Schleife birgt
selbstverständlich die Gefahr einer endlosen Schleife in sich: Es
muß sichergestellt sein, daß die Variablen, die in die Bedingung
eingehen, so im Laufbereich verändert werden, daß die Bedingung
irgendwann nicht mehr erfüllt ist. Diese Gefahr macht EUCLID
durch Weglassen der Bedingung deutlich:

> *LOOP laufbereich END LOOP*,

wo ein Verlassen des Laufbereiches nur durch besondere Anweisungen möglich ist. Eine Verlagerung der Abfrage an das Ende des
Schleifendurchlaufs erlauben beispielsweise BLISS und PASCAL:

> *REPEAT laufbereich UNTIL bedingung*.

ALGOL 68 und PL/I gestatten die Kombination des *WHILE*-Konstruktes
mit der Zählvorschrift:

> *FOR laufvariable FROM anfang BY schrittweite TO ende*
>   *WHILE bedingung*
> *DO laufbereich OD*.

Damit wird ein vorzeitiges Beenden der Zählschleife ermöglicht.
ALGOL 60 kombiniert das *WHILE*-Konstrukt mit der Laufvariablen:

> *FOR laufvariable := ausdruck WHILE bedingung*
> *DO laufbereich*.

Wählt man als Ausdruck *laufvariable + schrittweite*, so hat man
obige ALGOL-68-Schleife. Die Handhabung der ALGOL-60-Variante ist
jedoch oft mühsam.

10.4   Festlegen und Verlassen des Laufbereiches

Der Laufbereich, d.h. die zu wiederholende Anweisungsfolge, wird
in den einzelnen Programmiersprachen unterschiedlich festgelegt.
Da die meisten Programmiersprachen ein Ineinanderschachteln der
Laufschleifen erlauben, muß die Begrenzung des Laufbereichs in
einer klammernden Weise erfolgen. Die von ALGOL beeinflußten Sprachen verwenden entweder die auch in anderem Zusammenhang als An-
weisungsklammern auftretenden Symbolpaare *BEGIN ... END* (ALGOL 60,

PASCAL) oder spezielle Symbolpaare, die nur bei Laufbereichen Verwendung finden, z.B. *DO ... OD* (ALGOL 68) oder *LOOP ... END LOOP*
(ADA). PL/I, FORTRAN und BASIC kennzeichnen nur das Ende des Laufbereiches. Dies geschieht bei PL/I durch *END*, bei BASIC durch *NEXT*
unter Angabe der Laufvariablen. FORTRAN markiert die letzte zum
Laufbereich gehörende Anweisung mit einer Anweisungsnummer, durch
deren Nennung in der Laufvorschrift der Klammerungseffekt erzielt
wird.

Fällt das Ende mehrerer geschachtelter Laufbereiche zusammen, so
lassen PL/I und FORTRAN zu, daß nur eine Endemarkierung für alle
Laufbereiche gemeinsam verwandt wird. Diese Bequemlichkeit beim
Schreiben des Programms ist jedoch nicht änderungsfreundlich. Insbesondere bei der Bearbeitung mehrdimensionaler Felder fällt oft
nicht nur das Ende von Laufbereichen zusammen, sondern auch der
Anfang: Die Rechenvorschrift des Laufbereiches ist für das gesam-
te Feld gleich, ohne daß bei einem Zeilen- oder Spaltenwechsel zusätzliche Anweisungen auszuführen sind. In COBOL-Programmen kann
man dann die entsprechenden Laufvorschriften zu einer einzigen
zusammenfassen:

$$VARYING\ i\ ...\quad AFTER\ j\ ...\ ,$$

wobei die Pünktchen für die Beschreibung von Anfang, Ende und
Schrittweite stehen.

Grundsätzlich wird eine Laufschleife verlassen, wenn das durch
die Laufvorschrift vorgegebene Abbruchkriterium eintritt: Eine
WHILE-Bedingung ist nicht mehr erfüllt oder der Endwert einer
Zählschleife über- oder unterschritten. (In diesem Zusammenhang
muß noch darauf hingewiesen werden, daß viele Sprachen davon ausgehen, daß dann die Laufvariable undefiniert ist und nicht etwa
den im Laufbereich zuletzt gültigen Wert behält!) Dieser Abbruch
erfolgt stets zwischen zwei Durchläufen durch den Laufbereich.
Will man die Bearbeitung der Laufschleife an einer beliebigen
Stelle des Laufbereichs beenden[*], so stellen die klassischen
Sprachen hierfür nur die allgemeine Sprunganweisung zur Verfügung,
die den Sprung an ein beliebiges Ziel gestattet. Um diese allge-

---

[*] In der Literatur wird gelegentlich von $(n+1/2)$-Schleifen gesprochen, weil
nach n Durchläufen ein weiterer nur noch teilweise bearbeitet wird.

```
     LOOP UNTIL bed1 OR ... OR bedn:
          anweisungsfolge;
     REPEAT;
     THEN bed1 => anweisungsfolge;
          ...
          bedn => anweisungsfolge;
     FI
```

Abb. 10.4: Zahn-Schleife

meine Sprunganweisung zu vermeiden, stellen die neueren Sprachen
spezielle Sprunganweisungen zur Verfügung, die nur disziplinierte
Sprünge zulassen: Die Schleifenbearbeitung wird beendet, und der
Programmablauf wird mit der auf die Schleife folgenden Anweisung
fortgesetzt. ADA formuliert beispielsweise

    EXIT WHEN bedingung.

Bei einem unbedingten Aussprung fehlt der Bedingungsteil. Auch
mehrere, ineinandergeschachtelte Anweisungen können auf einen
Schlag verlassen werden, indem eine entsprechende Marke angegeben
wird. Die erste Sprache, die solche Anweisungen vorsah, war BLISS;
diese Sprache kennt solche Abbruchanweisungen für alle zusammengesetzten Anweisungen, nicht nur für die Laufanweisung. In COBOL
kann der Abbrucheffekt mit der *NEXT SENTENCE*-Anweisung erzielt
werden, sofern der Laufbereich nur aus einem Satz besteht.

Auch die erwähnten Abbruchanweisungen veranlassen, daß der Programmablauf hinter der Laufanweisung fortgesetzt wird. Das vor-
zeitige Abbrechen einer Laufschleife hängt aber·oft mit dem Eintreten eines bestimmten Ereignisses ab, z.B. dem Auffinden eines
gesuchten Wertes in einer Liste. Dann sollen u.U. noch bestimmte,
auf dieses Ereignis bezogene Aktionen ausgeführt werden. Für diesen Zweck hat C. T. Z a h n ein sehr flexibles Sprachkonstrukt vorgeschlagen (Abb. 10.4). Tritt eine der genannten Bedingungen ein, wird die Bearbeitung der Schleife abgebrochen und
die dieser Bedingung zugeordnete Anweisungsfolge ausgeführt. Ein
ähnliches Sprachelement ist von N. W i r t h in MODULA aufgenommen worden [ZAH74, WIR77]. Man kann sich überlegen, daß die
anderen betrachteten Kontrollstrukturen Sonderfälle der Zahn-

Schleife sind.

10.5 Besonderheiten bei Schleifen

Die einzige Sprache, die den Laufbereich nicht unmittelbar an die
Laufvorschrift anfügt, ist COBOL. Hier spielt eine Rolle, daß
COBOL-Programme in Paragraphen eingeteilt sind, die eine Bezeich-
nung tragen. In der Laufvorschrift wird diese Bezeichnung angege-
ben oder, wenn mehrere Paragraphen den Laufbereich bilden, die
Bezeichnung des ersten und des letzten:

PERFORM par1 THRU par2 VARYING index ...

Eine für die Lesbarkeit der Programme unangenehme Besonderheit
kennt FORTRAN 66: den erweiterten Laufbereich. Wird der durch
die Laufvorschrift und die abschließende Anweisung eingeklammerte
Laufbereich durch einen Sprung verlassen, so kann ein weiterer
Sprung in den Laufbereich zurückführen; die zwischen den beiden
Sprüngen durchlaufenen Anweisungen gehören zum Laufbereich!

Keine expliziten Laufschleifen kennen SNOBOL, LISP und APL. In
LISP müssen Laufschleifen durch rekursiven Prozeduraufruf simuliert werden. In SNOBOL und APL kann man Laufschleifen nur durch
Sprunganweisungen konstruieren; dabei ist aber zu beachten, daß
beide Sprachen für einen großen Teil ihrer typischen Aufgaben
implizite Laufschleifen enthalten: SNOBOL kennt das Durchsuchen
von Mustermengen, APL die zusammengesetzten Operatoren zur Bearbeitung von Feldern. In diesem Zusammenhang sind auch die Suchan-
weisungen von COBOL und die mengentheoretischen Operationen von
SETL zu erwähnen, bei denen es sich ebenfalls um implizite Laufschleifen handelt.

Schließlich ist auf die Aneinanderreihung verschiedener Laufvorschriften für die gleiche Laufvariable zu verweisen, wie sie AL-
GOL 60 und PL/I kennen:

FOR i := 1 STEP 1 UNTIL j-1, j+1 STEP 1 UNTIL n DO ...

Diese zusammengesetzte Laufvorschrift überspringt den Fall i=j,
also beispielsweise die Diagonale einer Matrix.

10.6 <u>Ausnahmefallbehandlung</u>

Bei der Durchführung von Algorithmen treten gelegentlich Sonderfälle auf, die eine Fortsetzung des Algorithmus mit den vorgesehenen Rechenvorschriften unmöglich machen und eine Ausnahmefallbehandlung erfordern. Man denke etwa an die Division durch eine nahe bei 0 liegende Zahl, was einen arithmetischen Überlauf erzeugt. Bei vielen Anwendungen hat der damit verbundene Programmabbruch[*] keine schädlichen Folgen. Anders sieht es z.B. bei Systemen zur Prozeßsteuerung aus, wo oft gerade die Ausnahmefälle diejenigen sind, auf die das Programm besonders schnell reagieren muß. Auch wenn mehrere Softwareprozesse in einem Rechensystem parallel ablaufen, muß jeder die Möglichkeit haben, seinen vorgeplanten algorithmischen Ablauf zu unterbrechen, wenn von einem anderen Prozeß bestimmte Ereignisse signalisiert werden. Es setzt sich zu Recht immer mehr die Auffassung durch, daß alle diese Unterbrechungen des normalen Programmablaufs in einer einheitlichen Weise beschrieben werden müssen und können.

Sprachen wie ALGOL 60 und FORTRAN 66, die ausschließlich auf das Formulieren von Algorithmen ausgerichtet waren, kennen keine Sprachkonstrukte zur Ausnahmefallbehandlung. Sofern es sich um Ausnahmefälle innerhalb des Algorithmus handelt (arithmetische Fehler, Überlauf bereitgestellter Speicherbereiche o.ä.), kann der Programmierer durch aufwendiges, regelmäßiges Abfragen relevanter Größen das Auftreten abfangen. Sprachkonstrukte zur Ausnahmefallbehandlung entheben den Programmierer dieser aufwendigen Krücke; sie erlauben ihm, Maßnahmen zu spezifizieren, die bei Eintreten des Ausnahmefalls ausgeführt werden. Dabei haben sich zwei Auffassungen herausgebildet: (a) Die eine betrachtet die Behandlung des Ausnahmefalles als einen Einschub im normalen Programmablauf, der anschließend fortgesetzt wird, (b) die zweite als einen Grund, den Programmablauf zumindest auf der Ebene der gerade bearbeiteten Programmeinheit (Prozedur, Block) abzubrechen.

Betrachtet man die Ausnahmefallbehandlung als eine <u>normale Programmiertechnik</u> und nicht notwendigerweise als Fehler, so muß

---

[*] In Sprachen ohne explizite Ausnahmefallbehandlung ist dies nicht anders möglich.

beim Auftreten der Ausnahme ein besonderes Programmstück aufgerufen und nach dessen Ausführung die normale Abarbeitungsreihenfolge wieder aufgenommen werden. Dies bedeutet insbesondere, daß die Daten des unterbrochenen Programmabschnitts erhalten bleiben. Handelt es sich um einen Fehler, so muß bei dieser Auffassung die Ausnahmefallbehandlung dessen Ursache beseitigen oder Anweisungen zum Beenden der Programmeinheit (z.B. Prozedurrücksprung) enthalten. Entsprechende Sprachvorschläge finden sich beispielsweise bei J. B. G o o d e n o u g h bzw. bei D. L. P a r n a s und H. W u r g e s [GOO75, PAR76].

Bei der zweiten Auffassung wird der unterbrochene Programmablauf nach der Ausnahmefallbehandlung nicht fortgesetzt. Vielmehr muß die angesprungene Anweisungsfolge selbst über die Art der Fortsetzung entscheiden: (a) Sie kann die abgebrochene Programmeinheit erneut starten, jedoch mit veränderten Daten; (b) sie kann mit der übergeordneten Programmeinheit (aufrufende Prozedur, umgebender Block) fortsetzen, als wäre nichts geschehen; (c) sie kann in der übergeordneten Programmeinheit ebenfalls eine Ausnahmefallbehandlung anstoßen. Entsprechende Sprachvorschläge finden wir bei J. J. H o r n i n g et al. bzw. B. R a n d e l l [HOR74, RAN75].

Die <u>Ausnahmefallbehandlung in PL/I</u> ist sehr komplex[*]; wir beschränken uns daher auf einige Gesichtspunkte. In einer Programmeinheit können eine oder mehrere Ausnahmebedingungen in der Form

    ON bedingung [SNAP] anweisung

spezifiziert werden. (Ähnliche Ausnahmebedingungen existieren in <u>COBOL</u>.) Dies bedeutet, daß beim Auftreten der angegebenen Bedingung die zugeordnete Anweisung ausgeführt wird. Neben einer einzelnen Anweisung ist auch eine zusammengesetzte Anweisung zulässig, z.B.:

    ON ENDFILE GOTO drucken;
    ON ZERODIVIDE CALL spaltentausch;
    ON SUBSCRIPTRANGE BEGIN ; .... ; END;

---

[*] Vergleiche z.B. J. M. N o b l e [NOB68].

Wird an Stelle einer Anweisung das Wortsymbol *SYSTEM* angegeben, so werden standardmäßig festgelegte Maßnahmen ergriffen; dies geschieht auch, wenn keine ON-Spezifikation vorliegt. (Das optionale Wortsymbol *SNAP* bewirkt, daß zusätzlich ein Schnappschuß des Programmzustandes ausgedruckt wird.

Bei den in PL/I vorgesehenen Bedingungen sind drei Klassen zu unterscheiden: (a) Bedingungen, die immer ansprechen, (b) Bedingungen, die durch Präfixe abgeschaltet werden können, (c) Bedingungen, die durch Präfixe eingeschaltet werden müssen. Zu der ersten Gruppe, die immer eine Reaktion hervorrufen, gehören beispielsweise der Versuch, am Dateiende weiterzulesen (Standardbehandlung: Programmabbruch), am Seitenende weiterzudrucken (Standardbehandlung: Beginn einer neuen Seite) oder bei der Listenverarbeitung in einem Gebiet mehr Elemente unterzubringen, als in der Deklaration vorgesehen waren. Zu der Gruppe von Ausnahmebedingungen, die normalerweise eingeschaltet sind, gehören vor allem die arithmetischen Fehler: Überlauf, Unterlauf, Division durch Null. Zu der Gruppe, die explizit eingeschaltet werden muß, gehört beispielsweise das Auftreten von Indizes außerhalb der Indexgrenzen.

Das An- und Abschalten der Ausnahmefallbehandlung für die zweite und die dritte Gruppe erfolgt durch Bedingungspräfixe, die vor einzelne Anweisungen, zusammengesetzte Anweisungen oder Prozeduren geschrieben werden können. Das Abschalten geschieht dabei durch den Zusatz *NO*:

```
ON SUBSCRIPTRANGE GOTO m;
(NOFIXEDOVERFLOW, SUBSCRIPTRANGE):
BEGIN; ...  ;END;
```

Dies bedeutet, daß in dem angedeuteten Block auf den Überlauf von Festpunktzahlen nicht reagiert und bei Verletzung der Indexgrenzen eines Feldes zur Marke *m* gesprungen werden soll.

<u>ADA</u> gehört zur zweiten der erwähnten Sprachgruppen, d.h. beim Auftreten eines Ausnahmefalls wird die normale Anweisungsfolge abgebrochen und die Ausnahmebehandlung tritt an ihre Stelle. Eine Fortsetzung der abgebrochenen Programmeinheit erfolgt nicht. Welche Maßnahmen ergriffen werden sollen, wird an das Ende eines Blockes, Unterprogrammes oder Moduls angehängt (Abb. 10.5). Die

```
BEGIN
      normale_anweisungsfolge;
EXCEPTION
      WHEN bedingungsliste_1  =>  anweisung_1;
      WHEN bedingungsliste_2  =>  anweisung_2;
      ...
      WHEN OTHERS  =>  anweisung;
END
```

Abb. 10.5: Struktur eines ADA-Blockes mit Ausnahmefallbehandlung

Ausnahmebedingungen werden mit Identifikatoren bezeichnet und in der üblichen Weise deklariert:

bedingung : EXCEPTION.

Da ADA nicht nur vordefinierte Ausnahmebedingungen kennt, sondern auch im Programm neu definierte, ist eine Anweisung erforderlich, die deren Auftreten veranlaßt:

RAISE bedingung.

Die Deklarationen der Ausnahmebedingungen unterliegen in ADA-Programmen wie alle Deklarationen der Blockstruktur. Daraus ergeben sich einige Konsequenzen, die wir hier nur andeuten wollen. Enthält eine Programmeinheit keine lokale Ausnahmefallbehandlung für eine eingetretene Bedingung, so wird die Bearbeitung dieser Programmeinheit abgebrochen und die Ausnahmebedingung an die übergeordnete Programmeinheit weitergereicht. (Eine Ausnahmefallbehandlung ist dann nicht spezifiziert, wenn die Bedingung in keiner der Bedingungslisten auftritt und keine *OTHERS*-Alternative existiert.) Die übergeordnete Programmeinheit, die nun den Ausnahmefall behandeln muß, ist bei Blöcken der umgebende Block, bei Prozeduren die aufrufende Prozedur. Entweder ist dort eine Ausnahmefallbehandlung vorgesehen oder die Bedingung wird erneut weitergegeben.

Wegen der dynamischen Aufrufhierarchie der Unterprogramme kann eine an einer bestimmten Stelle eintretende Bedingung verschiedene Wirkungen hervorrufen. J. D. I c h b i a h et al. geben

```
PROCEDURE p IS
        error: EXCEPTION;
        PROCEDURE q IS
        BEGIN r;
                -- moeglichkeit (2) fuer das eintreten der aus-
                -- nahme;
        EXCEPTION WHEN error => -- behandlung e2;
        END q;
        PROCEDURE r IS
        BEGIN -- moeglichkeit (3) fuer das eintreten der aus-
                  nahme;
        END r;
BEGIN -- moeglichkeit (1) fuer das eintreten der ausnahme;
        q; r;
EXCEPTION WHEN error => -- behandlung e1;
END p
```

Abb. 10.6: Dynamische Zuordnung der Ausnahmefallbehandlung in ADA

verschiedene Beispiele an [ICH79], von denen wir eines leicht modifiziert betrachten (Abb. 10.6):

(1) Die Ausnahmebedingung *error* tritt im Rumpf der äußeren Prozedur *p* ein. Die in dieser Prozedur vorhandene Ausnahmefallbehandlung *e1* wird ausgeführt.

(2) *error* tritt im Rumpf der Prozedur *q* ein. Dann wird die dort vorhandene Behandlung *e2* ausgeführt.

(3) *error* tritt im Rumpf von *r* ein, das keine eigene Behandlung für diesen Ausnahmefall vorsieht. Es wird nun nicht etwa stets *e1* aus der statisch übergeordneten Prozedur angestoßen, sondern die Bedingung wird an die aufrufende Prozedur weitergereicht: entweder an *q* (dann erfolgt die Behandlung gemäß *e2*) oder an *p* (dann wird *e1* ausgeführt).

11 Prozeduren

Normalerweise werden die Anweisungen eines Programms in der notierten Reihenfolge ausgeführt, wobei die bereits besprochenen
Kontrollstrukturen dazu dienen, eine abweichende Reihenfolge festzulegen. Wie wir bei den Daten von einfachen Objekten zu zusammengesetzten übergegangen sind, die in bestimmten Anweisungen als
Einheit auftraten, so ist es auch möglich, mehrere Anweisungen zu
einer Einheit zusammenzufassen, die nach außen als eine neue Anweisung wirkt. Der Effekt ist durch den Begriff der "Black-box-
Philosophie" charakterisierbar: Der Programmierer kann diese neue
Anweisung (Prozeduraufruf) als einen schwarzen Kasten immer dort
einsetzen, wo er einen Teilalgorithmus mit bestimmten Eigenschaften benötigt, ohne daß er sich um die Details der Implementierung
zu kümmern braucht[*].

Zunächst wurden Prozeduren eingesetzt, um mehrfach in einem Programm auftretende Anweisungsfolgen nicht mehrfach notieren zu müssen. Hier spielte also der Gesichtspunkt der Einsparung von Speicherplatz und Schreibarbeit eine Rolle. Daneben trat sehr bald der
Gesichtspunkt der Wiederverwendbarkeit einmal aufgeschriebener
Algorithmen in anderen Programmen. Dieser neuere Aspekt der Verwendung von Prozeduren verlangt bereits in stärkerem Maße Flexibilität, wie sie sich durch den Einsatz von Parametern erreichen
läßt. Mit dem Übergang zu Programmsystemen, die wegen ihres Umfanges nur noch schwer überschaubar sind, ist der Gesichtspunkt
wesentlich geworden, Prozeduren als Hilfsmittel zur Strukturierung des Programmes zu verwenden. Diese Strukturierung kann zu
einem hierarchischen Verhältnis zwischen Prozeduren führen, bei
dem die eine Prozedur - von der anderen beauftragt - eine Teil-
aufgabe vollständig bearbeitet und die Ergebnisse zurückmeldet
(Unterprogramm), oder zu einer gleichberechtigten Zusammenarbeit
(Koroutine, parallele Prozesse).

---

[*] Einen ähnlichen, aber mehr statischen Effekt haben die vor allem in Assemblersprachen verbreiteten Makrobefehle.

11.1 <u>Kontrollfluß bei Unterprogrammen</u>

Der Aufruf eines Unterprogramms bewirkt, daß die Bearbeitung der
Anweisungen des aufrufenden Programms vorübergehend unterbrochen
und ein Sprung auf den Anfang des Unterprogramms ausgeführt wird.
Ist die Anweisungsfolge des Unterprogramms beendet, so wird an
die Stelle des aufrufenden Programms zurückgesprungen, von der
aus der Aufruf erfolgte, und der dort unterbrochene Kontrollfluß
wird mit der nächsten Anweisung fortgesetzt. Dabei verstehen wir
die Beendigung des Unterprogramms als das Erreichen des logischen
Endes; dies kann durchaus die Ausführung der statisch letzten Anweisung sein, aber auch ein Aussprung an einer früheren Stelle.
Abb. 11.1 ist dementsprechend dynamisch zu verstehen.

Da das Unterprogramm von verschiedenen Stellen des Hauptprogram-
mes[*] aus angesprungen werden kann, ist für die Programmierung
des <u>Rücksprungs</u> die gewöhnliche Sprunganweisung nicht ausreichend:
Das Sprungziel ist abhängig vom Ort des Unterprogrammaufrufes.
Man benötigt daher ein Paar von Sprunganweisungen, das diesen Zusammenhang herstellt: (a) Die Anweisung zum Unterprogrammaufruf
(CALL) muß nicht nur den Sprung an den Unterprogrammanfang ausführen, sondern auch die Stelle des aufrufenden Programms notieren, an der dieses später fortzusetzen ist (Rücksprungadresse).
(b) Die Rücksprunganweisung (RETURN) enthält keine explizite Ziel-
angabe, sondern bezieht sich auf die beim entsprechenden Unterprogrammaufruf gemachte Vormerkung. Für beides existieren gewöhnlich
Maschinenbefehle.

Der <u>geschachtelte Aufruf</u>, bei dem Unterprogramme ihrerseits weitere Unterprogramme aufrufen können, bringt für den Programmierer
zunächst keine neuen Gesichtspunkte, da sich das Verhältnis zwischen rufendem und gerufenem Programm nicht ändert. Etwas Neues
ergibt sich erst, wenn das gerufene Programm mit dem rufenden
identisch ist (direkte Rekursion) oder sich eine solche Identität
über mehrere Stufen der Unterprogrammschachtelung ergibt (indirekte Rekursivität). Während bei LISP die Rekursion ein fundamen-
tales Konzept ist, erlauben FORTRAN, COBOL und BASIC keine rekur-

---

[*] Vereinfachend nennen wir das aufrufende Programm Hauptprogramm, auch wenn
es seinerseits ein Unterprogramm ist.

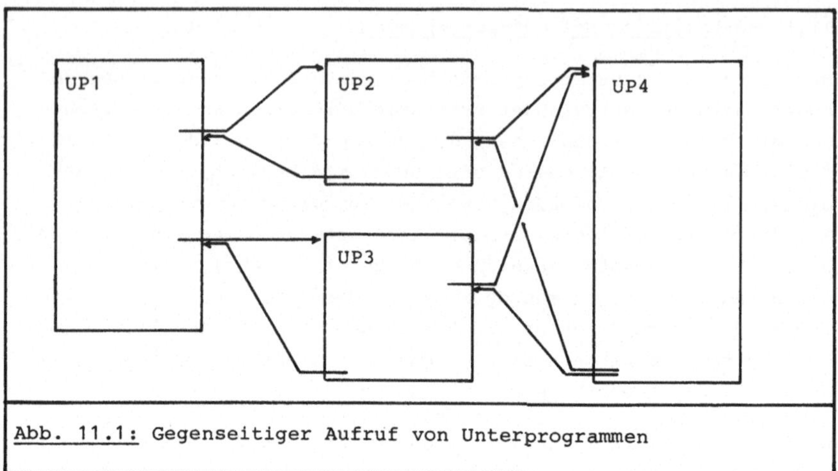

<u>Abb. 11.1:</u> Gegenseitiger Aufruf von Unterprogrammen

siven Unterprogramme. Die Ursache liegt darin, daß die rekursiven
Unterprogramme eine dynamische Speicherverwaltung erfordern.

Die Tatsache, daß einige weitverbreitete Sprachen die <u>Rekursion</u>
verbieten, wollen wir zum Anlaß für eine Bemerkung über die Nütz-
lichkeit dieses Konzeptes nehmen. Es wird in Programmierlehrbü-
chern oft an sehr einfachen Beispielen erläutert, die auch mit
Laufschleifen übersichtlich zu formulieren sind, z.B. größter gemeinsamer Teiler. Es gibt jedoch sehr wohl Algorithmen, die rekursiv unmittelbar einsichtig formuliert werden können, während
eine äquivalente iterative Formulierung schwer zu durchschauen
ist. Beispiele von praktischer Relevanz finden sich etwa in der
Syntaxanalyse bei Kompilierern[*]. Ein anschauliches Beispiel sind
die Türme von Hanoi (Abb. 11.2), wo es darum geht, eine aus einzelnen Steinen zusammengesetzte Pyramide von der Position A zur
Position B zu transportieren. Als Hilfsposition zur Lagerung von
Steinen steht noch C zur Verfügung. Die Steine müssen einzeln bewegt werden, und zu keinem Zeitpunkt darf ein größerer auf einem
kleineren liegen. Die rekursive Lösung basiert auf dem einfachen
Gedanken, daß man bei einem Turm der Höhe n den unteren Stein auf
die Zielposition legen kann, wenn ein Turm der Höhe $n-1$ auf die

---

[*] Siehe z.B. [JEN78].

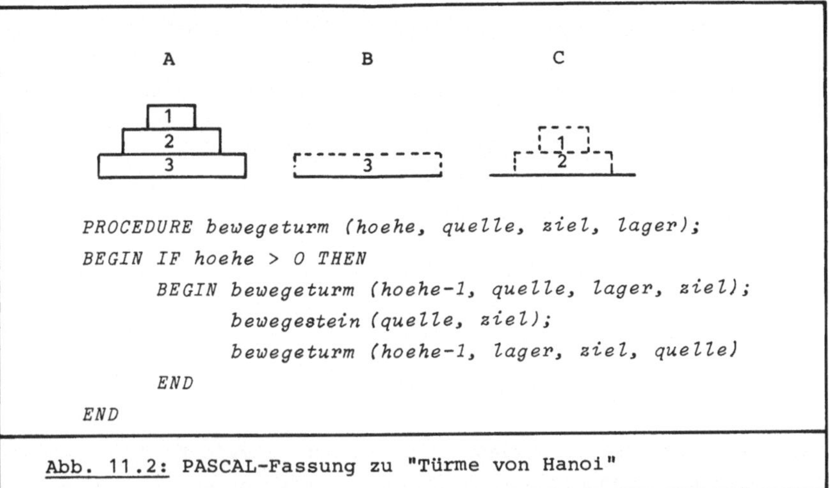


```
PROCEDURE bewegeturm (hoehe, quelle, ziel, lager);
BEGIN IF hoehe > 0 THEN
        BEGIN bewegeturm (hoehe-1, quelle, lager, ziel);
              bewegestein (quelle, ziel);
              bewegeturm (hoehe-1, lager, ziel, quelle)
        END
END
```

__Abb. 11.2:__ PASCAL-Fassung zu "Türme von Hanoi"

Hilfsposition gebracht worden ist. (Diese Situation ist in der Abbildung gestrichelt dargestellt.) Damit ist der Fall n auf den Fall $n-1$ zurückgeführt und die Aufgabe gelöst, weil $n=1$ bzw. $n=o$ trivial ist.

11.2   Form von Prozedur und Prozeduraufruf

Außer den Standardprozeduren, die vordefiniert sind und vom Benutzer beliebig verwandt werden dürfen, müssen alle Prozeduren deklariert werden. Wir können Prozeduren nach dem Ort und dem Gültigkeitsbereich der Deklaration und nach der Art der Verwendung unterscheiden.

Nach der __Art der Verwendung__ können wir Prozeduren, die als Funktionen innerhalb von Ausdrücken aufgerufen und üblicherweise als Funktionsprozeduren bezeichnet werden, von den Prozeduren unterscheiden, deren Aufruf eine selbständige Anweisung darstellt. Diese heißen oft Anweisungsprozeduren. Für den __Ort__ und Gültigkeitsbereich __der Deklaration__ spielt dieser Unterschied nur eine geringe Rolle: FORTRAN und BASIC kennen die __Funktionsanweisung;__ sie kann innerhalb anderer Programmeinheiten auftreten. Es handelt sich dabei um eine vereinfachte Form der Prozedurdeklaration für Funktionsprozeduren. Im übrigen ist nur zu unterscheiden, ob es sich um <u>externe Prozeduren</u> handelt, die als selbständige Einheiten übersetzt werden, oder ob die Deklarationen den üblichen Gültigkeitsbereichsregelungen (z.B. Blockstruktur) unterliegen. Hierzu ist festzustellen, daß alle Sprachen ohne Blockstruktur oder Modulstruktur die externe Prozedur vorziehen; dagegen behandeln die Sprachen mit Schachtelung der Gültigkeitsbereiche die Prozedurdeklaration wie alle anderen Deklarationen[*]. PL/I nimmt eine Mittelstellung ein, indem sowohl externe Prozeduren (mit globalem Gültigkeitsbereich) als auch die Deklarationen im Rahmen der Blockstruktur zulässig sind. Bei ALGOL kann die Deklaration von Prozeduren beliebig mit anderen Deklarationen gemischt werden. PASCAL und seine Nachfolger verlangen, daß sie im Anschluß an die anderen Deklarationen zu notieren sind[**].

Die Deklaration einer Prozedur umfaßt einen <u>Prozedurkopf</u> und einen <u>Prozedurrumpf</u>. Während der Rumpf den auszuführenden Algorithmus beschreibt, bildet der Kopf die syntaktische Schnittstelle zwischen dem Aufruf der Prozedur und der Beschreibung des Rumpfes. Seine Angaben sind einerseits erforderlich, um den Prozeduraufruf syntaktisch korrekt zu formulieren, andererseits dienen sie beispielsweise der Überprüfung der Parameterverwendung im Prozedurrumpf. Der Prozedurkopf umfaßt: (a) die Bezeichnung der Prozedur, (b) die Angabe, ob die Prozedur als Funktion oder Anweisung aufzurufen ist, (c) die Anzahl, Reihenfolge und Bezeichnung der Parameter und (d) die Art der Parameter und die Funktionsprozeduren des expliziten Ergebnisses, jedoch nur in dem Rahmen, wie die Sprache Deklarationen kennt. Vereinzelt treten noch weitere Angaben auf. So müssen in PL/I rekursive oder ablaufinvariante Prozeduren als solche gekennzeichnet werden. EUCLID erlaubt dem Programmierer, Aussagen über die Werte der Parameter vor und nach Ausführung des Prozedurrumpfes zu machen (Vor- und Nachbedingungen)[***].

Als <u>Bezeichnung</u> einer Prozedur dürfen in der Regel die gleichen Identifikatoren auftreten wie bei anderen Objekten. Eine Ausnahme

---

[*] Sollen bei blockstrukturierten Sprachen externe Prozeduren verwandt werden, so ist der Kopf beim gewünschten Gültigkeitsbereich zu wiederholen.

[**] Damit wird die Situation von Abb. 8.1 (Zeile 6) vermieden.

[***] Nicht ganz konsequent ist, daß die EUCLID-Syntax diese Bedingungen dem Rumpf zuordnet.

macht nur BASIC, wo die Bezeichnungen von Funktionsprozeduren mit
FN beginnen, wonach noch ein Buchstabe folgt. In erweiterten
BASIC-Systemen kann zusätzlich eine Ziffer oder bei Textfunktio-
nen das Dollarzeichen angefügt sein; einige Systeme erlauben beliebige Identifikatoren für externe Prozeduren. Eine andere Ausnahme bilden ALGOL 68 und einige neuere Sprachen wie ADA; sie
bieten die Möglichkeit, beliebige Zeichen als Prozedurbezeichnung
zu verwenden und so neue Operatoren einzuführen.

Je mehr die Programmierer die Prozeduren als Hilfsmittel zur
Strukturierung des Programmes einsetzen, desto mehr Prozedurdeklarationen werden in einem Programm enthalten sein. Dies führt
zu langen Deklarationsteilen, die abwechselnd syntaktische Spezifikation (Kopf) und zugehörige algorithmische Detaillierung
enthalten. Bei der Arbeit an dem die Prozeduren aufrufenden Programmteil interessieren nur die Prozedurköpfe und sollten auch
die Details des Rumpfes nicht benutzt werden. ADA erlaubt die
Zusammenfassung aller Prozedurköpfe mit den übrigen Deklarationen in einem Deklarationsteil, dem in einem separaten Teil die
Rümpfe folgen[*]. Handelt es sich um einen Modul, kann auf diese
Weise der Prozedurkopf nach außen sichtbar gemacht werden.

Bei den <u>Prozeduraufrufen</u> gibt es die bereits erwähnte Unterscheidung zwischen den Prozeduren, die als Funktionen innerhalb von
Ausdrücken aufgerufen werden, und denen, die als Anweisungen aufgerufen werden.

Die <u>Funktionsprozeduren</u> werden einheitlich in der von der mathematischen Notation her bekannten Form

funktionsbezeichnung(liste_der_aktuellen_parameter)

angesprochen. Soweit die Sprache beliebige Sonderzeichen als
Funktionsbezeichnungen zuläßt, ist die Infix-Schreibweise konsequent:

erster_parameter operator zweiter_parameter.

(APL kennt nur diese Schreibweise.) In ALGOL-68-Programmen können
auf diese Weise beliebige Zeichen als Operatoren neu eingeführt

---

[*] Bei den Rümpfen muß (eigentlich unnötigerweise) der jeweilige Kopf vollständig wiederholt werden.

werden, während etwa ADA nur eine Umdefinition vorhandener Operatoren bzw. deren Definition für neu eingeführte Parameterarten erlaubt.

Die <u>Anweisungsprozeduren</u> werden in den Sprachen der ALGOL-Familie, aber auch in SNOBOL, ebenso aufgerufen:

prozedurbezeichnung(liste_der_aktuellen_parameter).

Die meisten anderen Sprachen verwenden das Schlüsselwort CALL zur Kennzeichnung der Prozeduranweisungen. In BASIC wird diese Form jedoch nur für externe Prozeduren verwandt, während interne Prozeduren mit *GOSUB* (ohne die Möglichkeit der Parameterübergabe) angesprochen werden.

11.3 <u>Parameter</u>

Die Wiederverwendbarkeit einmal definierter Prozeduren hängt stark von ihrer Flexibilität ab. Hierzu gehört insbesondere die Möglichkeit, daß der von der Prozedur beschriebene Algorithmus mit unterschiedlichen Daten ablaufen kann. Die Prozedur benötigt also Zugriff zu Objekten, die im aufrufenden Programm definiert sind. Die Möglichkeit, auf globale Objekte zuzugreifen, ist vom Standpunkt der Programmiermethodik fragwürdig und reicht vor allem nicht aus, um mit unterschiedlichen Objekten zu arbeiten. Hierfür eignen sich jedoch Parameter: An allen Stellen, wo in der Prozedur ein solcher Zugriff benötigt wird, verwendet man einen <u>formalen Parameter</u>; das ist eine Bezeichnung, die keinem konkreten Objekt zugeordnet ist. Es handelt sich um einen Platzhalter (engl. dummy argument), der beim Prozeduraufruf durch einen entsprechenden <u>aktuellen Parameter</u> ersetzt werden muß. Der aktuelle Parameter ist ein in der Aufrufumgebung existierendes Objekt; seine Deklaration - bei Ausdrücken die Deklaration von dessen Operanden - muß also an der Stelle des Aufrufs gültig sein. (Es spielt keine Rolle, ob der Prozedurrumpf zum Gültigkeitsbereich gehört.)

Beim Aufruf einer Prozedur müssen die eingesetzten aktuellen Parameter mit der Spezifikation der formalen Parameter verträglich sein. Im allgemeinen gilt die Regel, daß die aktuellen Parameter in Anzahl und Reihenfolge den formalen entsprechen müssen. Die

```
    REAL PROCEDURE mittelwert (tabelle, spalte, groesse);
        INTEGER spalte, groesse;
        REAL ARRAY tabelle;
    BEGIN INTEGER zeile; REAL summe;
        summe := Ø.Ø;
        FOR zeile := 1 STEP 1 UNTIL groesse DO
            summe := summe + tabelle [zeile, spalte];
        mittelwert := summe/groesse
    END;

    Aufrufbeispiel:

        differenz := mittelwert(t1, 1, 1ØØ)
                   - mittelwert(t1, 2, 1ØØ)
```

Abb. 11.3: Beispiel einer ALGOL-60-Prozedur

Reihenfolge bestimmt, welcher aktuelle für welchen formalen Parameter eingesetzt wird. Der Dokumentationswert eines Programmes kann aber gesteigert werden, indem die Bezeichnungen der formalen Parameter explizit im Prozeduraufruf wiederholt werden. ADA läßt beispielsweise folgenden Aufruf zu:

$$m := mittelwert(tabelle = t1, groesse = n, spalte = 2).$$

Bei dieser (schreibaufwendigeren) Fassung spielt die Reihenfolge keine Rolle[*], und man kann die Parameter beliebig vertauschen. Bei der reihenfolgeabhängigen Notation, z.B. in ALGOL 60, ist das unzulässig; auf der Basis von Abb. 11.3 muß es stets lauten:

$$m := mittelwert(t1, 2, n).$$

Da der formale Parameter kein konkretes Objekt bezeichnet, ist auch keine Deklaration für ihn erforderlich. Um den Prozedurrumpf übersetzen zu können, benötigt der Kompilierer jedoch Angaben über die Art der Objekte, die für den formalen Parameter eingesetzt werden können. Diese Angaben können in einer den Deklarationen gleichen oder ähnlichen Form gemacht werden. FORTRAN 66 und PL/I verwenden unmittelbar Deklarationen, die auch nicht von

---

[*] Ferner erlaubt diese Schreibweise, einzelne Parameter wegzulassen, sofern ihr Wert beim konkreten Prozedurdurchlauf nicht benötigt oder anderweitig festgelegt ist (Default-Wert).

den lokalen Deklarationen des Prozedurrumpfes abgesetzt werden.
Dagegen sehen die Sprachen der ALGOL-Familie eigene <u>Spezifika-
tionen</u> vor, die aus dem Prozedurrumpf herausgezogen sind und sich
von den Deklarationen dadurch unterscheiden, daß Angaben, die
sich auf konkrete Objekte beziehen, weggelassen werden (z.B. die
Indexgrenzen bei Feldern). Die Spezifikationen können dann noch
an zwei verschiedenen Stellen des Prozedurkopfes stehen: (a) Die
Art eines jeden Parameters ist unmittelbar innerhalb der Liste
formaler Parameter angegeben, d.h. noch in der entsprechenden
Klammer:

> *PROCEDURE mittelwert = (REF [,] REAL tabelle, INT spalte,*
> *INT groesse) REAL.*

Diese Lösung finden wir beispielsweise bei ALGOL 68 (unser Beispiel), PASCAL und dessen Nachfolgern[*]; sie ist ein systemati-
scher Weg, da die Parameter nur einmal genannt werden müssen.
(b) die Art der Parameter wird im Anschluß an die Liste formaler
Parameter angegeben, aber noch vor Beginn des Prozedurrumpfes
und der dort deklarierten lokalen Größen. Diese Lösung ist typisch für ALGOL 60 und davon abgeleitete Sprachen wie SIMULA.
Einen Sonderfall stellen die Anweisungsfunktionen von FORTRAN
dar: Wegen deren Einzeiligkeit kann die Spezifikation der Parameter überhaupt nicht innerhalb der Prozedur erfolgen, sondern
wird vom übergeordneten Programm vorgenommen, soweit die Regeln
für implizite Deklaration nicht angewandt werden.

Die meisten formalen Parameter werden im Prozedurrumpf behandelt,
als würde es sich um die Bezeichnung einer einfachen <u>Variablen</u>
handeln. Da die aktuellen Parameter an den entsprechenden Stellen
des Prozedurrumpfes eingesetzt werden, kommen dafür nur einfache
oder indizierte Variable, Konstante oder Rechenvorschriften, die
ein entsprechendes Ergebnis liefern, in Frage. Dabei muß die Art
des Bezugsobjektes oder Ergebnisses beim aktuellen Parameter mit
der Spezifikation des formalen Parameters verträglich sein. Alle
wichtigen Programmiersprachen erlauben auch <u>Feldbezeichnungen</u> als
Parameter. Unterschiede bestehen jedoch darin, ob die Feldgrenzen
explizit in der Spezifikation angegeben werden müssen oder impli-

---

[*] Die Spezifikation eines Parameters als Feld erfolgt auch in BASIC an dieser Stelle.

zit (dann aber erst zur Laufzeit) aus der durch den aktuellen Parameter gegebenen Feldbeschreibung entnommen werden. Diese implizite Übernahme kennen z.B. ALGOL 60 (wo auch die Anzahl der Indizes nicht spezifiziert wird), PL/I oder ALGOL 68. Dagegen verlangt FORTRAN 66 die explizite Angabe der Feldgrenzen, indem diese entweder als konstante Werte in der Spezifikation vorgegeben oder selbst formale Parameter sein müssen[*]. Die Möglichkeit, <u>Prozedurbezeichnungen</u> als Parameter zu verwenden, führt zu Problemen bei der syntaktischen Überprüfung des Prozedurrumpfes: ALGOL 60 spezifiziert nur die Art des Ergebnisses (*art PROCEDURE*) bzw. daß es sich um eine Anweisungsprozedur handelt (*PROCEDURE*). Ähnliches gilt für PASCAL, FORTRAN und PL/I. Letztere Sprache läßt jedoch auch zu, daß in einer *ENTRY*-Spezifikation nähere Angaben über die Art der Parameter einer formalen Prozedurbezeichnung gemacht werden. ALGOL 68 schreibt dies sogar vor:

> *PROC integriere = (PROC(REAL) REAL radikand,*
> *REAL von, bis, genauigkeit) REAL:*
> *BEGIN ... END.*

Für den formalen Parameter *radikand* dürfen nur Funktionsprozeduren mit reellwertigem Argument und reellwertigem Ergebnis eingesetzt werden.

11.4   Parameterübergabemechanismen

In den problemorientierten Programmiersprachen kennen wir verschiedene Möglichkeiten, die formalen Parameter durch die im Prozeduraufruf angegebenen aktuellen zu ersetzen:

(a) Der aktuelle Parameter wird <u>zum Zeitpunkt des Funktionsaufrufes ausgewertet</u>, d.h. sein Wert berechnet, und diese Konstante ersetzt den formalen Parameter an allen Stellen, wo dieser im Prozedurrumpf verwendet wird (*call by value*). Da nur Konstante übergeben werden, kann diesen Parametern in der Prozedur kein Wert zugewiesen werden[**].

---

[*] FORTRAN erlaubt aber, daß das Feld in der Prozedur mit anderer Indexzahl oder anderen Grenzen verwandt wird als im aufrufenden Programm.

[**] Bei ALGOL 60 ersetzt eine für den Programmierer nicht sichtbare Variable den formalen Parameter, der der Wert zugewiesen wird. So kann er innerhalb der Prozedur verändert werden, ohne daß die Veränderung im aufrufenden Programm sichtbar wird.

```
    INTEGER ARRAY a[1:10]; INTEGER i,x;

    PROCEDURE f(p); INTEGER p;
    BEGIN i := 2;
          a[1] := 12;
           x := p
    END f;

    a[1] := 10; a[2] := 11; i := 1;
    f(a[i]);
```

Abb. 11.4: Programmbeispiel für die unterschiedlichen Para-
metermechanismen (Notation: ALGOL 60)

(b) Der aktuelle Parameter ersetzt textuell den formalen Parameter (*call by name*). Sein Wert wird erst dann bestimmt, wenn der
Programmablauf eine Stelle im Prozedurrumpf erreicht, wo der Parameter verwandt wird. Tritt er mehrfach auf, so wird er auch
mehrfach ausgewertet; dies ist aufwendig. Ist der aktuelle Parameter eine Variable oder ein Ausdruck, so kann sich bei jeder
Auswertung ein neuer Wert ergeben: wenn nämlich zwischenzeitlich
einer der Operanden verändert wurde. Oft führt diese Technik zu
unübersichtlichen Möglichkeiten.

(c) Beim Prozeduraufruf wird die Adresse des aktuellen Parameters
übergeben (*call by reference*). Handelt es sich nicht um den Namen
einer einfachen oder indizierten Variablen, sondern z.B. um einen
mit Operationen oder Funktionen gebildeten Ausdruck, so wird dieser ausgewertet und einer für den Programmierer nicht sichtbaren
Hilfsvariablen zugewiesen. Dieser Übergabemechanismus führt dazu,
daß der formale Parameter in der Prozedur wie eine einfache Variable behandelt werden kann. Insbesondere kann der Wert geändert
werden, und diese Änderung ist im aufrufenden Programm sichtbar.

Daß die unterschiedlichen Parameterübergabemechanismen nicht nur
ein Thema für die Autoren des Kompilierers sind, sondern zu unterschiedlichen Ergebnissen führen, zeigt das Beispiel von Abb.
11.4, das in Anlehnung an ALGOL 60 formuliert ist. Am Ende des
Programmlaufs hat x verschiedene Werte in Abhängigkeit von dem
eingesetzten Parameterübergabemechanismus: (a) Zum Zeitpunkt des

Sprache	value	reference	name	Bemer-kung
ALGOL 60	VALUE	–	implizit	
SIMULA	implizit	bei bestimm-ten Arten	NAME	
ALGOL 68	art	REF art	–	1)
COBOL	–	–	–	
APL	implizit	–	–	
BASIC	implizit bei Funktionen	implizit bei externen Un-terprogr.	–	
PL/I	–	implizit	–	2)
FORTRAN	–	implizit	–	2)
PASCAL	implizit	VAR	–	
LISP	–	–	implizit	
SNOBOL	implizit	–	–	3)
ADA	IN	–	–	4)

<u>Abb. 11.5:</u> Parametermechanismen in den einzelnen Sprachen.

1) Ein dem call-by-name ähnlicher Effekt kann durch PROC art erreicht werden.

2) Bei Konstanten und Ausdrücken wird eine unsichtbare Hilfsvariable generiert; die Wirkung stimmt dann mit call-by-value überein.

3) Die value-Übergabe kann durch den Sternoperator unter-drückt werden.

4) siehe Text

Prozeduraufrufs wird für p die Konstante 10 (= $a[1]$) eingesetzt; somit hat x am Ende den Wert 10. (b) Für p wird textuell $a[i]$ eingesetzt und erst im Rahmen der Wertzuweisung $x := p$ ausgewer-tet. Zu diesem Zeitpunkt hat i aber bereits den Wert 2, so daß x den Wert von $a[2]$, also 11 erhält. (c) Für p wird die Adresse des aktuellen Parameters $a[i]$, also zum Zeitpunkt des Prozeduraufrufs $a[1]$ übergeben. Die Wertzuweisung $x := a[1]$ berücksichtigt so die vorhergehende Änderung von $a[1]$, während sich die Änderung von i nicht auswirkt.

```
INTEGER PROCEDURE problemloeser
            (laufvariable, ende, links, rechts);
      INTEGER laufvariable, ende, links, rechts;
BEGIN
      FOR laufvariable := 1 STEP 1 UNTIL ende
      DO   links := rechts;
      problemloeser := 1;
END problemloeser;

s := 0;   i := problemloeser(i,100,s,s+a[i]);
i := problemloeser(j,m,i,problemloeser(i,n,a[i,j],i+j))
```

<u>Abb. 11.6:</u> Allgemeiner Problemlöser nach K n u t h   und
           M e r n e r   [KNU61]

Welcher Mechanismus in einer Prozedur verwandt werden soll, kann
(1) für die Programmiersprache generell festgelegt sein, (2) in
der Prozedurdeklaration durch deren Programmierer festgelegt werden, (3) sich aus den eingesetzten aktuellen Parametern ergeben.
Ein Beispiel für den letzten Fall ist durch die Fußnote [2] in
Abb. 11.5 gegeben. In einigen neueren Sprachen ist als Gegenstück
zum *call-by-value* ein *call-by-result*-Mechanismus enthalten, z.B.
in ADA. Die Übergabe des Wertes (an das aufrufende Programm) erfolgt beim Rücksprung. Kombiniert man beide Mechanismen für den-
selben Parameter, so stimmt die Wirkung mit dem *call-by-reference*
überein, sofern es keine Möglichkeit gibt, zwischen dem Beginn
und dem Ende der Prozedurabwicklung auf den aktuellen Parameter
zuzugreifen[*].

Die Parameterübergabe mit *call-by-name* führt nicht nur wegen der
mehrmaligen Auswertung zu ineffizienten Programmen, sondern besitzt auch eine gefährliche "Flexibilität". D.   E.   K n u t h
und J. N.   M e r n e r   geben einen allgemeinen Problemlöser
an, dessen Vielseitigkeit seinen Namen rechtfertigt (Abb. 11.6).

---

[*] Diese Möglichkeit besteht, wenn der aktuelle Parameter gemeinsam von zwei
parallel ablaufenden Prozessen benutzt wird oder eine als aktueller Parameter übergebene Prozedur den anderen Parameter lesen oder verändern kann.

Der erste Aufruf bildet die Summe $a[1] + a[2] + \ldots + a[1\emptyset\emptyset]$; der
zweite Aufruf ordnet jeder Komponenten einer Matrix $a[1:n,\ 1:m]$
den Wert $a[i,j] = i+j$ zu.

11.5 Einige Besonderheiten im Zusammenhang mit Prozeduren

Bei Anweisungsprozeduren kann man auf zweierlei Weise Ergebnisse
an das aufrufende Programm übermitteln: (1) Einmal kann im Prozedurrumpf Parametern ein neuer Wert zugewiesen werden; diese Wertzuweisung verändert die aktuell eingesetzte Variable, wenn nicht
call-by-value vorliegt. (2) Zum andern kann im Prozedurrumpf eine
bezüglich der Prozedur globale Größe verändert werden. Handelt es
sich um Funktionsprozeduren, so lassen die älteren Sprachen diesen Mechanismus ebenfalls zu. Es wird heute allgemein anerkannt,
daß dies schlechter Programmierstil ist (Seiteneffekte). Da Funktionsaufrufe in Ausdrücken auftreten, ist das eigentliche Ergebnis der weiterverarbeitbare Funktionswert. Die Veränderung von
Parametern oder globalen Größen kann unbeabsichtigte Wirkungen
haben: Einmal müssen etwa in booleschen Ausdrücken nicht in jedem Fall alle Operanden ausgewertet werden, um das Ergebnis zu
erhalten; zum andern kann es im Hinblick auf Optimierungen sinnvoll sein, die Reihenfolge der Auswertung von Operanden offenzu-
lassen. In beiden Fällen ist unklar, ob bzw. wann die Seiteneffekte ausgeführt worden sind. ADA verbietet ausdrücklich die Seiteneffekte.

Bei arithmetischen Operatoren nimmt man es beispielsweise als
selbstverständlich hin, daß verschiedene Operationen (z.B. ganzzahlige und reellwertige Addition) gleich bezeichnet werden: Welche Operation gemeint ist, ergibt sich aus der Art der Operanden.
Entsprechend ist es auch möglich, daß sich die Gültigkeitsbereiche von benutzerdeklarierten Prozeduren überlagern. Es muß aber
sichergestellt sein, daß die Art der Parameter eine Identifizie-
rung eindeutig zuläßt[*]. Die meisten Programmiersprachen wenden
diese Technik des Überladens einer Bezeichnung nur bei Standardfunktionen an. So z.B. FORTRAN 77, wo die Bezeichnung *SQRT* auch

---

[*] In diesem Zusammenhang ist die Frage nach der Gleichheit zweier Arten interessant. (Vgl. Abschn. 7.4.)

```
   PASCAL:

      FUNCTION integral (FUNCTION f: REAL; von, bis: REAL): REAL;
               lokale_deklarationen;
      BEGIN    ...
               ... f(x) ...
               ...
      END; {integral}


   ADA:
      GENERIC (FUNCTION f(x: real) RETURN real)
      FUNCTION integral (von, bis: real) RETURN real IS
               lokale_deklarationen;
      BEGIN    ...
               ... f(x) ...
               ...
      END integral;
```

<u>Abb. 11.7:</u> Prozeduren als Parameter

für doppeltgenaue und komplexe Argumente verwandt werden darf.
Insbesondere Sprachen, die benutzerdefinierte Arten kennen, ge-
winnen durch das Überladen an Flexibilität, weil vorhandene Algorithmen für verwandte Arten übernommen werden können. Andererseits darf man nicht verkennen, daß ein zu freizügiges Überladen
eher zur Verwirrung beiträgt. ALGOL 68 und ADA lassen das Überladen von Operatoren, ADA auch das von Prozeduren zu.

PL/I hat die Möglichkeit geschaffen, <u>Prozeduren mit mehreren Ein-</u>
<u>gängen</u> zu deklarieren. Ähnliche Konstruktionen findet man in
PEARL und FORTRAN 77. Die entsprechenden Programmstellen werden
mit dem *ENTRY*-Attribut gekennzeichnet.

> *identifikator: ENTRY (parameterliste)*

Die alternativen Eingänge werden wie jede Prozedur durch eine
CALL-Anweisung aufgerufen. Im Zusammenhang mit der modularen Programmierung ist der Vorschlag gemacht worden, Prozeduren mit mehreren Eingängen zur Realisierung der Datenmoduln in PL/I zu verwenden.

Fast alle Programmiersprachen erlauben, daß <u>Prozeduren als Parameter</u> von Prozeduren auftreten können. Ein typisches Beispiel aus dem naturwissenschaftlich-technischen Anwendungsbereich ist die numerische Integration einer gegebenen Funktion (Abb. 11.7). ADA verbietet dies, um zur Übersetzungszeit die Prozeduraufrufe auf syntaktische Korrektheit überprüfen zu können. Hier hat der Programmierer jedoch die Möglichkeit, eine Gattung von Funktionen zu deklarieren. Einzelne Individuen entstehen dann durch Einsetzen bestimmter Funktionen, beispielsweise

FUNCTION integral_h IS NEW integral(h).

12 Koroutinen und Prozesse

12.1 Inkarnationen

In vielen Lehrbüchern zur Programmierung wird die Wirkung eines
Unterprogrammaufrufes durch die <u>Kopierregel</u> erläutert: Die Wirkung des Aufrufes sei die gleiche, wie wenn man die aufrufende
Anweisung durch eine Kopie des Rumpfes der Prozedurdeklaration
ersetze. (Dabei müssen gewisse sprachabhängige Substitutionen für
die Parameter und Konfliktbeseitigungen bei den Identifikatoren
vorgenommen werden.) Diese Interpretation deckt nur den klassischen Fall der einfachen Unterprogramme ab und führt bei allgemeineren Konzepten zu Schwierigkeiten: (a) <u>Rekursive Unterpro-
gramme</u> würden bei statischer Anwendung der Kopierregel zu textuell
unendlich langen Programmen führen. Hier kann man sich allerdings
noch mit einer dynamischen Interpretation der Kopierregel helfen,
bei der der Kopiervorgang erst bei Aufruf des Unterprogramms ausgeführt zu werden scheint. (b) Wird die Prozedur nicht durch eine
<u>explizit im Programm auftretende Anweisung</u> gestartet, so ist un-
klar, an welcher Stelle der Prozedurrumpf einzukopieren ist. Dieser Fall liegt etwa bei den von Unterbrechungen gestarteten Prozeduren vor. (c) Die Kopierregel setzt voraus, daß die Prozedur
stets <u>an ihrem Anfang neu gestartet</u> wird und nicht etwa an einer
Stelle fortgesetzt, wo sie bei einem früheren Aufruf verlassen
wurde. Dies ist aber bei Koroutinen der Fall. (c) Sie geht ferner
davon aus, daß das <u>aufrufende Programm nicht weiterbearbeitet</u>
wird, solange das gerufene Programm nicht beendet ist. Es wird
also ein einziger deterministischer Befehlsstrom vorausgesetzt;
eine gleichzeitige oder ineinander verzahnte Bearbeitung beider
Programme als konkurrierende Prozesse ist nicht möglich. (e) Das
gerufene Programm wird durch den Aufruf <u>unmittelbar gestartet</u>.
Eine Alternative wäre die Möglichkeit, den Aufruf als einen Auf-
trag zu verstehen, der zu einem späteren Zeitpunkt auszuführen
ist.

Eine bessere Vorstellung bekommt man, wenn man die Deklaration
einer Prozedur als reine Definition auffaßt und von der <u>ablauf-
fähigen Inkarnation</u> unterscheidet. Die Definition legt nur fest,
was zu tun ist. Jeder Aufruf bewirkt die Schaffung einer neuen
Inkarnation entsprechend dem Muster der Deklaration. Rekursive

Aufrufe unterscheiden sich dann von nichtrekursiven nur dadurch, daß die neugeschaffene Inkarnation algorithmisch mit einer bereits existierenden übereinstimmt, während die Daten der neuen Inkarnation sich i.a. von denen der früheren Inkarnationen unterscheiden. Mit jeder Inkarnation ist somit ein eigenständiger Datensatz verbunden, der insbesondere auch das Ziel für den Rücksprung enthält.

Dieses Modell gestattet, auch die Fälle zu behandeln, die bei der Kopierregel Schwierigkeiten machen: (a) Rekursive Unterprogramme bewirken, daß mehrere Inkarnationen gleichzeitig existieren. (Hier hätte auch die dynamische Kopierregel ausgereicht.) (b) Die Schaffung von Inkarnationen kann unabhängig vom Programmablauf durch das Auftreten von Ereignissen erfolgen. (c) Die Inkarnation muß nicht unbedingt gelöscht werden, wenn der Programmablauf sie verläßt, sondern kann weiter existieren und gelegentlich fortgesetzt werden. (d) Mehrere Inkarnationen verschiedener oder der gleichen Prozedur können miteinander konkurrierend bearbeitet werden.
(e) Die Schaffung einer Inkarnation und der Beginn ihrer Bearbeitung müssen nicht zwangsläufig durch die gleiche Anweisung bewirkt, sondern können voneinander getrennt werden.

Bei dieser Betrachtungsweise wird auch deutlich, was unter <u>ablaufinvarianten Prozeduren</u> zu verstehen ist. Hierbei handelt es sich um Prozeduren, die in einem System parallel ablaufender Prozesse innerhalb eines Prozesses aufgerufen werden, obwohl der Aufruf innerhalb eines anderen Prozesses noch nicht beendet ist. Beide Prozesse verwenden dann verschiedene Inkarnationen dieser Prozedur. Da zur Übersetzungszeit nicht entschieden werden kann, ob diese Situation vorliegt, muß der Kompilierer entweder alle in Frage kommenden Prozeduren ablaufinvariant übersetzen, oder die Programmiersprache muß erlauben, diese Prozeduren entsprechend zu kennzeichnen. Ein Beispiel für den ersten Fall ist SIMULA, wo alle mit Klassen verbundenen Prozeduren ablaufinvariant übersetzt werden; der zweite Fall liegt bei PL/I vor, wo entsprechende Prozeduren als *REENTRANT* gekennzeichnet werden müssen.

Da der Algorithmus derselbe ist, kann für alle Inkarnationen die gleiche Befehlsfolge verwandt werden, jedoch mit unterschiedlichen Daten. Will der Implementator die Befehlsfolgen nur einmal

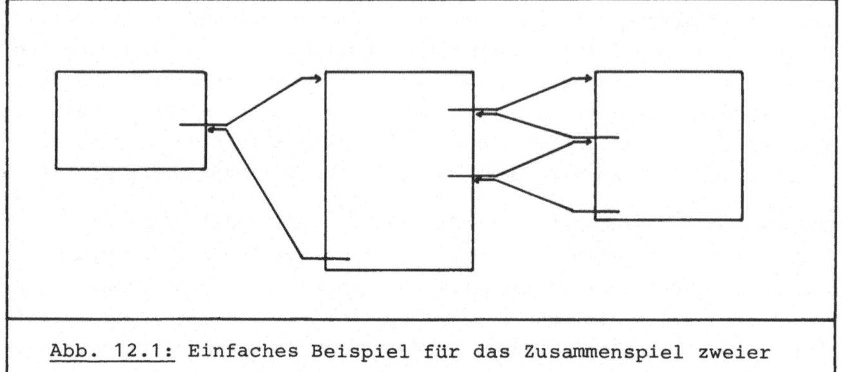

Abb. 12.1: Einfaches Beispiel für das Zusammenspiel zweier
Koroutinen *K1* und *K2*, kreiert und erstmals gestartet von einem Hauptprogramm *HP*

im Rechner halten, so muß er auf alle Befehle verzichten, die das
Programm verändern oder auf variable Bezugsobjekte unmittelbar
zugreifen. Vielmehr müssen Adressierungsmechanismen gewählt werden, die bei einem Wechsel von einer Inkarnation zu einer anderen
einen Wechsel der Daten erlauben[*].

12.2 Koroutinen

Das Konzept der Koroutinen erlaubt ein gleichberechtigtes Zusammenarbeiten zweier oder mehrerer Prozeduren. Im Unterschied zum
klassischen Unterprogramm kann die Koroutine beim Rücksprung "am
Leben" bleiben. Sie wird dann beim nächsten Aufruf an der Stelle
fortgesetzt, an der sie beim vorherigen verlassen wurde. Abb. 12.1
zeigt ein einfaches Beispiel, bei dem ein Hauptprogramm zwei Koroutinen kreiert, die dann für einige Zeit wechselweise arbeiten.
Das Konzept setzt voraus, daß zwei unterschiedliche Aufruf- und
zwei unterschiedliche Rücksprunganweisungen existieren. Aufrufan-
weisungen benötigt man zur Schaffung der Inkarnation, die meist
unmittelbar mit dem erstmaligen Start verbunden ist, und für die
spätere Fortsetzung an derjenigen Stelle, an der die gerufene Koroutine zuletzt verlassen wurde. Die eine der Rücksprunganweisungen erhält die Inkarnation für eine spätere Fortsetzung am Leben,

---

[*] Eine Möglichkeit, diese Forderung geeignet zu implementieren, sind die Ba-
sisregister.

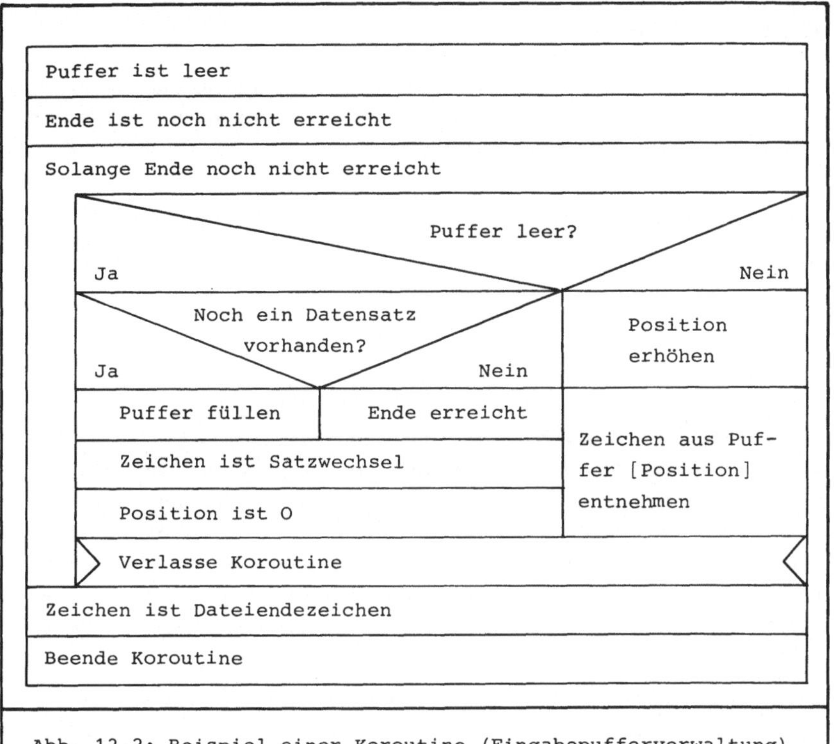

Abb. 12.2: Beispiel einer Koroutine (Eingabepufferverwaltung)

während die zweite die Bearbeitung endgültig abschließt und damit
die Inkarnation löscht. In Abb. 12.1 ist diese abschließende Rücksprunganweisung jeweils am Ende eingezeichnet, womit das logische
und nicht das physikalische Ende der Prozedur gemeint ist. Abb.
12.2 zeigt ein Standardbeispiel für eine Koroutine, nämlich die
Verwaltung eines Eingabepuffers[*]. Jedesmal, wenn die Koroutine
verlassen wird, ist der Variablen *zeichen* das nächste Zeichen aus
einer sequentiellen Eingabedatei zugeordnet. Beim Wiedereintritt
wird die Koroutine hinter der Anweisung fortgesetzt, die das Verlassen bewirkt hat, also in diesem Fall mit der erneuten Wiederholung des Laufbereichs, sofern die Endebedingung der Laufschlei-

---

[*] Vgl. Kap. 14

fe nicht erfüllt ist.

Die Koroutinen von SIMULA sind Inkarnationen von Klassen. (Entsprechend dem Schachtelungsprinzip können darin wieder Prozeduren deklariert werden.) Dementsprechend hat die Deklaration die Form

> *CLASS klassenbezeichnung (formale parameter);*
> *spezifikation der parameter.*

Damit ist das Muster festgelegt, an Hand dessen die einzelnen Inkarnationen konstruiert werden. Dies erfolgt im Laufe des Programms durch die *NEW*-Anweisung:

> *inkarnationsbezeichnung*
> *:- NEW klassenbezeichnung(parameter).*

Die Parameter ermöglichen eine unterschiedliche Initialisierung der inkarnationsspezifischen Daten, im Beispiel der Abb. 12.2 etwa die Puffergröße und die Bezeichnung der zu lesenden Datei, aber auch die Übermittlung der Bezeichnungen von anderen Koroutineninkarnationen, mit denen zusammengearbeitet werden soll. Bevor die Inkarnation kreiert werden kann, muß ihre Bezeichnung deklariert werden, wobei anzugeben ist, auf Objekte welcher Klasse Bezüge zulässig sein sollen:

> *REF (klassenbezeichnung) inkarnationsbezeichnung.*

SIMULA geht davon aus, daß die Inkarnation mit dem Kreieren auch erstmals gestartet wird. Die Rückkehr in die kreierende Prozedur erfolgt mit der Anweisung *DETACH*, wenn die Koroutine später fortgesetzt werden soll. Dagegen bedeutet das Erreichen und Ausführen der statisch letzten Anweisung die Beendigung der Lebensdauer dieser Inkarnation. Durch

> *CALL (inkarnationsbezeichnung)*

kann die kreierende Prozedur eine bereits begonnene Koroutine fortsetzen. Der Wechsel von einer Koroutine zu einer anderen erfolgt durch

> *RESUME (inkarnationsbezeichnung).*

Beide Fortsetzungsanweisungen kennen bei SIMULA keine Möglichkeit der Parameterübergabe an die gerufene Prozedur.

12.3 <u>Prozesse</u>

Die Koroutine steht zwischen der klassischen Prozedur einerseits und dem Rechenprozeß andererseits. Während bei der Koroutine das Fortsetzen und Verlassen einer Inkarnation stets durch eine explizite Anweisung bewirkt wird, kann der Prozeß auch auf andere Weise, z.B. durch das Eintreten bestimmter Ereignisse, angehalten oder fortgesetzt werden. Der Rechenprozeß als Abwicklung einer Inkarnation auf einem Rechensystem ist ein Spezialfall des allgemeinen Prozeßbegriffs, wie ihn DIN 66201 definiert: eine Gesamtheit von aufeinander einwirkenden Vorgängen in einem System, durch die Materie, Energie oder auch Information umgeformt, transportiert oder auch gespeichert wird. Die Lebensdauer eines Prozesses beginnt mit dem Zeitpunkt der Anmeldung und endet mit der Abmeldung. Diese kann vom Prozeß selbst vorgenommen oder von einem anderen Prozeß erzwungen werden. Da wir hier nur die Sprachkonstrukte betrachten, die höhere Programmiersprachen bereitstellen, interessieren uns nur die sog. Prozesse zweiter Art, die dadurch charakterisiert werden können, daß sie einer einheitlichen, zentralen Prozeßverwaltung unterliegen. (Im Gegensatz hierzu werden die Prozesse erster Art durch ein Unterbrechungssignal oder einen Überwacheraufruf gestartet und geben den Prozessor von sich aus nicht ab[*].) Die Notwendigkeit einer solchen Prozeßverwaltung ergibt sich einmal daraus, daß Prozesse beim Eintreffen vorher definierter Ereignisse fortzusetzen sind (da der Prozeß nicht läuft, kann er auch nicht abfragen, ob das Ereignis eingetreten ist), und zum andern aus der Tatsache, daß in einem Rechensystem in der Regel mehr Prozesse gleichzeitig bearbeitet werden wollen, als Prozessoren vorhanden sind. Dabei spielt es übrigens keine Rolle, ob die Prozesse zu voneinander völlig unabhängigen Aufgaben gehören oder ob mehrere Prozesse innerhalb eines Programmes zusammenarbeiten.

Aus den genannten Aufgaben kann man ein Grundmodell für die Zustände eines Prozesses ableiten. Abb. 12.3 gibt dieses Modell aus der Sicht des Betriebssystems wieder. Danach ist jeder Prozeß zu jedem Zeitpunkt entweder laufend oder bereit oder war-

---

[*] Weitere Einzelheiten findet der Leser in Lehrbüchern über Betriebssysteme.

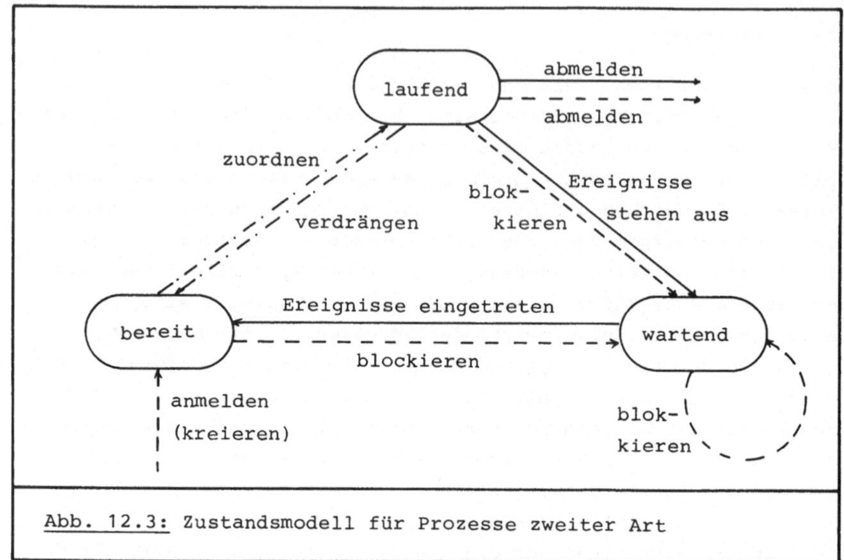

Abb. 12.3: Zustandsmodell für Prozesse zweiter Art

tend. <u>Laufend</u> (aktiv) bedeutet dabei, daß der Prozeß einen Prozessor besitzt. Die Abwicklung seiner Anweisungen wird also fortgesetzt[*]. Sind alle Voraussetzungen für den Start oder die Fort-
führung des Prozesses aus seiner Sicht erfüllt, aber es ist ihm
von der Prozeßverwaltung noch kein Prozessor zur Verfügung gestellt worden, so ist er <u>bereit</u> (ablauffähig). Im dritten Zustand
kann der Prozeß selbst dann nicht fortgesetzt werden, wenn für
ihn ein Prozessor verfügbar ist. Er <u>wartet</u> auf das Eintreten eines Ereignisses (ist blockiert). Dieses Ereignis kann ein bestimmter Abarbeitungszustand eines anderen Prozesses sein, ein Zeitpunkt, ein Signal von außen oder die Bereitstellung von Betriebs-
mitteln.

Diese drei Zustände können bei näherer Betrachtung noch weiter
unterteilt werden. Ein Modell mit zwei Wartezuständen verwenden
beispielsweise SIMULA oder PEARL; Eine entsprechende Abbildung
findet sich etwa bei U. A m m a n n [AMM80]. Der VDI/VDE-
Richtlinien-Entwurf 3554[**] unterscheidet für <u>Prozeß-FORTRAN</u> so-

---

[*] Die Unterbrechung durch Prozesse erster Art ist hier nicht von Interesse.
[**] Version März 1978.

gar fünf Wartezustände: (a) Der Prozeß heißt aktiviert, wenn er
nur auf entzogene Betriebsmittel wartet. (b) Ist der Prozeß im
Zustand "wartend auf Zeit", so wird er zum angegebenen Zeitpunkt
aktiviert. (c) Wartet der Prozeß auf ein Ereignis, so wird er bei
dessen Eintreffen aktiviert; unter Ereignissen versteht der Entwurf in diesem Zusammenhang nur Unterbrechungen. (d) Befindet
sich der Prozeß im Zustand "wartend auf Freigabe", so kann er nur
durch eine entsprechende Anweisung eines anderen Prozesses aktiviert werden. (e) Schließlich kennt der Entwurf den Zustand "ru-
hend", in dem der Prozeß zwar existiert, aber noch nicht gestartet
ist; der Start erfolgt dadurch, daß er von einem anderen Prozeß
in einen der übrigen Wartezustände versetzt wird.

12.4 Zustandsübergänge

In Abb. 12.3 haben wir die Zustandsübergänge eingezeichnet, die
zwischen den einzelnen Zuständen möglich sind. Diese Zustandsübergänge werden aber auf unterschiedliche Weise ausgelöst. Es
gibt Übergänge, die von dem Prozeß selbst ausgelöst werden; weitere Übergänge können auch oder nur von anderen Prozessen ausgelöst werden. Für diese beiden Gruppen benötigt man Anweisungen in
der Programmiersprache. Dagegen geschehen die Zustandsübergänge
zwischen "bereit" und "laufend" unter alleiniger Verantwortung
der Prozeßverwaltung; diesen Übergängen entsprechen keine Anweisungen im Programm.

Unter allen bereiten Prozessen wählt die <u>Prozeßverwaltung</u> einen
aus, wenn ein Prozessor frei wird. Dieser Prozeß wird damit laufend[*]. Das Kriterium, nach dem ausgewählt wird, ist verschieden.
Oft werden den Prozessen Prioritäten zugeordnet, wobei der Prozeß
höchster Priorität als nächster an die Reihe kommt. Ein anderes
Kriterium wählt den Prozeß aus, der sich am längsten im Bereit-
zustand befindet. Es ist auch als Ergänzung einsetzbar, wenn mehrere Prozesse gleicher Priorität bereit sind. Wird ein Prozeß ablauffähig, dessen Priorität höher ist als die eines gerade laufenden Prozesses, so wird der laufende Prozeß unterbrochen, von

---

[*] Man beachte, daß bei einer Ein-Prozessor-Anlage sich stets nur ein Rechenprozeß im Zustand "laufend" befinden kann; bei einer Mehrprozessoranlage
sind es entsprechend viele.

der Prozeßverwaltung aus dem Prozessor verdrängt und in den Be-
reitzustand zurückversetzt. Für die Abwicklung des vorrangigen
Prozesses steht nunmehr ein Prozessor zur Verfügung. Eine andere
Vergabestrategie ist das Zeitscheibenverfahren, bei dem jedem
lauffähigen Prozeß ein Prozessor nur für ein bestimmtes Zeitin-
tervall zur Verfügung gestellt wird; nach dessen Ablauf wird er
wieder verdrängt. Keiner der genannten Gründe, die eine Verdrän-
gung zur Folge haben, ändert etwas an der Ablauffähigkeit des
Prozesses. Aus der Sicht des Prozesses fallen beide Zustände zusammen. Deshalb wird in Lehrbüchern über die jeweilige Programmiersprache auch nicht darauf eingegangen.

Der _Prozeß selbst_ kann direkt Zustandsübergänge nur auslösen,
wenn er sich im Zustand "laufend" befindet, da hierzu die Ausführung einer Anweisung erforderlich ist. Außer der Möglichkeit,
sich zu beenden, kann er in den Zustand "wartend" übergehen. Es
gibt im einzelnen verschiedene Gründe für diesen Übergang. Man
kann sie jedoch alle unter dem Gesichtspunkt zusammenfassen, daß
ein Ereignis aussteht, wenn man den Ereignisbegriff hinreichend
großzügig definiert. Beispiele hierfür sind etwa Eingabe-/Ausga-
beanforderungen, auf deren Beendigung gewartet werden muß, die
Anforderung eines von einem anderen Prozeß belegten Betriebsmittels, auf dessen Freiwerden zu warten ist, oder das Warten auf
einen bestimmten Zeitpunkt. Tritt das Ereignis ein, auf das der
Prozeß wartet, so wird er nicht etwa in den Zustand "laufend" zurückversetzt, sondern in den Zustand "bereit": Er ist wieder
lauffähig und tritt mit den anderen lauffähigen Prozessen in Kon-
kurrenz um einen Prozessor. Dieser Übergang wird nur mittelbar
vom Prozeß selbst ausgelöst, indem er nämlich festgelegt hat, auf
welche Ereignisse reagiert werden soll. Damit tauchen diese Übergänge explizit im Programm auf.

Wirken _andere Prozesse_ auf einen Prozeß ein, so erscheinen die
entsprechenden Anweisungen natürlich in dem anderen Prozeß und
können nur ausgeführt werden, wenn dieser läuft. Dies bedeutet,
daß die Überführung eines laufenden Prozesses in den Wartezustand
durch einen anderen Prozeß nur auf einer Mehrprozessoranlage möglich ist. Im Gegensatz hierzu ist die Überführung eines ablaufbe-
reiten Prozesses in den Wartezustand auch auf einer Einprozessor-

anlage möglich. In beiden Fällen hat der blockierte Prozeß keine
Anweisung ausgeführt, die festlegt, bei welchem Ereignis er wieder ablaufbereit wird. Aus diesem Grunde muß entweder der blok-
kierende Prozeß dieses Ereignis zusammen mit der Blockierung
festlegen (z.B. eine Uhrzeit) oder ein Prozeß die Blockierung explizit aufheben. Dies kann der blockierende oder ein dritter Prozeß sein. Ein Sonderfall tritt auf, wenn ein auf ein selbst gesetztes Ereignis wartender Prozeß zusätzlich von einem anderen
blockiert wird. In diesem Fall genügt natürlich das Eintreffen
des ursprünglich gesetzten Ereignisses nicht, um den Prozeß lauffähig zu machen. Es muß auch das Ereignis der Deblockierung eintreten. Dies ist einer der Gründe, den Wartezustand weiter zu
unterteilen.

12.5 Anweisungen für die Zustandsübergänge

Geht es um die Formulierung der Zustandsübergänge auf der Ebene
der problemorientierten Programmiersprachen, so kann man zwei
Fälle unterscheiden: Entweder sind die für die Prozeßbeschreibung
und -verwaltung erforderlichen Sprachkonstrukte als Aufrufe von
Standardprozeduren realisiert (oder gar durch eingestreute As-
semblerbefehlsfolgen!) oder die Sprache enthält für diesen Zweck
eigene Sprachkonstrukte. Zur ersten Gruppe gehören beispielsweise
Prozeß-FORTRAN [VDI/VDE 3554] und CORAL 66 [DEP76], zur zweiten
Gruppe PL/I, PEARL [KAP79], ADA [ICH79], ferner Sprachen wie Concurrent PASCAL [BRI75] und MODULA [WIR77], die weniger weit verbreitet sind, aber auf die Entwicklung großen Einfluß genommen
haben.

Die Implementierung eines Prozesses erfordert einige Vorkehrungen,
so daß das den Prozeß beschreibende Programm in besonderer Weise
gekennzeichnet sein muß. Dies geschieht durch die Deklaration,
die in PEARL beispielsweise folgendermaßen aussieht:

> *identifikator: TASK [priorität] [RESIDENT] [GLOBAL];*
> *rumpf.*

Mit der optionalen *RESIDENT*-Angabe kann festgelegt werden, daß
der Prozeß auch im Wartezustand nicht aus dem Hauptspeicher verdrängt wird. Ferner kann der Identifikator als global gekennzeichnet und den so beschriebenen Prozessen eine Priorität zugeordnet

werden. In PL/I kann der Prozeß wie eine gewöhnliche Prozedur
deklariert werden, wenn durch den Aufruf

    CALL bezeichnung (parameter) TASK
oder   *CALL bezeichnung (parameter) EVENT (ereignis)*

aus dem Kontext klar wird, daß es sich um einen Prozeß handelt.
In ADA unterscheidet sich die Prozeßdeklaration von der Modul-
deklaration nur durch das Wortsymbol *TASK*.

Von der Deklaration zu unterscheiden ist die <u>Anmeldung</u> einer konkreten Inkarnation bei der Prozeßverwaltung, die bei den hier betrachteten Sprachen mit dem erstmaligen Start verbunden ist. In
PL/I geschieht dies durch die oben erwähnte *CALL*-Anweisung, in
PEARL durch *ACTIVATE* und in ADA durch *INITIATE*. Als Besonderheit
ist hierbei zu bemerken, daß ADA mit einer Anweisung das Kreieren
eines Feldes von Inkarnationen erlaubt:

    INITIATE bezeichnung (indexgrenzen).

Das <u>Beenden</u> eines Prozesses geschieht entweder durch Erreichen
des physikalischen oder logischen Endes (*RETURN*-Anweisung) oder
durch spezielle Abbruchanweisungen: *ABORT* in ADA, *TERMINATE* in
PEARL. Diese können sowohl auf den Prozeß angewandt werden, der
sie ausführt, als auch auf andere Prozesse. Im letzten Fall muß
die Bezeichnung des anderen Prozesses angegeben sein. PL/I kennt
die *STOP*-Anweisung, mit der nicht nur der sie ausführende Prozeß,
sondern auch der Prozeß beendet wird, der ihn kreiert hat.

Zu den Anweisungen, die <u>Zustandsübergänge</u> auslösen, gehören die
im nächsten Kapitel zu besprechenden Synchronisationsanweisungen
und die Eingabe-/Ausgabeanweisungen, die meist ebenfalls den Prozeß in den Wartezustand versetzen. Daneben gibt es explizite Anweisungen für den Zustandswechsel. PEARL kennt etwa die *SUSPEND*-
Anweisung, die den ausführenden Prozeß in den Wartezustand versetzt, ohne daß er auf ein konkret bezeichnetes Ereignis warten
würde. Er kann also nur durch einen anderen Prozeß "geweckt" werden; dies geschieht durch *CONTINUE*. Hat der Prozeß sich selbst
in den Wartezustand versetzt und dabei ein Ereignis bezeichnet,
bei dessen Eintreffen er fortgesetzt werden soll, so kann er von
einem anderen Prozeß über das Eintreffen dieses Ereignisses hinaus blockiert werden; PEARL kennt hierfür die *PREVENT*-Anweisung.

Aktion	PL/I	PEARL	ADA	Prozeß-FORTRAN [1]
Start (durch andere)	*CALL*	*ACTIVATE*	*INITIATE*	*START* *TRNON* *CYCLE* *TCYCLE* *CON*
Warten	*WAIT*	*SUSPEND* *RESUME* [2] *REQUEST*	*DELAY* [4]	*WAIT* *HOLD*
Blockieren durch andere	–	*PREVENT*	[4]	–
Freigabe	Eintreffen des erwarteten Ereignisses			
Freigabe durch andere	[3]	*CONTINUE*	[4]	*RELSE*
Beenden [5]	*RETURN* *STOP*	*TERMINATE*	*ABORT*	*STOP*
Beenden durch andere	–	*TERMINATE*	*ABORT*	*CANCL* *UNCON*

[1] Alle Anweisungen sind *CALL*-Anweisungen.
[2] Mit einer Zeitangabe.
[3] Über *COMPLETION(ereignisparameter)* = 1 erreichbar.
[4] Implizit durch die Rendez-vous-Technik.
[5] Außer durch Erreichen des physikalischen Endes.

<u>Abb. 12.4:</u> Anweisungen für Zustandsübergänge

Eine Übersicht gibt Abb. 12.4.

Bei Echtzeitanwendungen ist das Warten auf vorgegebene <u>Zeitpunkte</u> sehr wesentlich. Auch hier sind die einzelnen Sprachen unterschiedlich flexibel. Einige Möglichkeiten wollen wir am Beispiel von PEARL darstellen. Als primitive Einplanungen sind drei Alternativen denkbar: (a) ein absoluter Zeitpunkt (*AT uhrzeit*), der vom Zeitpunkt der Ausführung dieser Einplanung unabhängig ist, (b) der Zeitpunkt am Ende einer vorgegebenen Zeitspanne (*AFTER dauer*), die vom Zeitpunkt der Ausführung dieser Einplanung an gerechnet wird, und (c) ein durch ein äußeres Ereignis bestimmter Zeitpunkt (*WHEN unterbrechung*). Neben diesen primitiven Einplanungen, die miteinander kombiniert werden können, gibt es periodische Einplanungen

     ALL dauer
bzw.   *ALL dauer UNTIL uhrzeit*
bzw.   *ALL dauer DURING dauer.*

Diese können nur in der *ACTIVATE*-Anweisung verwandt werden.

13 Synchronisation paralleler Prozesse

Das Problem bei der Programmierung parallel ablaufender Prozesse
ist, daß sie synchronisiert werden müssen. Auf den ersten Blick
ergeben sich zwei Fälle, in denen eine Synchronisation erforderlich ist: bei der gemeinsamen Nutzung von Ressourcen und beim Ab-
warten bestimmter Verarbeitungszustände.

Bei der gemeinsamen Nutzung von Ressourcen (Daten, Programmteile,
Hardware-Betriebsmittel) geht es in der Regel darum, daß zu jedem
Zeitpunkt höchstens ein Prozeß auf das Betriebsmittel zugreift.
Jeder Zugriff muß also weitere Zugriffe ausschließen. Verändert
beispielsweise ein Prozeß Daten, so würde nämlich ein anderer
Prozeß, der gleichzeitig diese Daten liest, unter Umständen mit
inkonsistenten Werten versorgt. Zur Lösung dieses Problems hat
schon 1968 E. W. D i j k s t r a die Semaphor-Variablen
vorgeschlagen, auf denen die Operationen des Sperrens und Freigebens definiert sind. Für den Fall eines zwar mehrfach, aber nur
endlich oft verfügbaren Betriebsmittels wurden später ganzzahlige
Semaphor-Variable eingeführt, die erst nach einer vorgegebenen
Anzahl von Sperroperationen weitere Anfragen blockieren.

Bei dem anderen Fall geht es darum, daß ein Prozeß erst weiterar-
beiten kann, wenn ein anderer einen bestimmten Abarbeitungszustand
erreicht hat. Dabei spielt es keine Rolle, ob der andere Prozeß
ebenfalls ein Rechenprozeß oder ein technischer Prozeß ist. Zur
Synchronisation dienen hierbei das Senden und Erwarten einer Bot-
schaft. In der Literatur spricht man, je nach Perspektive, von
Signalen oder dem Eintreten von Ereignissen. Dies sind jedoch nur
verschiedene Formulierungen für den gleichen Sachverhalt.

Trotz der auf den ersten Blick unterschiedlichen Zielsetzung beider Fälle und der daraus abgeleiteten primitiven Operationen kann
man leicht deren Äquivalenz nachweisen. So z.B. kann man die Se-
maphore-Operationen des Freigebens und Sperrens durch das Senden
einer Freigabenachricht bzw. das Warten auf eine solche simulie-
ren. Die Schwierigkeit in der Anwendung dieser primitiven Syn-
chronisationsoperationen ist die gleiche wie bei der Anwendung
der primitiven Kontrollstrukturen: Sie verführen zu unübersichtlichen Synchronisationsstrukturen, deren Verklemmungsfreiheit nur

schwer zu überprüfen ist. Eine Systemverklemmung (Deadlock) tritt
in einem System von Prozessen auf, wenn kein Prozeß mehr weiter-
arbeiten kann, weil jeder auf etwas wartet, was von einem anderen
Prozeß kommen muß. Ein Beispiel ist folgender Über-Kreuz-Zugriff:
Prozeß p hat sich den Zugriff auf die Daten a gesichert und wartet auf die Freigabe der Daten b; diese befinden sich aber im Be-
sitz des Prozesses q, der seinerseits auf die Freigabe der Daten
a wartet. Um zu übersichtlicheren Algorithmen zu gelangen, ist
daher auch auf dem Gebiet der Synchronisation der Übergang zu höheren, zusammengesetzten Strukturen erforderlich.

13.1 Semaphor-Variable

Die <u>booleschen Semaphor-Variablen</u> können die Werte *frei* und *besetzt* annehmen. Die beiden Operationen, mit denen sie abgefragt
und verändert werden können, werden üblicherweise mit P und V bezeichnet[*]: (a) $P(s)$ testet, ob s besetzt ist, und versetzt in
diesem Fall den anfragenden Prozeß in den Wartezustand; ist s dagegen frei, wird es besetzt, und der anfragende Prozeß kann fortgesetzt werden. (b) $V(s)$ gibt s frei; sind zwischenzeitlich Anfragen weiterer Prozesse angekommen, so wird einer dieser wartenden Prozesse fortgesetzt. P und V müssen jedoch als atomare Anweisungen aufgefaßt werden, obwohl sie aus mehreren Befehlen zusammengesetzt sind. Würde nämlich bei freiem s zwischen dem Test
und der sich anschließenden Wertänderung eine weitere Anfrage
eintreffen, so würde auch diese ein freies s vorfinden; es könnten beide Prozesse fortgesetzt werden. Eine effiziente Implementierung dieser Operationen ist daher nur mit Hardware-Unterstüt-
zung möglich.

Aus der Beschreibung der P- und V-Operation ergibt sich bereits,
daß ein Synchronisationsmechanismus nicht nur aus den beiden Anweisungen besteht, sondern darüber hinaus einen <u>Zähler</u> und eine
<u>Warteschlange</u> umfaßt: Der Zähler erlaubt eine Entscheidung, ob
zugreifende Prozesse bedient werden können, und die Warteschlange
nimmt alle Prozesse auf, deren Zugriffswunsch noch nicht bedient
werden kann.

---

[*] proberen (prüfen), vrijgeben (freigeben)

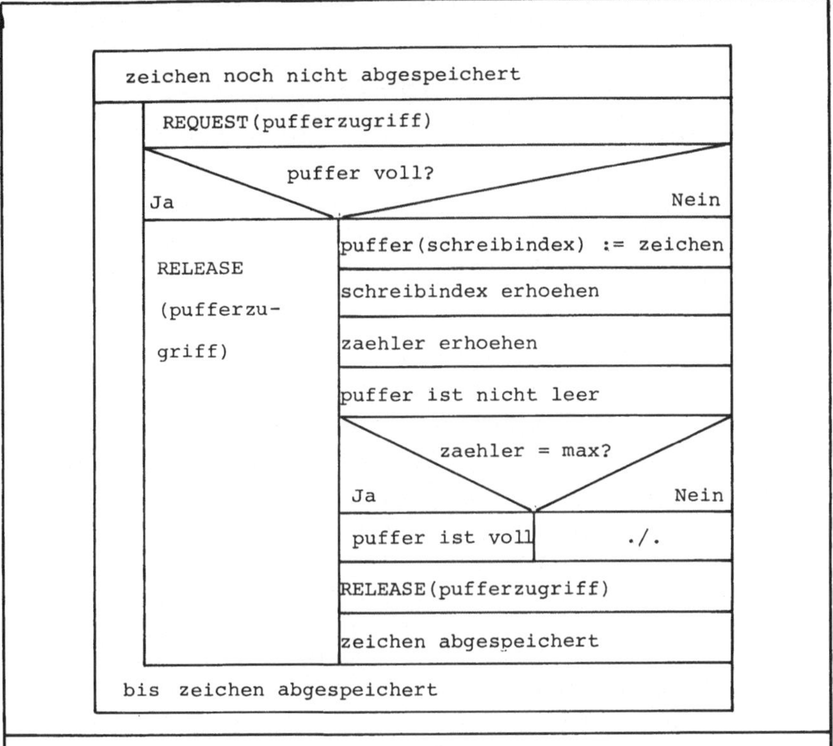

Abb. 13.1: Schreiben in einen gemeinsam genützten Puffer mit PEARL-Operationen. Der Leseprozeß wäre analog zu formulieren.

Soll ein Programmstück <u>exklusiven Zugriff</u> zu bestimmten Ressourcen haben, so wird diesen Ressourcen eine Semaphor-Variable zugeordnet und das Programmstück in die beiden Operationen eingeschlossen. Abb. 13.1 zeigt dies für einen von mehreren Prozessen gemeinsam benutzten Puffer, in den einige hineinschreiben und aus dem andere herauslesen. Die Zugriffe zum Puffer und seinen Daten werden durch die *REQUEST*- und die *RELEASE*-Anweisung geschützt. Die Lösung ist zwar leichter verständlich als die folgende (Abb. 13.2), hat aber einen entscheidenden Nachteil: Wenn der Puffer

```
DECLARE    puffer(max) CHARACTER,
           pufferzugriff SEMA PRESET(1),
           leer SEMA PRESET(max),
           voll SEMA PRESET(Ø),
           schreibindex, leseindex FIXED INIT 1;

schreibe: PROCEDURE (zeichen CHARACTER) REENT;
              REQUEST leer;
              REQUEST pufferzugriff;
                  puffer(schreibindex) := zeichen;
                  schreibindex := MOD(schreibindex,max)+1;
              RELEASE pufferzugriff;
              RELEASE voll;
END;

lies:     PROCEDURE RETURNS CHARACTER REENT;
              DECLARE zeichen CHARACTER;
              REQUEST voll;
              REQUEST pufferzugriff;
                  zeichen := puffer(leseindex);
                  leseindex := MOD(leseindex,max)+1;
              RELEASE pufferzugriff;
              RELEASE leer;
              RETURN (zeichen);
END;
```

<u>Abb. 13.2:</u> Schreiben in und Lesen aus einem gemeinsam be-
nutzten Puffer mit ganzzahligen Semaphor-Varia-
blen

voll ist, wird der dargestellte Prozeß beim nächsten Schreibver-
such nicht etwa in den Wartezustand versetzt, sondern verbleibt
in einer Schleife, in der er stets von neuem abfragt, ob der Puffer jetzt leere Positionen enthält (aktives Warten). Mit diesen
ständigen Zugriffen zum Puffer behindert er andere Prozesse, die
etwa aus dem Puffer lesen wollen. Die Lösung von Abb. 13.2 ver-
meidet diesen Nachteil, indem sie dem eintragenden Prozeß einen
Zugriff zum Puffer nur dann gewährt, wenn mindestens eine Posi-

tion frei ist, und ihn andernfalls unmittelbar in einen Wartepro-
zeß versetzt. Dies wird durch die Verwendung <u>ganzzahliger Sema-
phor-Variablen</u> erreicht: Diese erlauben eine endliche, vorgegebene
Anzahl von Zugriffen und werden gerne eingesetzt, wenn entsprechend oft vorhandene Betriebsmittel zu verwalten sind. Der anfragende Prozeß kann fortgesetzt werden, wenn die Semaphor-Variable
positiv ist; gleichzeitig wird sie um *1* erniedrigt. Die *V*-Opera-
tion bewirkt eine Erhöhung um *1*. Im Beispiel gibt der aktuelle
Wert der Semaphor-Variablen *leer* an, wieviele Positionen des Puffers leer sind. Ein schreibender Prozeß erniedrigt durch die *P*-
Operation *REQUEST* diesen Wert[*)] und erhöht nach Beendigung seiner
Eintragung den Wert der analog zu verstehenden Semaphor-Variablen
voll. Umgekehrt arbeiten lesende Prozesse.

Das Beispiel ist in PEARL formuliert, das ganzzahlige Semaphor-
Variablen kennt:

> *DECLARE bezeichner SEMA [PRESET (ausdruck)]*.

Auf die so deklarierte Semaphor-Variable kann dann mit der *P*-Funk-
tion *REQUEST(bezeichner)* bzw. mit der *V*-Funktion *RELEASE(bezeich-*
ner) zugegriffen werden. ADA kennt die booleschen Semaphor-Variablen im Rahmen eines standardmäßig definierten Prozesses. In PL/I
entsprechen die *LOCK-* und die *UNLOCK*-Anweisungen bei Dateien bzw.
das *EXCLUSIVE*-Attribut diesem Konzept.

13.2 <u>Ereignisse</u>

Auch bei den Ereignissen lassen sich zwei Zustände unterscheiden:
das Ereignis ist eingetreten, oder es ist noch nicht eingetreten.
Unterschiede gibt es in bezug auf die Programmstelle, an der reagiert wird, ob das Eintreten von Ereignissen explizit programmiert
werden kann und auf wieviele Prozesse sich Ereignisse auswirken.

Das Eintreten eines Ereignisses kann explizit durch eine Programm-
anweisung bewirkt werden, d.h. es ist gleichbedeutend damit, daß
ein Prozeß eine bestimmte Programmstelle, einen vorgegebenen Abarbeitungszustand erreicht. Man kann das Ereignis in gewisser

---

[*)] Werden die beiden *REQUEST*-Anweisungen am Anfang der Prozedur miteinander
vertauscht, so führt dies in ungünstiger Situation zu einer Systemverklemmung.

Weise als <u>erwartet</u> bezeichnen, weil sein Eintreten von der Abwicklung eines Algorithmus abhängt. Die Alternative besteht in <u>unerwartet</u> eintretenden Ereignissen, d.h. es besteht kein Bezug zu einer konkreten Stelle des Algorithmus. Hierzu gehören beispielsweise die hardwaremäßig erzeugten Unterbrechungen. Analog kann unterschieden werden, ob die <u>Reaktion</u> auf das Eintreten des Ereignisses an einer im Programm explizit bekannten Stelle oder unerwartet geschieht. Explizit kann die Reaktion durch eine Warteoperation festgelegt werden: Der Prozeß suspendiert sich durch deren Aufruf selbst, bis das Ereignis eingetreten ist, sofern dies nicht schon vorher geschehen war. Der Synchronisationseffekt liegt auf der Hand. Eine ohne Bezug zum aktuellen Stand der Ararbeitung initiierte Reaktion kann durch die bereits besprochene Ausnahmefallbehandlung erreicht werden. Ferner muß beachtet werden, ob sich das Eintreten eines Ereignisses nur auf <u>einen</u> der wartenden Prozesse auswirkt oder auf alle. Während Sprachen wie MODULA oder ADA beim Eintreten des Ereignisses nur einen Prozeß aktivieren, wendet sich das PL/I-Ereignis an alle wartenden Prozesse. PEARL ordnet die programmierten Signale der ersten und die Unterbrechungen der zweiten Gruppe zu.

Die Frage, ob das Programm korrekt arbeitet, ist noch am ehesten zu übersehen, wenn sowohl das Erzeugen des Ereignisses als auch die Reaktion darauf an wohldefinierten Programmstellen erfolgen. In <u>MODULA</u> beispielsweise geschieht dies durch die *WAIT*- und *SEND*-Anweisungen: *WAIT(ereignis)* suspendiert den aufrufenden Prozeß, bis das Ereignis eintritt. War es schon zuvor eingetreten, so kann der aufrufende Prozeß fortgesetzt werden, und das Ereignis gilt für weitere Anfragen als nicht mehr eingetreten. *SEND(ereignis)* bedeutet, daß damit das Ereignis eintritt und einer der auf dieses Ereignis wartenden Prozesse fortgesetzt werden kann. Die Ereignisvariablen werden in MODULA als *SIGNAL* deklariert.

Eine ähnliche Konstruktion sind die <u>PL/I-Ereignisse</u>. Beim Starten eines Prozesses kann diesem ein Ereignis zugeordnet werden:

> *CALL prozess EVENT (ereignis),*

das dann solange den Wert *0* hat, wie der Prozeß läuft. Nach dessen Beendigung hat es den Wert *1*. Die Abfrage kann durch

> *WAIT (liste_von_ereignissen)[(anzahl_abzuwartender*
> *ereignisse)]*

erfolgen. Wenn die spezifizierte Anzahl von Ereignissen eingetreten ist[*], wird der anfragende Prozeß fortgesetzt. Entsprechend der Definition benötigt man keine explizite *SEND*-Anweisung, weil das Ereignis durch Erreichen des logischen Prozeßendes gesetzt wird. Allerdings besteht auch die Möglichkeit, mit nicht einem Prozeß zugeordneten Ereignissen zu arbeiten: Sie werden mit

> *DECLARE a EVENT*

vereinbart und mit

> *COMPLETION(a) = 0*   **bzw.**   *COMPLETION(a) = 1*

verändert.

Die <u>PEARL-Signale</u> sind implementierungsabhängig an bestimmte Anweisungen gebunden, während deren Abarbeitung sie auftreten können. Das Eintreten kann mit *INDUCE*-Anweisungen erreicht werden, die jedoch eher zur Simulation während der Testphase gedacht sind und auf die mit einer Ausnahmefallbehandlung reagiert wird. Wie die Signale werden auch die <u>Unterbrechungen in PEARL</u> als implementierungsabhängig betrachtet. Im Unterschied zu den Signalen betrifft die Unterbrechung alle Prozesse, die darauf eine Reaktion zulassen. Soll nicht reagiert werden, so wird dies mit der Anweisung

> *DISABLE unterbrechungsbezeichnung*

erreicht; das Wiedereinschalten erfolgt mit

> *ENABLE unterbrechungsbezeichnung.*

Die Reaktion auf eine Unterbrechung muß durch eine Planungsanweisung (*WHEN*) festgelegt sein.

Von den erwähnten Sprachen sieht nur PL/I den Fall vor, daß auf <u>eines von mehreren Ereignissen</u> gewartet werden soll, ohne daß genau spezifiziert wird, welches dies sein soll. In den anderen Sprachen muß dies simuliert werden. Man kann dies so realisieren, daß man jedem der in Frage kommenden Ereignisse einen Hilfsprozeß

---

[*] Fehlt die zweite Klammmer, müssen alle eingetreten sein.

zuordnet, der auf es wartet und bei seinem Eintreffen eine gemeinsame Semaphor-Variable freigibt. Der eigentlich interessante Prozeß muß dann nur auf die Freigabe dieser Semaphor-Variablen warten.

13.3 Monitor

Das Monitor-Konzept wurde von P. B r i n c h - H a n s e n und C. A. R. H o a r e vorgestellt und in MODULA und Concurrent PASCAL realisiert [HOA74, BRI75]. Es geht im Grunde auf das Klassenkonzept von SIMULA zurück: Jeder Monitor besteht aus den von ihm zu verwaltenden Daten und nach außen bekannten Zugriffsprozeduren. Entsprechend den Forderungen an einen Datenmodul sind die zu verwaltenden Daten nach außen nicht bekannt, so daß nur auf dem Weg über die Monitorprozeduren auf sie zugegriffen werden kann. Der Aufruf der Monitorprozeduren ist von verschiedenen Prozessen aus möglich, wobei die Prozedur als Teil des betreffenden Prozesses abläuft. Aber es darf nie mehr als ein Prozeß gleichzeitig Prozeduren desselben Monitors benützen. Damit realisiert der Monitor das Prinzip des gegenseitigen Ausschlusses bei der Behandlung gemeinsamer Ressourcen[*)].

Die bereits früher betrachtete gemeinsame Benutzung eines Puffers durch mehrere Prozesse ist in Abb. 13.3 durch einen Monitor beschrieben. Läuft ein eintragender Prozeß auf die Anweisung *wait (nichtvoll)*, so muß er warten, bis ein lesender Prozeß eine Position im Puffer frei gemacht hat und dies durch *send(nichtvoll)* signalisiert.

13.4 ADA-Rendez-vous

Das Rendez-vous-Konzept von ADA unterscheidet sich vom Monitor-Konzept insofern, als die zu verwaltenden Daten mit der Verwaltung zusammen einen eigenen Prozeß bilden. Die Operationen auf den Daten sind also nicht als Prozedur realisiert, die durch Aufruf Teil eines anderen Prozesses werden. Bei genauerer Betrachtung stellt man fest, daß es sich um ein unsymmetrisches Rendezvous handelt: Der Verwaltungsprozeß wartet darauf, daß andere Pro-

---

[*)] Vgl. hierzu auch [WIR77a].

```
   INTERFACE MODULE pufferverwaltung;
      DEFINE schreibe, lies;
      VAR  puffer: ARRAY 1 .. max OF character;  *)
           schreibindex, leseindex, zaehler: integer;
           nichtvoll, nichtleer: signal;
      PROCEDURE schreibe (zeichen: character);
      BEGIN
           IF zaehler = max THEN wait (nichtvoll) END;
           puffer[schreibindex] := zeichen;
           schreibindex := schreibindex MOD max + 1;
           zaehler := zaehler + 1;
           send(nichtleer)
      END schreibe;
      PROCEDURE lies (VAR zeichen: character);
      BEGIN
           IF zaehler = Ø THEN wait(nichtleer) END;
           zeichen := puffer[leseindex];
           leseindex := leseindex MOD max + 1;
           zaehler := zaehler - 1;
           send(nichtvoll)
      END lies;
      BEGIN
           schreibindex := 1;   leseindex := 1;
           zaehler := Ø
   END pufferverwaltung
```

Abb. 13.3: Schreiben in und Lesen aus einem Puffer, realisiert mit einem Monitor

zesse Anforderungen an ihn stellen. Im Beispiel von Abb. 13.4 sind
die Anforderungen *lies* und *schreibe* zulässig:

   ENTRY anforderung(liste_formaler_parameter).

Der gegenseitige Ausschluß beim Zugriff auf gemeinsame Ressourcen
wird dadurch erreicht, daß der Verwaltungsprozeß wohldefinierte
Stellen besitzt, an denen er jeweils eine Anforderung bedient:

---

*) *max* steht für eine Konstante.

```
TASK pufferverwaltung IS
    ENTRY lies (zeichen: OUT character);
    ENTRY schreibe (zeichen: IN character);
END;

TASK BODY pufferverwaltung IS
    max:            CONSTANT integer := konkreter_wert;
    puffer:         ARRAY (1 .. max) OF character;
    schreibindex, leseindex: integer RANGE 1 .. max := 1;
    zaehler:        integer RANGE Ø .. max := Ø;
BEGIN
    LOOP
        SELECT WHEN zaehler < max =>
                    ACCEPT schreibe (zeichen: IN character)
                    DO      puffer(schreibindex) := zeichen;
                    END;
                    schreibindex := schreibindex MOD max + 1;
                    zaehler := zaehler + 1;
              OR WHEN zaehler > Ø = >
                    ACCEPT lies (zeichen: OUT character
                    DO      zeichen := puffer(leseindex);
                    END;
                    leseindex := leseindex MOD max + 1;
                    zaehler := zaehler - 1;
        END SELECT;
    END LOOP;
END pufferverwaltung;
```

Abb. 13.4: Schreiben in und Lesen aus einem Puffer, realisiert mit einem ADA-Rendez-vous

```
ACCEPT anforderung(liste_formaler_parameter) DO
    ggf. Folge von Anweisungen unter gegenseitigem
    Ausschluß
END.
```

Fordert ein Prozeß eine Dienstleistung an, so wird er suspendiert,
bis der Verwaltungsprozeß die entsprechende *ACCEPT*-Anweisung erreicht. Dann werden die vorgesehenen Anweisungen ausgeführt und

```
GENERIC TASK semaphore IS
        ENTRY p;
        ENTRY v;
END semaphore;
TASK BODY semaphore IS
BEGIN
        LOOP ACCEPT p;
             ACCEPT v;
        END LOOP;
END semaphore
```

Abb. 13.5: Simulation der Semaphor-Variablen durch das
ADA-Rendez-vous

bei Erreichen des dem *ACCEPT* zugeordneten *END* kann der auftragge-
bende Prozeß fortgesetzt werden[*]. Erreicht der Verwaltungsprozeß eine *ACCEPT*-Anweisung, ohne daß eine entsprechende Anforderung vorliegt, so wird er seinerseits suspendiert.

In den meisten Anwendungsfällen werden die Anforderungen nicht
in einer festen Reihenfolge zu erwarten sein, und der Verwaltungsprozeß muß auf eine von mehreren möglichen Anforderungen warten.
Für diesen Fall sieht ADA die *SELECT*-Anweisung vor:

```
SELECT
        erste_anforderung_mit_behandlung;
OR
        zweite_anforderung_mit_behandlung;
OR ...
[ELSE    anweisungsfolge]
END SELECT.
```

In diesem Fall reagiert der Verwaltungsprozeß auf diejenige der
Alternativen, deren Anforderung vorliegt. Liegt keine vor, werden die Anweisungen des optionalen *ELSE*-Teiles ausgeführt, sofern dieser Teil angegeben ist. Im Beispiel von Abb. 13.4 wird

---

[*] Daß zu diesem Zeitpunkt die Indizes und der Zähler noch nicht aktuali-
siert worden sind, führt zu keiner Inkonsistenz, weil auf diese Größen
nur der Verwaltungsprozeß zugreift.

alternativ auf die Anforderungen *schreibe* und *lies* gewartet. Diese Alternative ist in eine Schleife eingebettet, so daß nach Bedienen einer Anforderung wieder alle Anforderungen möglich sind. In Abb. 13.5 haben wir keine *SELECT*-Anweisung; somit werden die Anforderungen nur in der notierten Reihenfolge bedient. Dies bedeutet, daß die *P*-Operation erst dann wieder akzeptiert wird, wenn eine *V*-Operation erfolgte.

Das Beispiel mit dem Puffer zeigt, daß es Situationen gibt, in denen eine Anforderung nicht bedient werden kann. Z.B. kann in einen vollen Puffer nichts mehr hineingeschrieben werden. Um diese Situationen zu behandeln, können die Anforderungen mit Bedingungen versehen werden:

> *WHEN bedingung => ACCEPT anforderung.*

Abb. 15.5 zeigt, daß das ADA-Rendez-vous die gleiche Mächtigkeit besitzt wie die Semaphore. Entsprechend können auch die Signale simuliert werden.

14 Ein- und Ausgabe

In den bisherigen Kapiteln wurden die Elemente behandelt, aus denen ein Programm besteht und mit denen es operiert. Sinnvoll ist ein Programm aber nur, wenn es von außen mit Daten versorgt wird und/oder Ergebnisse der Außenwelt mitteilt. Als Außenwelt ist dabei alles anzusehen, was nicht zum Programm gehört.

Eingabeanweisungen dienen dem Lesen der Daten, d.h. ihrem Transport in den dem Programm zugeordneten Speicherbereich. Quelle kann dabei ein Eingabegerät im engeren Sinne (z.B. Lochkartenleser, im Gesprächsbetrieb benutzte Tastatur, Analog-Digital-Wandler, Datenfernübertragung) sein, aber auch ein peripherer Datenträger (wie Magnetband oder -platte) oder eine im Rechner selbst gehaltene Datei. Umgekehrt können Ergebnisse durch Ausgabeanweisungen der Umwelt mitgeteilt werden. Ziel des Schreibvorganges können neben den Ausgabegeräten im engeren Sinne (Drucker, Stanzer, Bildschirme, Digital-Analog-Wandler, Datenfernübertragung) wiederum die peripheren Datenträger und die rechnerinternen Dateien sein. Die letzten beiden Gruppen eignen sich also insbesondere zur Kommunikation zwischen verschiedenen Programmen.

Bezüglich der Eingabe-/Ausgabeanweisungen unterscheiden sich die Programmiersprachen sehr stark, was mit der Anwendungsorientierung zusammenhängt. Bei den rechenintensiven Anwendungen des naturwissenschaftlich-technischen Bereichs spielen Ein- und Ausgabe eine untergeordnete Rolle; es kommt nur auf bequeme Eingabe und übersichtliche Ausgabe an. Im kommerziell-administrativen Bereich werden erhebliche Datenmengen verarbeitet; hier spielen ihre Struktur, Ordnungsprinzipien und Zugriffsmechanismen eine entscheidende Rolle. In der Prozeßdatenverarbeitung entstehen Daten in oft nicht vorherbestimmbarer Reihenfolge und von unterschiedlicher Wichtigkeit.

14.1 Modell des EA-Vorganges

Wie bei allen anderen programmiersprachlichen Konstrukten ist es auch bei den Eingabe-/Ausgabeanweisungen nicht sinnvoll, sie den technischen Gegebenheiten gerade verfügbarer Geräte anzupassen.

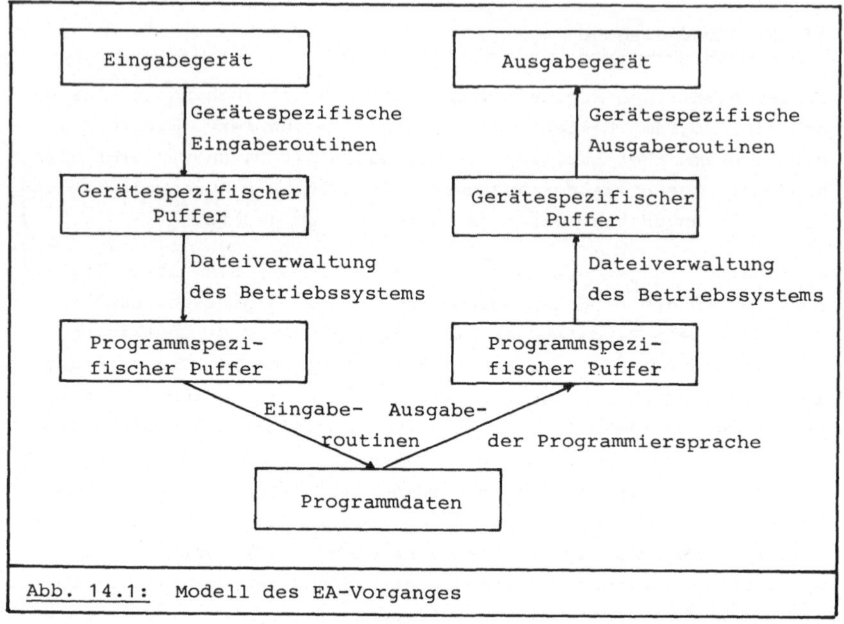

Abb. 14.1: Modell des EA-Vorganges

Vielmehr muß man für die EA-Vorgänge eine Modellvorstellung entwickeln, die möglichst verschiedenartige Geräte erfaßt. In der Anfangszeit der Programmiersprachenentwicklung spielte diese Vorstellung noch keine entscheidende Rolle, so daß die EA-Anweisungen von FORTRAN und COBOL die Lochkartenstruktur bzw. die Zeilenstruktur der Drucker widerspiegelten.

Zwei Gesichtspunkte bestimmen die heute übliche Modellvorstellung: (a) Die EA-Geräte sind erheblich langsamer als der Prozessor, so daß das Programm bei jedem Übertragungsvorgang warten muß. (b) Die Daten fallen beim Lesen in Portionen geräteabhängiger Größe an bzw. müssen beim Schreiben so bereitgestellt werden. Auf der Ebene der Programmiersprache sollen sich weder die Wartezeit noch die Portionierung noch die geräteabhängige Größe der Portionen explizit durch Berücksichtigung in den Anweisungen bemerkbar machen. Dies wird durch Zwischenschalten je zweier Puffer im Ein- und Ausgabevorgang erreicht (Abb. 14.1): Vom Eingabegerät werden die Daten satzweise unter der Kontrolle gerätespezifischer Routi-

nen (Gerätetreiber) in einem Puffer übertragen, dessen Größe den
physikalischen Datensätzen des Gerätes entspricht. Am anderen Ende des Modells sind auf Programmebene logische Datensätze definiert, deren Größe und Struktur sich an der Aufgabenstellung
orientieren. Die sprachspezifischen EA-Routinen greifen auf einen
Puffer entsprechender Länge zu. Zwischen beiden Puffern ist eine
Umsetzung erforderlich, bei der ggf. mehrere physikalische Datensätze zu einem logischen zusammengefaßt oder ein physikalischer
auf mehrere logische aufgeteilt werden muß[*]. Umgekehrt verläuft
der Ausgabevorgang.

Zentral für das Verständnis eines von den speziellen Eigenschaften
der Geräte abstrahierenden EA-Modells sind die Begriffe Datei- und
Datensatz, wobei wir - wie bereits erwähnt - den logischen auf der
Programmebene von dem physikalischen auf der Geräteebene zu unterscheiden haben. Unter einem <u>Datensatz</u> versteht man eine Folge von
Zeichen (Bytes) oder Bits, unter einer <u>Datei</u> eine Folge von Datensätzen[**]. Da auch die Zeichen aus einzelnen Bits bestehen, muß
der Unterschied präzisiert werden: Man spricht davon, daß die Datensätze aus Zeichen zusammengesetzt sind, wenn es sich um die
Zeichen eines gängigen Codes handelt (z.B. ASCII). Diese Dateien
sind also im Prinzip rechnerunabhängig[***]. Wie wir früher gesehen haben, müssen Zahlen zwischen externer und interner Darstellung übersetzt werden. Wird bei der Übertragung der Daten zu einem peripheren Speicher auf diesen Übersetzungsvorgang verzichtet,
so bestehen die Datensätze aus einer Reihe binärer, rechnerabhängig dargestellter Werte. Man spricht dann von binären Dateien[****].

Einfache Beispiele von physikalischen Datensätzen sind der Inhalt
einer Lochkarte oder einer Druckzeile. Bei Magnetplatten können
sowohl die Sektoren einer Spur, ganze Spuren oder Zylinder (= über-

---

[*] Die beiden Puffer können (zur Einsparung eines Transportvorganges) phy-
sikalisch zusammenfallen. In diesem Fall werden sie nur durch unterschiedliche Zeiger unterschieden.

[**] Betrachtet man logische Datensätze, bekommt man eine logische Sicht der
Datei, andernfalls die physikalische.

[***] Dies gilt natürlich nur, wenn keine rechnerspezifischen Dateikennsätze
verwandt werden.

[****] Standard-FORTRAN 77 verwendet die Begriffe formatiert und nichtforma-
tiert; dieser Begriffsbildung können wir uns jedoch nicht anschließen.

einanderliegende Spuren der verschiedenen Platten eines Stapels)
die Funktion von Datensätzen übernehmen. Im Gegensatz zu den bisher genannten Beispielen liegt die Länge eines Datensatzes beim
Magnetband nicht fest; sie kann unterschiedlich gewählt werden.
Ungleich lange Datensätze findet man oft auch bei der Eingabe über
ein Datenendgerät (Terminal), wo eine Eingabezeile unabhängig von
ihrer Länge als Datensatz betrachtet werden kann; in diesem Fall
fungiert der Wagenrücklauf (carriage return) als Satzendekenn-
zeichen. In der Prozeßdatenverarbeitung besteht in den meisten
Fällen der physikalische Datensatz nur aus wenigen Bytes oder
Bits.

14.2 Verschiedene Arten des Datenverkehrs

Während die gerätespezifischen EA-Routinen stets einen ganzen Datensatz bearbeiten, sind wir am anderen Ende des Modells von den
gerätetechnischen Gegebenheiten unabhängig. Das bedeutet, daß
die Programmiersprachen Anweisungen sowohl für einen satzweisen
(auf der Ebene der logischen Datensätze) als auch einen zeichenweisen Datenverkehr enthalten können. Beim satzweisen Datenverkehr
existieren nur Anweisungen zur ungeteilten Ein- oder Ausgabe eines logischen Datensatzes. Programmseitig muß dann ein zusammen-
gesetztes Objekt (Feld, Verbund) bereitstehen, in das bei der Eingabe die Werte übertragen oder aus dem sie bei der Ausgabe entnommen werden. Nach der Eingabe des ganzen Satzes können die einzelnen Komponenten in beliebiger Reihenfolge verarbeitet werden.
Bei der Ausgabe spielt entsprechend keine Rolle, in welcher Reihenfolge die Daten in das Ausgabefeld eingetragen werden. Beim
zeichenweisen Datenverkehr wird von einem Strom einzelner Zeichen
ausgegangen. Dabei herrscht die Vorstellung, daß jedes für sich
eingelesen bzw. ausgegeben wird; das bedeutet natürlich in Wahr-
heit nur, daß der programmspezifische Puffer Zeichen für Zeichen
bearbeitet wird. Insbesondere führt dies dazu, daß die aufeinanderfolgenden Zeichen programmseitig nicht nur "schon bei der Eingabe" verschiedenen Variablen zugeordnet, sondern auch unterschiedlich, z.B. als Zahl oder alphanumerisches Zeichen, interpretiert werden können. Dabei darf die Interpretation bereits vom
gerade zuvor gelesenen Zeichen abhängen. Üblicherweise existieren
Anweisungen bzw. Anweisungskomponenten, die nicht nur einzelne

Zeichen behandeln, sondern auch Zeichengruppen zu Konstanten der
Standardarten zusammenzufassen gestatten.

Unterschiedlich wird von den Programmiersprachen die Frage behandelt, ob die einen logischen Datensatz bildenden Daten innerhalb einer einzigen Anweisung ein- bzw. ausgegeben werden müssen (z.B. FORTRAN, PL/I) oder auf mehrere Anweisungen verteilt sein können (z.B. SIMULA). Im zweiten Fall ist eine besondere Satzwechselanweisung erforderlich.

Werden im Zeichenstrom Gruppen gebildet, die jeweils ein Objekt bezeichnen, so ist das Format dieser Darstellung von Interesse: Man kann z.B. eine reellwertige Konstante extern als Festpunkt- oder Gleitpunktzahl darstellen und mit unterschiedlicher Stellenzahl. In vielen Fällen wird man auf erläuternde Texte Wert legen und Abstände zu anderen Konstanten frei wählen wollen. Kann in der EA-Anweisung das bei einer Ausgabe gewünschte bzw. bei einer Eingabe erwartete Schriftbild in einem gewissen Rahmen vom Programmierer selbst festgelegt werden, so sprechen wir von <u>edierendem Datenverkehr</u>[*]. In einigen Sprachbeschreibungen wird von formatiertem Datenverkehr gesprochen; diese Sprechweise ist nicht günstig, weil auch nichtedierte Ausgabedaten formatiert sind.

Es gibt aber auch EA-Anweisungen, die dem Programmierer keinen individuellen Einfluß auf das Schriftbild gestatten: Bei der Ausgabe wird ein von der Objektart abhängiges Standardformat gewählt; bei der Eingabe identifizieren sich die zu lesenden Konstanten durch ihr Erscheinungsbild selbst. Dieser <u>nichtedierende Datenverkehr</u> setzt beispielsweise bei der Eingabe eine Folge von Konstanten voraus, die eindeutig voneinander getrennt sind (Komma, Zwischenraum). Ansonsten dürfen sie aber im Rahmen der üblichen Syntaxregeln beliebig notiert sein.

Beide Arten haben ihre Vor- und Nachteile. Die Aufbereitung von Eingabedaten für nichtedierende Anweisungen ist wesentlich bequemer als für edierende: Das lästige Abzählen von Stellen, Textlängen oder Zwischenräumen entfällt. Allerdings müssen Texte in der Regel von speziellen Begrenzungszeichen eingeschlossen werden.

---

[*] Das häufig zu hörende "editieren" ist sprachlich falsch.

Andererseits erlauben edierende Anweisungen ein dem Problem ange-
paßtes Druckbild und das Überspringen von Spalten.

14.3 Ein-/Ausgabeanweisungen

Die Anweisungen, die die Ein- und Ausgabe von Daten bewerkstelli-
gen, werden von den verschiedenen Programmiersprachen unterschiedlich behandelt. In den meisten Fällen handelt es sich um Anweisungen eigenständiger Form, die durch ein besonderes Schlüsselwort eingeleitet werden. In der ALGOL-Familie dagegen werden diese Anweisungen als Prozeduren betrachtet und unterliegen deren
Formvorschriften. Eine Sonderstellung nehmen APL und SNOBOL ein,
wo Ein- und Ausgabe über sogenannte Pseudovariable abgewickelt
werden.

Unabhängig von der äußeren Form als selbständige Anweisung oder
Prozedur lassen sich verschiedene Gemeinsamkeiten beobachten.
Die Eingabeanweisung benötigt eine oder mehrere Variablen, denen
die zu lesenden Werte zugewiesen werden sollen. Einzelne Programm-
miersprachen lassen neben einer Aufzählung aller Variablen die
Angabe ganzer Felder oder Strukturen durch Angabe ihrer Bezeichnungen oder Lauflisten zu. Sind zusammengesetzte Objekte als Ziel
genannt, so werden so viele Werte gelesen, wie die entsprechenden
Objekte gemäß ihrer Deklaration Komponenten besitzen. Entsprechend
benötigt die Ausgabeanweisung Variable, deren Werte ausgegeben
werden. Neben den bei der Eingabe zulässigen Möglichkeiten ist
hier die Angabe von Ausdrücken sinnvoll, nach deren Auswertung
das Ergebnis ausgegeben wird. Ferner ist zur Steuerung einer Ein-/
Ausgabeanweisung Steuerinformation erforderlich. Diese kann in
der Anweisung ganz oder teilweise zwingend verlangt werden, optional sein oder im Rahmen der Sprachdefinition oder der Implementierung unabänderlich festgelegt werden. Eine Übersicht über
die wichtigsten EA-Möglichkeiten der verschiedenen Sprachen gibt
Abb. 14.2.

Der Umfang der Steuerinformation in einer EA-Anweisung hängt vom
Komfort ab, der dem Programmierer geboten werden soll. Zu den
notwendigen Steuerinformationen gehört die Festlegung des Gerätes
oder der Datei, an die sich die Anweisung richtet, und bei edie-

Sprache	Schlüsselwort	edierend	Identifizierung des EA-Mediums	Datenlisten	Steuerinformation i.d. Anweisung
FORTRAN 77	*READ*	bei Formatangabe	ganzzahlige Variable	ja	Formate, Ausnahmefälle
	WRITE				
	PRINT				(separat)
PL/I	*GET*	*EDIT:* ja	Dateibezeichner [1]	ja	Formate, Satzsteuerung *COPY*
	PUT	*LIST:* nein			
		DATA: nein			
	READ FILE *WRITE FILE*	nein		satzweiser Transfer	Ausnahmefall, Zugriffsschlüssel
BASIC	*READ*		ganzzahlige Varible [2]	ja	-
	INPUT				
	LINPUT	nein			
	WRITE				
	PRINT	ja			Format(*USING*)
COBOL	*DISPLAY*	nein	Gerätezeichner	nein	-
	ACCEPT				
	READ	ja	Dateibezeichner [1]	satzweiser Transfer	Ausnahmefall
	WRITE				-
PASCAL	*READ*	nein	Dateivariable [1]	ja	Satzwechsel [3]
	WRITE				
SIMULA	*INtyp* [4]	nein	Dateivariable [1]	nein	(separat)
	OUTtyp [4]	ja			

[1] Geräten ist eine Datei zuzuordnen;

[2] Fehlen bedeutet bei *READ* eine interne Datei, die mit *DATA* gefüllt wird, sonst das Standardausgaberät;

[3] *READLN, WRITELN;*

[4] Eigene Prozeduren für jede Objektart: *ININT, INREAL* usw.

Abb. 14.2: EA-Möglichkeiten in verschiedenen Sprachen

renden Anweisungen auch die Festlegung der Formate[*].

<u>Geräte oder Dateien</u> können durch ihre Bezeichnung oder durch Nu-
merierung festgelegt werden. FORTRAN 66 und BASIC verwenden ausschließlich Nummern (Kanalnummern), an deren Stelle jedoch auch
ganzzahlige Variable treten dürfen. Dann wird das EA-Medium durch
den zuletzt dieser Variablen zugewiesenen Zahlenwert identifiziert; so wird eine gewisse Flexibilität erreicht, da das gleiche
Programm nach Änderung dieses Parameters ein anderes EA-Medium
ansprechen kann. PL/I und COBOL identifizieren Dateien und Geräte
durch Bezeichner. Sprachen wie PASCAL und SIMULA kennen auch Da-
teivariable. Einige Programmiersprachen erlauben, daß die Angabe
des EA-Mediums entfällt; in diesen Fällen sind Standardmedien
vordefiniert.

Weitere Steuerinformation kann sich auf die <u>Ausnahmefallbehand-</u>
<u>lung</u> beziehen[**]. In diesem Zusammenhang spielen Schreib- und Le-
sefehler eine Rolle; ein Beispiel wäre der Versuch, einem Datensatz mehr Daten entnehmen zu wollen, als in ihm enthalten sind,
oder am Dateiende weitere Sätze zu lesen. Wird eine Ausnahmefallbehandlung innerhalb der EA-Anweisung festgelegt (FORTRAN 77),
so bezieht sie sich selbstverständlich nur auf diese. PL/I dagegen kennt separate Sprachkonstrukte zur Ausnahmefallbehandlung,
die dann auch global verwendet werden können.

Ein Sonderfall einer Steuerinformation ist die *COPY*-Spezifikation
in PL/I, die bewirkt, daß die eingelesenen Daten wieder gedruckt
werden, ohne daß es einer besonderen Ausgabeanweisung bedarf.

PL/I und FORTRAN sind Beispiele für Sprachen, die die Zusammenfassung mehrerer EA-Vorgänge in einer Anweisung gestatten. Die
zu transferierenden Daten werden in einer <u>Datenliste</u> angegeben.
Hierzu genügt zunächst eine einfache Aufzählung, wobei die einzelnen Listenelemente durchaus von unterschiedlicher Art sein
können:

---

[*] Bei FORTRAN 77 erfolgt die Festlegung, ob die Anweisung edierend arbeitet
oder nicht, durch Anwesenheit oder Fehlen der Formatspezifikation; bei
PL/I erfolgt diese Festlegung durch ein weiteres Schlüsselwort.

[**] Vgl. Abschnitt 10.6.

*PUT EDIT (summe, 3*x+2, 'diff = ', y - x) (formatliste).*

Der Zusammenhang zwischen den einzelnen Elementen der Datenliste
und der Formatliste ist durch die Reihenfolge gegeben. Insbesondere im Zusammenhang mit der Ein- und Ausgabe von Feldern tritt
aber der Wunsch auf, Datenlisten zu notieren, deren Elementzahl
bei der Abfassung des Programms noch nicht bekannt ist. PL/I und
FORTRAN erlauben daher die Einbettung einer Laufvorschrift in die
Datenliste (implied do):

(datenelement DO laufvorschrift).

Sie bewirkt[*], daß der EA-Vorgang mit dem angegebenen Datenelement
so oft und mit den Werten der Laufvariablen wiederholt wird, wie
es die Laufvorschrift festlegt[**]. Interessant ist der Fall, daß
das Datenelement die Laufvariable als Index enthält:

(matrix(i,j) DO i = 1 TO n).

Durch die Klammerung entsteht übrigens wieder ein Datenelement,
so daß geschachtelte Laufvorschriften möglich sind. In PL/I kann
der gleiche Effekt natürlich auch dadurch erreicht werden, daß
die Ein- bzw. Ausgabe des Datenelementes in eine Laufanweisung
eingebettet wird. In FORTRAN ergibt sich jedoch ein Unterschied,
weil dort jede EA-Anweisung einen neuen Datensatz beginnt; somit
würde dann jedes Datenelement einen Datensatz für sich bilden.

14.4 Formatierung

Als Beispiel für die Ein- und Ausgabemöglichkeiten bei einer Sprache der ALGOL-Familie betrachten wir SIMULA. Es gibt drei Klassen,
denen die EA-Anweisungen als Prozeduren zugeordnet sind: *INFILE*
für Eingabedateien, *OUTFILE* für Ausgabedateien (beide arbeiten
sequentiell) und *DIRECTFILE* für Dateien, die sowohl gelesen als
auch beschrieben werden können; die Klassen *PRINTFILE* und
PUNCHFILE sind Sonderfälle von *OUTFILE*. Die Ausgabeprozeduren arbeiten insofern edierend, als sie die Stellenzahl als Parameter
verlangen. Sie kann durch einen arithmetischen Ausdruck angegeben
werden und so von aktuellen Programmdaten abhängig gemacht werden:

---

[*] Schreibweise dieser Beispiele: PL/I.

[**] Vgl. Abschn. 10.3.

OUTINT(x,stellenzahl)

OUTREAL(x,stellen_nach_dem_punkt,anschlaege_insgesamt)

OUTFIX(x,stellen_nach_dem_punkt,anschlaege_insgesamt)

OUTTEXT(textkonstante).

Im letzten Fall ist die Zahl der Anschläge durch die Länge der
Textkonstanten gegeben. Zur Erzeugung von Zwischenräumen existiert
die Textfunktion *BLANKS(anzahl)*.

SIMULA verwendet das Puffermodell explizit: Ist ein Datensatz
(Zeile) durch die Verwendung dieser Anweisungen zusammengestellt
worden, so wird er mit *OUTIMAGE* ausgegeben. Der Zeiger innerhalb
des Puffers wird von den EA-Anweisungen implizit behandelt, kann
aber auch explizit durch *SETPOS(position)* angesprochen werden.

Die Dateien bzw. Geräte der Klasse *INFILE* werden ganz analog behandelt. Für die Klasse *DIRECTFILE* existiert als weitere Prozedur
eine Möglichkeit, die Datei durch *LOCATE(satznummer)* auf einen
beliebigen Satz zu positionieren. Die Klasse *PRINTFILE* kennt zusätzliche Prozeduren zur Steuerung des Seitenbildes.

PL/I und FORTRAN beschränken die Angaben zum Ediervorgang nicht
auf die Stellenzahl. Da sie die Zusammenfassung mehrerer EA-Vorgänge in einer Anweisung kennen, müssen auch mehrere Formatanga-
ben zu einer Formatliste zusammengefaßt werden. Eine Ausgabeanweisung in PL/I kann beispielsweise folgendermaßen aussehen:

PUT EDIT (datenliste) (formatliste)

Die wichtigsten Elemente, aus denen die Formatliste aufgebaut
wird, sind:

$F(w,d)$	für dezimale Festpunktzahlen,
$E(w,d)$	für dezimale Gleitpunktzahlen,
$A(w)$	für Textkonstanten,
$X(w)$	für Zwischenräume.

Dabei liefert w, das im allgemeinen ein arithmetischer Ausdruck
sein darf, die Anzahl der Anschläge. In der Regel ist w größer
als die Stellenzahl, da Dezimalpunkt, Vorzeichen und bei Gleitpunktzahlen der Exponent zu berücksichtigen sind. d liefert die

Anzahl der Stellen hinter dem Punkt[*]. Ferner können in die Formatliste noch Steuerungsangaben wie

    COLUMN(spaltennummer)
    LINE(zeilennummer)
    PAGE   für den Beginn einer neuen Seite
    SKIP   für den Beginn einer neuen Zeile

aufgenommen werden. *LINE*, *PAGE* und *SKIP* können auch außerhalb der Formatliste verwandt werden.

Sollen einzelne Formate oder Teile der Formatliste in der gleichen Anweisung mehrfach verwandt werden, so können sie mit einem <u>Wiederholungsfaktor</u> versehen werden, der vor das Format oder die geklammerte Liste gesetzt wird:

    (COLUMN(1Ø), F(6), 3(X(4), A(3), E(16,8)), 2F(6,1)).

Ganz analog ist die Formatbehandlung in FORTRAN. Ein Unterschied liegt (neben der Schreibweise) darin, daß für die Stellenzahlen nur ganzzahlige Konstanten eingesetzt werden dürfen.

Sehen wir von den nichtedierenden Anweisungen *DISPLAY* und *ACCEPT* ab, so geht COBOL vom satzweisen Datentransfer aus:

    READ dateiname RECORD INTO bezeichner
    WRITE satzname FROM bezeichner.

COBOL unterscheidet <u>Arbeits- und EA-Bereiche</u>. Da bei der Deklaration von EA-Bereichen eine eindeutige Zuordnung zwischen ihnen und den EA-Medien hergestellt wird, genügt die Angabe des Datei- oder Satznamens[**], um Quelle und Ziel des Transfers gleichzeitig zu bestimmen. Der optionale Zusatz *INTO* bzw. *FROM* erlaubt darüber hinaus den unmittelbaren Verkehr mit Arbeitsbereichen: Nach dem Einlesen des Datensatzes in den Eingabebereich erfolgt unmittelbar eine Wertzuweisung an den durch den Bezeichner gegebenen Arbeitsbereich. Umgekehrt erweitert der *FROM*-Zusatz die *WRITE*-Anweisung so, daß zunächst eine Wertzuweisung an den Ausgabebereich erfolgt. Unabhängig von diesen Zusätzen kann der Programmierer

---

[*] Mit einem dritten Parameter kann eine Verschiebung des Dezimalpunktes gegenüber seiner eigentlichen Position erreicht werden.

[**] Die Asymmetrie bleibe hier unbeachtet. (Vgl. nächster Absatz.)

den Datentransfer zwischen EA-Bereich und Arbeitsbereich natürlich auch an beliebigen Stellen des Programms durch *MOVE*-Anwei-
sungen erreichen[*].

Die Deklaration von EA-Bereichen unterschiedet sich nicht von der
Vereinbarung der Datenstrukturen im Arbeitsbereich[**]. Da diese
die Darstellung der einzelnen Komponenten detailliert beschreiben,
ergeben sich so automatisch die <u>Formate</u>. Nicht zu beachtende Spalten werden durch den Pseudoselektor *FILLER* gekennzeichnet.

Die bereits erwähnte Zuordnung eines EA-Bereiches zu einer Datei
erfolgt in der Dateideklaration durch die Klausel

> *DATA RECORD IS bezeichner*
> *DATA RECORDS ARE liste von bezeichnern.*

Mit der zweiten Form dieser Vereinbarung kann der Programmierer
der Datei scheinbar <u>mehrere Eingabebereiche</u> zuordnen, die unterschiedlich strukturiert sind und durch die Eingabeanweisung alle
gefüllt werden. Nach Abfragen einer unterscheidenden Komponente
kann die weitere Verarbeitung die eine oder die andere Struktur
benutzen. Solche Konstruktionen sind erforderlich, wenn unterschiedlich aufgebaute Datensätze in der gleichen Datei auftreten.
Ob dies aus programmiermethodischer Sicht vernünftig ist, sei hier
nicht diskutiert. Bei PL/I werden die unterschiedlich strukturierten Anteile des Datensatzes beim Einlesen einer als Zeichenkette
vereinbarten Variable zugewiesen[***]. Nach der Entscheidung über
das zu verwendende Format erfolgt ein erneuter "Einlesevorgang",
wobei erst jetzt die endgültigen Zielvariablen und die endgültigen Formate verwandt werden. Als Quelle fungiert nun die Zeichen-
kettenvariable:

> *GET STRING (zeichenkette) EDIT (datenliste) (formatliste).*

---

[*] Ganz analog arbeiten die *READ FILE*- und die *WRITE FILE*-Anweisung in PL/I.
[**] Vgl. Abschn. 7.3.
[***] FORTRAN 77 hat dieses Konzept übernommen.

14.5 Besonderheiten

APL und SNOBOL kennen nur eine sehr rudimentäre Ein- und Ausgabe
und betrachten sie als Sonderfall der Wertzuweisung. SNOBOL sieht
hierfür zwei Pseudovariable *INPUT* und *OUTPUT* vor, APL eine Pseudovariable $\square$. Tritt die Pseudovariable auf der rechten Seite einer
Wertzuweisung oder allgemein innerhalb eines Ausdruckes auf, so
wird der nächste einzulesende Wert verwendet. Dies ist bei APL
jeweils eine Konstante der Standardarten oder ein Feld, bei SNOBOL
unabhängig von deren Zusammensetzung eine Zeile. Tritt die Pseudovariable auf der linken Seite der Wertzuweisung auf, so bewirkt
dies, daß der Wert der rechten Seite ausgegeben wird. Ein APL-
Beispiel ist $\square \leftarrow 4 + \square * 2$. In diesem Fall wird zum Quadrat des
Eingabewertes 4 addiert und das Resultat ausgedruckt.

In der Regel erfolgt die Zuordnung der durch eine Eingabeanweisung
gelesenen Konstanten zu den programminternen Variablen durch die
Reihenfolge: Den in der Eingabeanweisung auftretenden Variablen
werden in der notierten Reihenfolge die gelesenen Konstanten zugewiesen. Bei der Aufbereitung der Eingabedaten muß daher der Pro-
grammbenutzer die Reihenfolge kennen, in der die Daten vom Programm angefordert werden. PL/I bietet als Alternative eine "daten-
gesteuerte" Eingabeanweisung[*]. Hier wird ein Eingabetext gelesen,
der aus Wertzuweisungen besteht; er legt also nicht nur die neuen
Werte, sondern auch die Zielvariablen fest, denen diese Werte zugewiesen werden sollen. Die Variablenliste in der Eingabeanweisung erübrigt sich also und darf fehlen. Ein einfaches Beispiel
soll dies erläutern: Die erste Anweisung *GET DATA* bewirkt bei dem
Eingabetext

$$t = \text{'}test\_nr.5\text{'}, \quad a = 3.5, \quad z(1,1) = 4, \quad z(1,4) = 5;$$
$$t = \text{'}test\_nr.6\text{'}, \quad a = 4.\emptyset, \quad z(1,1) = 6, \quad z(2,3) = -8; \ \dots \ ,$$

daß die Größen a und t sowie die beiden angegebenen Feldkomponenten von z verändert werden, während alle anderen Variablen und
alle anderen Komponenten des Feldes ihren bisherigen Wert behalten. Bei der nächsten *GET DATA*-Anweisung wird hinter dem die erste Eingabe abschließenden Semikolon weitergelesen.

---

[*] Es gibt auch nicht dem Standard entsprechende FORTRAN-Kompilierer, die
diese Möglichkeit vorsehen.

14.6 Dateiarten

Wie wir gesehen haben, kann der Verkehr eines Programmes mit Dateien, seien es echte Dateien (im Sinne der Dateiverwaltung des
Betriebssystems) oder andere als Datei behandelte EA-Daten, zei-
chen- oder satzweise erfolgen. Weitere Eigenschaften betreffen
die Verkehrsrichtung, die Zugriffsart sowie physikalische Eigenschaften. Bezüglich der Verkehrsart können wir Eingabedateien
(*INPUT*), Ausgabedateien (*OUTPUT*) und Dateien, die sowohl gelesen
als auch beschrieben werden können (PL/I: *UPDATE*, COBOL: *I-O*),
unterscheiden. Bei vielen Anwendungen kann man davon ausgehen, daß
die Datensätze in einer vorgegebenen Reihenfolge verarbeitet werden; dies gilt beispielsweise für reine Eingabe- bzw. reine Ausgabedateien (sequentielle Dateien). Insbesondere beim satzweisen
Datenverkehr mit *UPDATE*-Dateien ist jedoch auch ein Zugriff zu
den Datensätzen in beliebiger Reihenfolge sinnvoll (PL/I-Attri-
but: *DIRECT*). Zusätzliche Angaben, beispielsweise über die Art
der Adressierung, ergänzen die Dateibeschreibung: Auffinden des
Datensatzes über eine Schlüsselinformation, index-sequentielle
Speicherung usw.. Es würde hier zu weit führen, alle diese Möglichkeiten zu diskutieren, die etwa in PL/I und COBOL formulier-
bar sind. Eine systematische Darstellung des Aufbaus von und des
Umgangs mit Dateien würde ein eigenes Buch füllen. Es sei auf
die im Zusammenhang mit den einzelnen Programmiersprachen erwähnten Lehrbücher verwiesen.

14.7 Umgebungsbeschreibung in COBOL

Die Zuordnung von Dateibezeichnungen zu peripheren Geräten ist
nur eine der Möglichkeiten, das Programm mit seiner Umgebung zu
verknüpfen. COBOL kennt eine Reihe weiterer Möglichkeiten und
faßt sie in der Umgebungsbeschreibung zusammen. Da diese Komponente des Programms sehr stark von Begriffen abhängig ist, die der
Systemhersteller vorgibt, und von den Möglichkeiten der konkreten
Installation, wollen wir uns auf ein einfaches Beispiel beschränken (Abb. 14.3). Hier wird nicht nur ein bestimmter Rechnertyp
festgelegt, sondern auch eine bestimmte Speichergröße für das
ordnungsgemäße Funktionieren des Programms vorausgesetzt. Ferner
wird festgehalten, daß das im Programm als *drucker* bezeichnete

```
ENVIRONMENT DIVISION.
CONFIGURATION SECTION.
SOURCE-COMPUTER. cyber.
OBJECT-COMPUTER. cyber MEMORY SIZE 32000 WORDS.
SPECIAL-NAMES.
       OUTPUT IS drucker.
INPUT-OUTPUT SECTION.
FILE-CONTROL.
       SELECT kunden-liste ASSIGN TO OUTPUT.
```

Abb. 14.3: Beispiel einer COBOL-Umgebungsbeschreibung

Gerät mit dem vom Hersteller als *OUTPUT* bezeichneten übereinstimmt und die Datei *kunden-liste* diesen zuzuordnen ist.

14.8 Datenstationen und Systemteil in PEARL

Prozeßrechnersprachen müssen den Datentransfer von und zum technischen Prozeß beschreiben können. Neben Daten, die auch bei anderen Anwendungen transferiert werden, spielen in stärkerem Maße Unterbrechungen und Signale eine Rolle. Einen Versuch, diese unterschiedlichen Komponenten zu einem Objekt höherer Abstraktionsstufe zusammenzufassen, unternimmt PEARL mit der Objektart *DATION* (= Datenstation). Ein solches Objekt besteht aus ein bis vier Kanälen. Der Datenkanal nimmt die zu transferierenden Daten auf und ist stets vorhanden. Optional sind der Kontrollkanal, der Unterbrechungs- und der Signalkanal. Die Kontrollobjekte entsprechen den Formatlisten anderer Sprachen und dienen der Schnittstellensteuerung; sie entsprechen beim Datentransfer je einem Element der Datenliste (matching control) oder können den inneren Zustand der Schnittstelle beeinflussen (non matching control). Als Beispiel[*] betrachten wir die Deklaration eines Objektes *schlitten*, das zur Steuerung eines Schlittens über einen Schrittmotor dient (Abb. 14.4). Auf Grund einer solchen Deklaration

---

[*] Teil eines umfangreichen Beispieles, an Hand dessen im Rahmen einer Diplomarbeit (A. S c h e d e l b e c k) am Institut für Math. Maschinen und Datenverarb. der Universität Erlangen-Nürnberg ADA und PEARL verglichen wurden.

```
DECLARE fahr CONTROL (BIT(1)) MATCH FLOAT GLOBAL;
DECLARE ort CONTROL MATCH FLOAT GLOBAL;
DECLARE (schlittenfehler, fahrfehler) SIGNAL GLOBAL;
DECLARE schlitten DATION INOUT FLOAT
                CONTROL (fahr, ort)
                SIGNAL (schlittenfehler, fahrfehler) GLOBAL;
```

Abb. 14.4: Deklaration eines Werkstückschlittens auf Programmebene (Algorithmischer Teil)

```
CAMC*1 <-> CRT(1)*18 -> ST(18);
                        ST(18)*Ø -> smauftrag:;
                        ST(18)*1 -> lianschlag: wieschnell:;
                        ST(18)*2 -> reanschlag:;
                        ST(18)*3 -> smfertigmeldung:;
SIGN(1ØØ) <- negativquittung:;
IRPT(18)  <- positionerreicht:;
```

Abb. 14.5: Deklaration der Systemschnittstelle zum Werkstück-
schlitten

können alle Details der Schrittmotorsteuerung aus dem problembe-
zogenen Algorithmus herausgehalten werden. Im algorithmischen
Teil des Programmes kann dann beispielsweise die Position des
Schlittens durch eine Anweisung der Art

READ position FROM schlitten BY ort

gelesen werden.

Aufgabe der <u>Umgebungsbeschreibung</u> (system division) ist es, die
Schnittstelle zu dem technischen Prozeß zu beschreiben. Hierzu
müssen die konkret benötigten unter den hardwaremäßig vorhandenen Datenstationen ausgewählt und ihnen problembezogene Bezeichnungen zugeordnet werden. Während bei Standardgeräten eine einfache Gerätespezifikation genügt, ist sonst eine genauere Ver-

```
schlittenschnittstelle:
    INTFAC (schlitten DATION INOUT FLOAT
                       CONTROL (fahr, ort)
                       SIGNAL (schlittenfehler, fahrfehler)
           (smauftrag,
            lianschlag, wieschnell,
            reanschlag,
            smfertigmeldung) DATION OUT BASIC
                             INTERRUPT (positionerreicht)
                             SIGNAL (negativquittung)
           ) GLOBAL;
    READ:  ENTRY;
           ort: ENTRY;
                RETURN (position);
           END; /* ort */
    END; /* read */
    ... /* es folgen weitere prozedurdeklarationen */
END;  /* ende der schlittenschnittstelle */
```

Abb. 14.6: Schnittstelle zwischen Systembeschreibung und Algorithmus

bindungsspezifikation erforderlich. Sie beschreibt die Verbindung zwischen Datenstationen oder Feldern von Datenstationen. Da es eine Vielzahl verschiedener Möglichkeiten gibt, beschränken wir uns auf ein Beispiel (Abb. 14.5). Setzen wir voraus, daß die im Beispiel des Werkstückschlittens interessanten Ausgabedaten für den Schrittmotor über die Endstellen $\emptyset$ bis 3 des 18. Einschubs in einem CAMAC-Rahmen 1 laufen sollen[*], die Rückmeldung über den Unterbrechungsanschluß *IRPT(18)* und eine Negativquittung über den Signalanschluß *SIGN(1$\emptyset\emptyset$)*.

Damit die programminternen, auf hohem Niveau formulierten Datenstationen (Abb. 14.4) für die Kommunikation mit der Außenwelt verwandt werden können, ist eine Umsetzung ihrer Komponenten in konkrete EA-Vorgänge auf der Ebene von Abb. 14.5 erforderlich.

---

[*] CAMAC = standardisierte Prozeßperipherie.

Um diesen Vorgang übersichtlich zu gestalten, benutzt PEARL das Konzept des <u>Datenweges</u>, der unter Umständen über mehrere Datenstationen verschiedener Abstraktionsstufen führt und längs dessen die jeweilige Umsetzung von Schnittstellen vorgenommen wird. Diese Schnittstellen sind Prozesse. Ihre Aufträge bekommt sie durch EA-Anweisungen. Sie bleibt aber auch dann existent, wenn gerade keine Aufträge zu bearbeiten sind, und kann auf Unterbrechungen reagieren. Die Beschreibung der Schnittstelle für das Beispiel des Schlittens ist in Abb. 14.6 angegeben. Man erkennt daran, daß neben den beiden zu verbindenden Datenstationen auch die zwischen ihnen gültigen EA-Anweisungen beschrieben werden müssen. Dabei können mehrere Varianten beispielsweise der *READ*-Anweisung definiert werden; in der Abbildung ist nur die Variante *ort* angegeben.

Schlußwort

Am Ende eines solchen Manuskriptes verbleibt beim Autor ein un-
gutes Gefühl: er sieht die Lücken. Will man den Band auf einen
vernünftigen Umfang beschränken, sind Kompromisse an vielen Stellen nötig. Die modernen Systemimplementierungssprachen fehlen
ebenso wie die Dialogaspekte. (Von den Dialogsprachen, z.B. APL,
ist nur der algorithmische Kern besprochen.) Der Umgang mit Dateien und die programmiersprachliche Formulierung der Prozeßperipherie hätten aufgrund ihrer Bedeutung eine sehr viel aus-
führlichere Darstellung verdient ....

An vielen Stellen dieses Bandes haben wir die unterschiedlichen
Sprachkonstrukte vom Standpunkt einer modernen Programmiermethodik beurteilt. Wir dürfen aber nicht vergessen, was ein unbekannt
gebliebener Beobachter auf einem Treffen zu diesem Thema gesagt
hat (ACM SIGPLAN Not. 12, 1 (1977), p. 1):

> "A poor programmer can generate bad
> code in any language."

Literaturverzeichnis

[ALL78]   *J.R. Allen:* "Anatomy of LISP", New York: McGraw-Hill, 1978

[ALE72]   *G. Alefeld et al.:* "Einführung in das Programmieren mit ALGOL 60", Hochschultaschenbücher, Bd. 777, Mannheim: Bibliographisches Institut, 1972

[AMM80]   *U. Ammann:* "Vergleich einiger Konzepte moderner Echtzeitsprachen", 6. GI-Fachtagung über Programmiersprachen und Programmentwicklung (Darmstadt, März 1980, Hrsg.: H.-J. Hoffmann) = Informatik-Fachberichte, Bd. 25, p. 1 - 18, Berlin: Springer, 1980

[BAC59]   *J.W. Backus:* "The Syntax and Semantics of the Proposed International Algebraic Language of the Zürich ACM-GAMM Conference", Proceed. Internat. Conf. Informat. Processing (Paris, Jun. 1959), p. 125 - 132, München: Oldenbourg, 1960

[BAC78]   *J.W. Backus:* "The History of FORTRAN I, II, and III", ACM SIGPLAN History of Programming Languages Conference (Los Angeles, Jun. 1980) = ACM SIGPLAN Not. 13, 8 (1978), p. 165 - 180

[BAU71]   *F.L. Bauer/G. Goos:* "Informatik - Eine einführende Übersicht", Heidelberger Taschenbücher, Bd. 80 u. 91, Berlin: Springer, 1971

[BAU72]   *F.L. Bauer/H. Wössner:* "The 'Plankalkül' of Konrad Zuse: A Forerunner of Today's Programming Languages", Communicat. Associat. Comput. Mach. 15, 7 (1972), p. 678 - 685

[BEC77]   *H. Becker/H. Walter:* "Formale Sprachen", Braunschweig: Vieweg, 1977

[BLA80]   *D.W.E. Blatt:* "On the Great Big Substitution Problem", ACM SIGPLAN Not. 15, 6 (1980), p. 19 - 27

[BÖH66]   *C. Böhm/G. Jacopini:* "Flow Diagrams, Turing Machines and Languages with Only Two Formation Rules", Communicat. Associat. Comput. Mach. 9, 5 (1966), p. 366 - 371

[BOW77]   *K.L. Bowles:* "Problem Solving Using PASCAL", New York: Springer, 1977

[BRA79]   *W. Brauch:* "Programmieren mit FORTRAN", Stuttgart: Teubner, 1979 (4. Aufl.)

[BRI75]   *P. Brinch Hansen:* "The Programming Language Concurrent PASCAL", IEEE Transcact. Software Engineering 1, 2 (1975), p. 199 - 207

[BRO80]   *R.E. Brooks:* "Studying Programmer Behavior Experimentally: The Problems of Proper Methodology", Communicat. Associat. Comput. Mach. 23, 4 (1980), p. 207 - 213

[CHO56]   *N. Chomsky:* "Three Models for the Desription of Language", IRE Transact. Informat. Theory IT-2, 3 (1956), p. 113 - 124

[CHO59]   *N. Chomsky:* "On Certain Formal Properties of Grammars", Informat. Control 2 (1959), p. 137 - 167

[DAH67]   *O.J. Dahl/K. Nygaard:* "Class and Subclass Declarations", Proc. IFIP
          Working Conf. Simulation Languages (Oslo, Mai 1967, Hrsg.: J.W.
          Buxton), p. 158 - 174, Amsterdam: North-Holland, 1968

[DAH68]   *O.J. Dahl:* "Discrete Event Simulation Languages", Programming Lan-
          guages (Hrsg.: F. Genuys), p. 349 - 395, London: Academic Press, 1968

[DAH72]   *O.J. Dahl/C.A.R. Hoare:* "Hierarchical Program Structures", Structured
          Programming (Hrsg.: O.J. Dahl et al.), p. 175 - 220, London: Academic
          Press, 1972

[DEN74]   *P.J. Denning (Hrsg.):* "Special Issue: Programming", ACM Comput.
          Surveys 6, 4 (1974)

[DEN77]   *E. Denert/R. Franck:* "Datenstrukturen", Mannheim: Bibliographisches
          Institut, 1977

[DEP76]   *N. Depledge:* "CORAL 66 - A Practical High-Level Language for Mini-
          computer and Application Program Development", Real-Time Software
          (Hrsg.: J.P. Spencer), p. 673 - 684, Maidenhead: Infotech Inter-
          national, 1976

[DER79]   *P. Deransart:* "The Language LISP Does Not Exist?", ACM SIGPLAN Not.
          14, 5 (1979), p. 24 - 27

[DEW79]   *R.B.K. Dewar et al.:* "Programming by Refinement, as Exemplified by
          the SETL Representation Sublanguage", ACM Transact. Programming Lan-
          guages Systems 1, 1 (1979), p. 27 - 49

[FAL64]   *A.D. Falkoff et al.:* "A Formal Description of System 360", IBM
          Syst. J. 4, 4 (1964), p. 198 - 262

[FAL78]   *A.D. Falkoff/K.E. Iverson:* "The Evolution of APL", ACM SIGPLAN His-
          tory of Programming Languages Conf. (Los Angeles, Jun. 1978) = ACM
          SIGPLAN Not. 13, 8 (1978), p. 47 - 57

[FIS72]   *M.J. Fischer:* "Lambda Calculus Schemata", ACM SIGPLAN Not. 7, 1
          (1972), p. 104 - 109

[FOR76]   "Draft Proposed ANS FORTRAN" (Hrsg.: ANS Committee X3J3), ACM SIGPLAN
          Not. 11, 3 (1976)

[GEI74]   *R. Geißler/K. Geißler:* "ANS COBOL - Einführung und Arbeitsbuch für
          die Praxis", München: Hanser, 1974

[GEI79]   *L. Geissmann:* "Modulkonzept und separate Compilation in der Program-
          miersprache MODULA-2", Proc. Microcomputing (München, Okt. 1979,
          Hrsg.: W. Remmele/H. Schecher) = Berichte German Chapter ACM, Nr. 3,
          p. 98 - 114, Stuttgart: Teubner, 1979

[GIL77]   *W.K. Giloi:* "Programmieren in APL", Berlin: de Gruyter, 1977

[GOO75]   *J.R. Goodenough:* "Exception handling: Issues and a Proposed Nota-
          tion", Communicat. Associat. Comput. Mach. 18, 12 (1975), p. 683 -
          696

[GOO76] G. Goos: "Einige Eigenschaften der Programmiersprache BALG", Proc.
4. GI-Fachtagung Programmiersprachen (Erlangen, März 1976, Hrsg.:
H.J. Schneider/M. Nagl) = Informatik-Fachberichte, Bd. 1, p. 90 -
100, Berlin: Springer, 1976

[GOO77] G. Goos/U. Kastens: "Programming Languages and the Design of Modular
Programs", IFIP-TC2-Conference on Constructing Quality Software
(Novosibirsk, Mai 1977, Hrsg.: P.G. Hibbard/S.A. Schuman), p. 153 -
186, Amsterdam: North-Holland, 1978

[GRI72] A. Gritsch/R. Gritsch: "Das Programmieren von Computern", München:
Hanser, 1972

[GRI76] R.E. Griswold et al.: "Die Programmiersprache SNOBOL 4", München:
Hanser, 1976

[GRI78] R.E. Griswold: "A History of the SNOBOL Programming Language", ACM
SIGPLAN History of Programming Languages Conference (Los Angeles,
Jun. 1978) = ACM SIGPLAN Not. 13, 8 (1978), p. 275 - 308

[GRO71] M. Groß/A. Lentin: "Mathematische Linguistik", Berlin, Springer, 1971

[GÜN72] F.R. Güntsch/H.J. Schneider: "Einführung in die Programmierung digitaler Rechenautomaten", Berlin: de Gruyter, 1972 (3. Aufl.)

[GUT77] J.V. Guttag: "Abstract Data Types and the Development of Data Structures", Communicat. Associat. Comput. Mach. 20, 6 (1977), p. 397 -
404

[HAA77] V. Haase/W. Stucky: "BASIC - Programmieren für Anfänger", Mannheim:
Bibliographisches Institut, 1977

[HER74] R. Herschel: "Einführung in die Theorie der Automaten, Sprachen und
Algorithmen", München: Oldenbourg, 1974

[HER76] R. Herschel: "Anleitung zum praktischen Gebrauch von ALGOL 60",
München: Oldenbourg, 1976 (6. Aufl.)

[HER79] R. Herschel/F. Pieper: "PASCAL - Systematische Darstellung von PASCAL
und CONCURRENT PASCAL für den Anwender", München: Oldenbourg, 1979

[HOA74] C.A.R. Hoare: "Monitors: An Operating System Structuring Concept",
Communicat. Associat. Comput. Mach. 17, 10 (1974), p. 549 - 557

[HOM79] G. Hommel et al.: "ELAN - Sprachbeschreibung", Wiesbaden: Akademische
Verlagsgesellschaft, 1979

[HOR74] J.J. Horning et al.: "A Program Structure for Error Definition and
Recovery", Operating Systems (Rocquencourt, Apr. 1974, Hrsg.: E.
Gelenbe/C. Kaiser) = Lecture Notes Comput. Sc., Bd. 16, p. 177 -
187, New York: Springer, 1974

[HOS80] W. Hosseus et al.: "PASCAL in Beispielen - Eine Einführung für Schü-
ler und Studenten", München: Oldenbourg, 1980

[HUS61] H.D. Huskey/W.H. Wattenburg: "Compiling Techniques for Boolean Ex-
pressions and Conditional Statements in ALGOL 60", Communicat.
Associat. Comput. Mach. 4, 1 (1961), p. 70 - 75

[ICH79] *J.D. Ichbiah et al.:* "Preliminary ADA Reference Manual", und "Rationale for the Design of the ADA Programming Language", ACM SIGPLAN Not. 14, 6 (1979)

[IVE72] *K.E. Iverson:* "A Programming Language", New York: Wiley, 1962

[IVE79] *K.E. Iverson:* "Operators", ACM Transact, Programming Languages Systems 1, 2 (1979), p. 161 - 176

[JEN78] *K. Jensen/N. Wirth:* "PASCAL User Manual and Report", New York: Springer, 1978 (2. Aufl.)

[KAP79] *A. Kappatsch et al.:* "PEARL - Systematische Darstellung für den Anwender", München: Oldenbourg, 1979

[KAU78] *E. Kaucher et al.:* "Höhere Programmiersprachen ALGOL, FORTRAN, PASCAL", Mannheim: Bibliographisches Institut, 1978

[KIM79] *R. Kimm et al.:* "Einführung in Software Engineering", Berlin: de Gruyter, 1979

[KNU61] *D.E. Knuth/J.N. Merner:* "ALGOL 60 Confidential", Communicat. Associat. Comput. Mach. 4, 6 (1961), p. 268 - 272

[KNU67] *D.E. Knuth:* "The Remaining Trouble Spots in ALGOL 60", Communicat. Associat. Comput. Mach. 10, 10 (1967), p. 611 - 618

[KNU74] *D.E. Knuth:* "Structured Programming With Go-to Statements", ACM Computing Surveys 6, 4 (1974), p. 261 - 301

[KUP75] *I. Kupka/N. Wilsing:* "Dialogsprachen", Stuttgart: Teubner, 1975

[KUR78] *T.E. Kurtz:* "BASIC", ACM SIGPLAN History of Programming Languages Conference (Los Angeles, Jun. 1978) = ACM SIGPLAN Not. 13, 8 (1978), p. 103 - 118

[LAM77] *B.W. Lamport et al.:* "Report on the Programming Language EUCLID", ACM SIGPLAN Not. 12, 2 (1977), p. 1 - 79

[LEA72] *B.M. Leavenworth (Hrsg.):* "Control Strucutres in Programming Languages", Special SIGPLAN Session ACM Annual Conf. (Boston, Aug. 1972) = ACM SIGPLAN Not. 7, 11 (1972)

[LEA74] *B.M. Leavenworth (Hrsg.):* "Proceedings of a Symposium on Very High Level Languages" (Santa Monica, März 1974) = ACM SIGPLAN Not. 9, 4 (1974)

[LIN71] *C.H. Lindsey/S.G. van der Meulen:* "Informal Introduction to ALGOL 68", Amsterdam: North-Holland, 1971

[LIS77] *B. Liskov et al.:* "Abstraction Mechanisms in CLU", Proc. ACM Conf. Language Design for Reliable Software (Raleigh, März 1977) = Communicat. Associat. Comput. Mach. 20, 8 (1977), p. 564 - 576

[MAR79] *J. Marti et al.:* "Standard LISP Report", ACM SIGPLAN Not. 14, 10 (1979), p. 48 - 68

[MCC62] *J. McCarthy et al.:* "LISP 1.5 Programmer's Manual", Cambridge Mass.:
         MIT Press, 1962

[MCC78] *D. McCracken:* "COBOL - Anleitung zur strukturierten Programmierung",
         München: Oldenbourg, 1978

[MCC78a] *J. McCarthy:* "A Micro-Manual for LISP - Not the Whole Truth", ACM
         SIGPLAN History of Programming Languages Conference (Los Angeles,
         Jun. 1978) = ACM SIGPLAN Not. 13, 8 (1978), p. 215 - 216

[MEN80] *K. Menzel:* "BASIC in 100 Beispielen", Stuttgart: Teubner, 1980

[MEU74] *S.G. van der Meulen/P. Kühling:* "Programmieren in ALGOL 68", 2 Bde.,
         Berlin: de Gruyter
         1. Bd.: "Einführung in die Sprache", 1974
         2. Bd.: "Sprachdefinition, Transput und spezielle Anwendungen", 1977

[MIC75] *K.P. Mickel:* "Einführung in die Programmiersprache COBOL", Hochschul-
         taschenbücher, Bd. 745, Mannheim: Bibliographisches Institut, 1975

[MOR38] *C. Morris:* "Foundations of the Theory of Signs", Internat. Encyclo-
         pedia of Unified Science, Vol. 1, No. 2, Chicago: Univ. Chicago
         Press, 1938

[MOR55] *C. Morris:* "Signs, Languages, and Behaviour", New York: G. Braziller,
         1955

[MUR78] *M. Murach:* "Standard COBOL", München: Oldenbourg, 1978

[NAU60] *P. Naur et al.:* "Report on the Algorithmic Language ALGOL 60",
         (a) Numer. Math. 2 (1960), p. 106 - 137 (b) Communicat. Associat.
         Comput. Mach. 3 (1960), p. 299 - 314

[NAU63] *P. Naur et al.:* "Revised Report on the Algorithmic Language ALGOL 60",
         (a) Numer. Math. 4 (1963), p. 420 - 453, (b) Communicat. Associat.
         Comput. Mach. 6, 1 (1963), p. 1 - 17

[NAU75] *P. Naur:* "Programming Languages, Natural Languages, and Mathematics",
         Proc. 2nd. Symp. Principles Programming Languages (Palo Alto, Jan.
         1975), p. 137 - 148

[NAU78] *P. Naur:* "The European Side of the Last Phase of the Development of
         ALGOL 60", ACM SIGPLAN History of Programming Languages Conference
         (Los Angeles, Jun. 78) = ACM SIGPLAN Not. 13, 8 (1978), p. 15 - 44

[NOB68] *J.M. Noble:* "The Control of Exceptional Conditions in PL/I Object
         Programs", Proc. Informat. Processing 68 (Edinburgh, Aug. 1968,
         Hrsg.: A.J.H. Morrell), p. 565 - 571, Amsterdam: North-Holland, 1969

[NYG78] *K. Nygaard/O.J. Dahl:* "The Development of SIMULA Languages", ACM
         SIGPLAN History of Programming Languages Conference (Los Angeles,
         Jun. 1978) = ACM SIGPLAN Not. 13, 8 (1978), p. 245 - 272

[OTT80] *Th. Ottmann/P. Widmayer:* "Programmierung mit PASCAL", Stuttgart:
         Teubner, 1980

[PAR76]   *D.L. Parnas/H. Wurges:* "Response to Undesired Events in Software
          Systems", 2nd. Internat. Conf. Software Engineering (San Francisco,
          Okt. 1976), p. 437 - 446, Long Beach: IEEE Computer Society, 1976

[PEA71]   *D. Pears:* "Ludwig Wittgenstein", Taschenbuch Nr. 780, München: Deut-
          scher Taschenbuchverlag, 1971

[PRA75]   *T.W. Pratt:* "Programming Languages- Design and Implementation",
          Englewood Cliffs, N.J.: Prentice-Hall, 1975

[RAD65]   *G. Radin/H.P. Rogoway:* "NPL - Highlights of a New Programming Lan-
          guage", Communicat. Associat. Comput. Mach. 8, 1 (1965), p. 9 - 17

[RAD78]   *G. Radin:* "The Early History of PL/I", ACM SIGPLAN History of Pro-
          gramming Languages Conference (Los Angeles, Jun. 1978) = ACM SIGPLAN
          Not. 13, 8 (1978), p. 227 - 241

[RAN75]   *G. Randell:* "System Structure for Software Fault Tolerance", Proc.
          Internat. Conf. Reliable Software (Los Angeles, Apr. 1975) = ACM
          SIGPLAN Not. 10, 6 (1975), p. 437 - 449

[REC74]   *P. Rechenberg:* "Programmieren für Informatiker mit PL/I", 2 Bde.,
          München: Oldenbourg, 1974

[RIE79]   *C. Rieger et al.:* "Artificial Intelligence Programming Languages for
          Computer Aided Manufacturing", IEEE Transact. Syst. Man Cybernet.
          SMC-9, 4 (1979), p. 205 - 226

[SAM72]   *J.E. Sammet:* "Programming Languages: History and Future", Communicat.
          Associat. Comput. Mach. 15, 7 (1972), p. 601 - 610

[SAM78]   *J.E. Sammet:* "Roster of Programming Languages for 1976 - 1977", ACM
          SIGPLAN Not. 13, 11 (1978), p. 56 - 85

[SAM78a] *J.E. Sammet:* "The Early History of COBOL", ACM SIGPLAN History of
          Programming Languages Conf. (Los Angeles, Jun. 1978) = ACM SIGPLAN
          Not. 13, 8 (1978), p. 121 - 161

[SCHÄR75] *J. Schärf:* "BASIC für Anfänger", München: Oldenbourg, 1975 (4.
          Aufl.)

[SCHAU77] *H. Schauer:* "ALGOL für Anfänger", München: Oldenbourg, 1977

[SCHAU79] *H. Schauer:* "PASCAL für Anfänger", München: Oldenbourg, 1979 (3.
          Aufl.)

[SCHAU80] *H. Schauer:* "PASCAL für Fortgeschrittene", München: Oldenbourg,
          1980

[SCHNE70] *H.J. Schneider/D. Jurksch:* "Programmierung von Datenverarbeitungs-
          anlagen", Berlin: de Gruyter, 1970 (2. Aufl.)

[SCHNE80] *H.J. Schneider:* "Comparison of Interactive Languages", Proc. 1980
          Annual Conf. SHARE European Association (Beito, Norway, Sept. 1980),
          p. 151 - 163, Nijmwegen: SHARE European Association, 1980

[SCHNE80a]   *H.J. Schneider:* "Set-theoretic Concepts in Programming Languages and Their Implementation", Proc. Graphtheoretic Concepts in Computer Science (Bad Honnef, Jun. 1980, Hrsg.: H. Noltemeier) = Lecture Notes Comput. Sc., vol. 100, p. 42 - 54, Berlin: Springer, 1981

[SCHNU78]   *P. Schnupp:* "Ist COBOL unsterblich?" 5. GI-Fachtagung über Programmiersprachen (Braunschweig, März 1978, Hrsg.: K. Alber) = Informatik-Fachberichte, Bd. 12, p. 28 - 44, Berlin: Springer, 1978

[SCHUL75]   *A. Schulz:* "Einführung in das Programmieren in PL/I", Berlin: de Gruyter, 1975

[SCHUL76]   *A. Schulz:* "Höhere PL/I-Programmierung", Berlin: de Gruyter, 1976

[SCHW75]   *J. Schwartz:* "Optimization of Very High Level Languages", J. Computer Languages 1, 2 (1975), p. 161 - 194 und 1, 3 (1975), p. 197 - 218

[SIE74]   *H. Siebert:* "Höhere FORTRAN-Programmierung", Berlin: de Gruyter, 1974

[SIM76]   *F. Simon:* "CONS-freies Programmieren in LISP unter Verwendung der deletion-Strategie", 4. GI-Fachtagung über Programmiersprachen (Erlangen, März 1976, Hrsg.: H.J. Schneider/M. Nagl) = Informatik-Fachberichte, Bd. 1, p. 111 - 123, Berlin: Springer, 1976

[SIN72]   *F. Singer:* "Programmieren mit COBOL", Stuttgart: Teubner, 1972

[SPE74]   *D.D. Spencer:* "Anleitung zum praktischen Gebrauch von BASIC", München: Oldenbourg, 1974

[SPI77]   *W.E. Spieß/F.G. Rheingans:* "Einführung in das Programmieren in FORTRAN", Berlin: de Gruyter, 1977 (5. Aufl.)

[STO78]   *H. Stoyan:* "LISP-Programmierhandbuch", Berlin: Akademie-Verlag, 1978

[WEG79]   *P. Wegner:* "Programming Languages - Concepts and Research Directions", Research Directions in Software Technology (Hrsg.: P. Wegner), p. 425 - 489, Cambridge, Mass.: MIT Press, 1979

[WEI78]   *R. Weicker:* "Neuere Konzepte und Entwürfe für Programmiersprachen", Informatik-Spektrum 1, 2 (1978), p. 101 - 112

[WIJ69]   *A. van Wijngaarden et al.:* "Report on the Algorithmic Language ALGOL 68", Numer. Math. 14 (1969), p. 79 - 218

[WIJ75]   *A. van Wijngaarden et al.:* "Revised Report on the Algorithmic Language ALGOL 68", (a) Acta Informatica 5 (1975), p. 1 - 236, (b) ACM SIGPLAN Not. 12, 5 (1977), p. 1 - 70

[WIR71]   *N. Wirth:* "The Programming Language PASCAL", Acta Informatica 1 (1971), p. 35 - 63

[WIR77]   *N. Wirth:* "MODULA: A Language for Modular Multiprogramming", Software-Practice Experience 7 (1977), p. 3 - 35

[WIR77a]   *N. Wirth:* "Towards a Discipline of Real-time Programming", Communicat. Associat. Comput. Mach. 20, 8 (1977), p. 577 - 583

[WUL71]   *W.S. Wulf et al.:* "BLISS - A Language for Systems Programming",
Communicat. Associat. Comput. Mach. 14, 2 (1971), p. 780 - 790

[ZAH74]   *C.T. Zahn:* "A Control Statement for Natural Top-Down Structured Pro-
gramming", Proc. Programming Symposium (Paris, Apr. 1974, Hrsg.: B.
Robinet) = Lect. Notes Computer Science, vol. 19, p. 170 - 180,
Berlin: Springer, 1974

[ZEM66]   *H. Zemanek:* "Semiotics and Programming Languages", Communicat. Associat. Comput. Mach. 9, 3 (1966), p. 139 - 143

[ZEM71]   *H. Zemanek:* "Informale und formale Beschreibung", IBM-Symposium über
Probleme bei der Definition und Implementierung universeller Programmiersprachen (Stuttgart, Sept. 1971); Unveröffentlicht. Einige Gedanken davon finden sich auch im folgenden Beitrag:

[ZEM70]   *H. Zemanek:* "Some philosophical aspects of information processing",
The Skyline of Information Processing = Proc. 20th Anniversary
Celebration of the IFIP (Amsterdam, Okt. 1970, Hrsg.: H. Zemanek),
p. 93 - 140, Amsterdam: North-Holland, 1972

[ZUS49]   *K. Zuse:* "Über den allgemeinen Plankalkül als Mittel zur Formulierung
schematisch-kombinativer Aufgaben", Archiv Math. 1 (1949), p. 441 -
449

[ZUS59]   *K. Zuse:* "Über den Plankalkül", Elektron. Rechenanlagen 1 (1959),
p. 68 - 71

Für den Bereich der problemorientierten Programmiersprachen relevante DIN-Normen:

DIN 44300   Begriffe

DIN 66001   Sinnbilder für Datenfluß- und Programmablaufpläne

DIN 66002   Handschriftliche Darstellung der Ziffer O und des Großbuchstabens O

DIN 66006   Darstellung von ALGOL 60-Symbolen auf 5-Spur-Lochstreifen und 80-
spaltigen Lochkarten (überholt)

DIN 66026   ALGOL

DIN 66027   FORTRAN

DIN 66028   COBOL

DIN 66200   Begriffe zur Auftragsabwicklung

DIN 66201   Prozeßrechensysteme

DIN 66227   Darstellung von ALGOL 60-Basissymbolen im Zeichensatz des 7-Bit-
Code

DIN 66230   Programmdokumentation

DIN 66250   Zahlendarstellung für den Datenaustausch

DIN 66253   PEARL

DIN 66255   PL/I

Sachregister

Berichte des German Chapter of the ACM

Band 1 PASCAL
2. Tagung in Kaiserslautern
Herausgegeben von Prof. Dr.-Ing. H.-W. WIPPERMANN, Universität Kaiserslautern
Tagung I/1979 des German Chapter of the ACM am 16. und 17. 2. 1979 in Kaiserslautern
1979. 201 Seiten. 16,2×23,5 cm. ISBN 3-519-02420-9. Kart. DM 32,–

Band 2 Datenbanktechnologie
Einsatz großer, verteilter und intelligenter Datenbanken
Herausgegeben von Prof. Dr. rer. pol. J. NIEDEREICHHOLZ, Universität Frankfurt
Tagung II/1979 des German Chapter of the ACM am 21. und 22. 9. 1979 in Bad Nauheim
1979. 233 Seiten. 16,2×23,5 cm. ISBN 3-519-02421-7. Kart. DM 36,–

Band 3 Microcomputing
Herausgegeben von W. REMMELE, Siemens AG, München, und Prof. Dr. rer. nat.
H. SCHECHER, Technische Universität München
Tagung III/1979 des German Chapter of the ACM am 24. und 25. 10. 1979 in München
1979. 277 Seiten. 16,2×23,5 cm. ISBN 3-519-02422-5. Kart. DM 40,–

Band 4 Portable Software
Herausgegeben von Prof. Dr. rer. nat. H. J. SCHNEIDER, Universität Erlangen-Nürnberg
Tagung I/1980 des German Chapter of the ACM am 18. 1. 1980 in Erlangen
1980. 174 Seiten. 16,2×23,5 cm. ISBN 3-519-02423-3. Kart. DM 34,–

Band 5 Software Engineering — Entwurf und Spezifikation
Herausgegeben von Prof. Dr. phil. C. Floyd, Technische Universität Berlin, und
Prof. Dr. phil. H. Kopetz, Technische Universität Berlin
Tagung II/1980 mit Workshop des German Chapter of the ACM vom 12. bis 16. 9. 1980 in Berlin
1981. 368 Seiten. 16,2×23,5 cm. ISBN 3-519-02424-1. Kart. DM 62,–

Band 6 Hardware für Software
Herausgegeben von Dr. rer. nat. K.-H. Hauer, Computertechnik Müller GmbH, Konstanz,
und Dipl.-Ing. C. Seeger, Computertechnik Müller GmbH, Konstanz
Tagung III/1980 des German Chapter of the ACM am 10. und 11. 10. 1980 in Konstanz
1980. 303 Seiten. 16,2×23,5 cm. ISBN 3-519-02425-X. Kart. DM 52,–

Band 7 Implementierungssprachen für nichtsequentielle Programmsysteme
Herausgegeben von Prof. Dr. rer. nat. J. Nehmer, Universität Kaiserslautern
Tagung I/1981 des German Chapter of the ACM am 20. 2. 1981 in Kaiserslautern
1981. 208 Seiten. 16,2×23,5 cm. ISBN 3-519-02426-8. Kart. DM 36,–

B. G. Teubner Stuttgart

Bauknecht/Zehnder
Grundzüge der Datenverarbeitung
Methoden und Konzepte für die Anwendungen

Von Prof. Dr. sc. techn. K. Bauknecht, Universität Zürich,
und Prof. Dr. sc. math. C. A. Zehnder, Eidg. Technische Hochschule Zürich

286 Seiten mit 99 Bildern und 14 Tabellen. Kart. DM 24,80
(Leitfäden der angewandten Informatik) ISBN 3-519-02450-0

Ziel der vorliegenden Veröffentlichung ist es, Studenten und Praktikern, die nicht Computerspezialisten sind, teilweise aber bereits über Einzelkenntnisse im Programmieren oder in einem anderen Spezialgebiet verfügen, einen Überblick über den Gesamtbereich der Datenverarbeitung und die zugrundeliegenden Methoden, Konzepte und Zusammenhänge zu geben.

Aus dem Inhalt: Informationsflüsse in der Praxis / Datenstrukturen und Speichermedien / Programmstrukturen / Hardware und Software-Aspekte von Computer-Systemen / Daten-Ein- und -Ausgabe und ihre Geräte / Interaktiver Computer-Einsatz / Datenbank-Systeme / Datensicherung und Datenschutz / EDV-Organisation / Glossar

Ottmann/Widmayer
Programmierung mit PASCAL

Von Prof. Dr. rer. nat. Th. Ottmann, Universität Karlsruhe,
und Dipl.-Wirtsch.-Ing. P. Widmayer, Universität Karlsruhe

1980. 256 Seiten. Kart. DM 16,80
(Teubner Studienskripten, Bd. 84) ISBN 3-519-00084-9

PASCAL hat sich in den vergangenen Jahren als Programmiersprache in der Anfängerausbildung durchgesetzt; neben dem Vorzug der Unterstützung eines guten Programmierstils durch Klarheit und Einfachheit besitzt PASCAL einen breiten Anwendungsbereich für die Praxis. Das Lehrbuch wendet sich an Interessenten aus allen Bereichen; spezielle Vorkenntnisse sind nicht erforderlich. Der Entwurf von Algorithmen und das Programmieren in PASCAL werden erläutert und die erworbenen Kenntnisse anhand vieler in den Text eingestreuter Beispiele gefestigt; das Gewicht liegt dabei auf einer für Anfänger verständlichen Darstellung mit im Verlauf des Buches ansteigendem Schwierigkeitsgrad. Übersichtstabellen und eine knappe Syntaxbeschreibung im Anhang eignen sich zum Nachschlagen in Zweifelsfällen und zur kurzen Rekapitulation.

Aus dem Inhalt: Entwicklung von Algorithmen und Programmen / Struktur von PASCAL-Programmen / Elementare Eigenschaften von PASCAL / Steuerung der Ausführungsfolge von Anweisungen / Funktionen und Prozeduren / Strukturierte Datentypen und Zeiger / Übersicht

Preisänderungen vorbehalten

 **B. G. Teubner Stuttgart**

Leitfäden der angewandten Informatik

K. Bauknecht / C. A. Zehnder
Grundzüge der Datenverarbeitung
Methoden und Konzepte für die Anwendungen
286 Seiten. Kart. DM 24,80

H. Hultzsch
Prozeßdatenverarbeitung
216 Seiten. Kart. DM 22,80

H. Kästner
Architektur und Organisation digitaler Rechenanlagen
224 Seiten. Kart. DM 22,80

V. Schmidt et al.
Digitalschaltungen mit Mikroprozessoren
205 Seiten. Kart. DM 22,80

H. J. Schneider
Problemorientierte Programmiersprachen
226 Seiten. Kart. DM 23,80

F. Singer
Programmieren in der Praxis
176 Seiten. Kart. DM 18,80

F. Wingert
Medizinische Informatik
272 Seiten. Kart. DM 21,80

In Vorbereitung:

G. Lausen / G. Schlageter / W. Stucky
Datenbanksysteme: Eine Einführung

Preisänderungen vorbehalten

 B. G. Teubner Stuttgart